河南省“十四五”普通高等教育规划教材

郑州市“码农计划”大数据人才培养系列教材

普通高等院校新工科数据科学与大数据专业系列教材

大数据导论

（第二版）

甘　勇　陶红伟　吴怀广◎主编

中国铁道出版社有限公司
CHINA RAILWAY PUBLISHING HOUSE CO., LTD.

内 容 简 介

为适应大数据时代的需要，许多高校纷纷设立数据科学与大数据专业。本书基于高等院校相应课程的教学要求而编写，详细讲述了大数据与数据科学、数据采集与数据预处理、数据存储、数据处理、数据分析、数据可视化、数据安全与隐私、大数据应用、数据思维等内容。

本书内容注重引导性、前瞻性、经典性、实践性，旨在引导读者进入大数据领域，了解大数据最新技术及其行业应用，关注大数据分析经典算法。书中还设置了实验环境和多个案例，便于读者进行实践操作。

本书适合作为高等院校数据科学与大数据专业及其相近专业教材，也可供从事相关科研和工程技术人员参考。

图书在版编目（CIP）数据

大数据导论/甘勇，陶红伟，吴怀广主编. —2版. —北京：中国铁道出版社有限公司，2023.12（2024.8重印）
河南省“十四五”普通高等教育规划教材　郑州市“码农计划”大数据人才培养系列教材　普通高等院校新工科数据科学与大数据专业系列教材
ISBN 978-7-113-29895-1

Ⅰ.①大…　Ⅱ.①甘…②陶…③吴…　Ⅲ.①数据处理-高等学校-教材
Ⅳ.①TP274

中国版本图书馆CIP数据核字（2022）第249528号

书　　名：大数据导论
DASHUJU DAOLUN
作　　者：甘　勇　陶红伟　吴怀广

策划编辑：韩从付　　**编辑部电话：**（010）51873202
责任编辑：刘丽丽　包　宁
封面设计：MX DESIGN STUDIO Q:1765628429
封面制作：刘　颖
责任校对：苗　丹
责任印制：樊启鹏

出版发行：中国铁道出版社有限公司（100054，北京市西城区右安门西街8号）
网　　址：https://www.tdpress.com/51eds/
印　　刷：三河市国英印务有限公司
版　　次：2019年11月第1版　2023年12月第2版　2024年8月第2次印刷
开　　本：787 mm×1 092 mm　1/16　**印张：**17.25　**字数：**348千
书　　号：ISBN 978-7-113-29895-1
定　　价：56.00元

普通高等院校新工科数据科学与大数据专业系列教材

编　委　会

序

随着信息技术的不断发展，人类在计算的“算力”“算法”“数据”等方面的能力水平达到前所未有的高度。由此引发的数据科学与大数据技术及人工智能技术浪潮将极大地推动和加速人类社会各个方面的深刻变革。世界各国清楚地认识到数据科学与人工智能的重要性和前瞻性，相继制定有关的发展政策、战略，希望能够占领高新技术的前沿高地，把握最新的核心技术和竞争力。

在大数据及人工智能发展浪潮中，我国敏锐地把握住时代的机遇以求得到突破性的发展。2015 年 10 月，我国提出“国家大数据战略”，发布了《促进大数据发展行动纲要》；2017 年，《大数据产业发展规划（2016—2020 年）》实施。“推动互联网、大数据、人工智能和实体经济深度融合”成为工作指引。习近平总书记在十九届中央政治局第二次集体学习时深刻分析了我国大数据发展的现状和趋势，对我国实施国家大数据战略提出了更高的要求。2016 年教育部批准设立数据科学与大数据技术本科专业和大数据技术与应用专科专业，引导高校加快大数据人才培养，以适应国家大数据战略对人才的需求。我国大数据人才培养进入快速发展时期，据统计，到 2018 年 3 月，我国已有近 300 所高校获批建设“数据科学与大数据技术”专业，2023 年 2 月，设立这一专业的高校已增至 676 所。然而，当前我国高校的大数据教学尚处于摸索阶段，尤其缺乏成熟的、系统性和规范性的大数据教学体系和教材。2017 年 2 月，教育部在复旦大学召开“高等工程教育发展战略研讨会”达成“复旦共识”，随后从“天大行动”到“北京指南”，掀起新工科建设的热潮，各高校积极开展新理念、新结构、新模式、新质量和新体系的新工科建设模式的探索。2018 年 10 月，教育部发布了《关于加快建设发展新工科实施卓越工程师教育培养计划 2.0 的意见》，提出大力发展“四个新”（新工科、新医科、新农科、新文科），推动各地各高校加快构建大数据、智能制造、机器人等 10 个新兴领域的专业课程体系。落实国家战略，加快大数据新工科专业建设，加速人才培养，需要更多地关注数据科学与大数据技术及人工智能等专业教材的建设和出版工作。为此，河南省高等学校计算机教育研究会组织河南省高校与中国科学院计算技术研究所、中国铁道出版社有限公司和相关企业联合成立了普通高等院校新工科数据科学与大数据专业系列教材编委会，分别面向本科和高职高专编写教材。

本编委会秉承虚心求教、博采众长的学习态度，积极组织一线教师、科研人员和企业工程师一起面向新工科开展大数据领域教材的编写工作，以期为蓬勃发展的数据科学与大数据专业建设贡献绵薄之力。毋庸讳言，由于编委会自身水平有限，编著过程中难免出现诸多疏漏与不妥之处，还望读者不吝赐教！

编委会

2023 年 5 月

第二版前言

本书第一版于 2019 年 11 月正式出版发行，并被数十所院校选作教学用书，使用效果反馈良好。随着信息化社会的不断发展，技术的不断更新，在第一版的基础上，编者在采纳了同仁和读者反馈的意见及建议后，对内容进行了修订与完善，形成了第二版。

第二版依旧保持引导性、前瞻性、经典性和实践性的特色，继承并保留了第一版的总体架构，在针对性、实用性方面进行了拓展，主要表现在以下几方面：

第 2 章新增电力大数据采集。

第 3 章新增 NoSQL 基本概念、CAP 理论、BASE 原理、图数据库和内存数据库等 NoSQL 数据库，以使读者对分布式数据库有更加清晰的认识。

第 5 章补充随机森林算法，并基于编者近两年的科研成果，新增大数据分析在电力大数据中的应用案例。

第 6 章进行了重新编写，注重突出常用可视化方法、工具和编程语言的示例，给读者以数据可视化感性认识。

第 7 章进行了重新编写，从大数据安全体系结构、大数据安全技术、大数据隐私保护以及隐私保护等方面阐释了大数据安全与隐私保护的关系，注重大数据安全与隐私保护的相关技术及其发展方向。

本书旨在带领读者进入大数据领域，了解大数据最新技术及其行业应用，熟悉大数据分析经典算法。书中设置的实验环境和案例，可协助读者进行实践操作。相关教学资源可在中国铁道出版社教育资源数字化平台（www.tdpress.com/51eds）下载。

本书的修订得到了河南省普通高等教育“十四五”规划教材重点立项项目和郑州市数字人才专业教材项目的支持，同时得到了河南省高等学校计算机教育研究会、中国铁道出版社有限公司领导和编辑的大力支持。此外，本书修订时使用了与河南省电力公司合作研发的“基于电力大数据的电费回收风险防控平台”和“基于大数据的反窃电预警系统”部分研究成果，研究团队包括甘勇、吴怀广、陶红伟、马江涛、尚松涛、石永生、王润六、张明星等。本书的编写和修订还得到了郑州轻工业大学、郑州工程技术学院等院校的大力支持。在此一并表示衷心的感谢。

本书由甘勇、陶红伟、吴怀广任主编，由史雯隽、甘勇、吴怀广、尚松涛、陈浩然、邓璐娟、陶红伟、马江涛具体执笔。全书由甘勇、陶红伟、吴怀广制订编写提纲，各章编写分工为：史雯隽编写第 1 章，甘勇和吴怀广编写第 2 章，尚松涛编写第 3 章和第 7 章，陈浩然和邓璐娟编写第 4 章，陶红伟编写第 5 章和第 6 章，马江涛编写第 8 章和第 9 章，最后由甘勇和陶红伟统稿定稿。

编者力图将数据科学与大数据的原理、技术及其应用阐释清楚，但由于个人学识有限，书中难免存在不足，欢迎读者批评指正。

编　者

2023 年 8 月

第一版前言

全球范围内，运用大数据推动经济发展、完善社会治理、提升政府服务和监管能力正成为趋势，国内外政府相继制定实施大数据战略性文件，大力推动大数据发展和应用。与之相关的职业需求也呈爆发式增长，根据 IDC（国际数据公司）和 Gartner（高德纳咨询公司）等发布的相关报告显示，目前全球云计算、大数据市场规模已超过 3 000 亿美元，而未来潜在市场价值将达到万亿美元规模，大数据与云计算专业将为全球带来 440 万个 IT 新岗位和上千万个非 IT 岗位。2019 年，我国互联网、移动互联网用户规模居全球第一，拥有丰富的数据资源和应用市场优势，大数据部分关键技术研发取得突破，涌现出一批互联网创新企业和创新应用，2015 年 11 月 3 日发布的《中共中央关于制定国民经济和社会发展第十三个五年规划的建议》明确提出实施国家大数据战略。据预测，2019 年我国大数据产业规模为 7 200 亿元，2020 年将突破万亿元。

大数据成为了继互联网蓬勃发展以来的又一轮 IT 工业革命，被人们寄予厚望。大数据技术包括数据的采集、存储、处理、分析和可视化，本书对上述内容做了详细介绍。数据采集部分主要介绍了网络数据采集技术和日志数据采集技术，同时讨论了数据清洗、数据集成、数据变换和数据规约等数据预处理技术；数据存储部分主要介绍了大数据分析中所用到的主流分布式文件存储系统，包括 HBase 分布式数据库、MongoDB 分布式数据库和 Hive 分布式数据仓库，数据处理部分讨论了数据处理平台的架构设计，并分别着重介绍了批处理、流处理和混合处理 3 种流行的大数据计算框架以及它们所对应的典型系统：Hadoop、Storm、Spark；大数据分析部分重点讨论了常用的统计数据分析方法，包括描述统计、相关分析、回归分析和主成分分析，同时主要介绍了几种经典的数据挖掘算法，包括 ID3 算法、C4.5 算法、CART 算法、K-Means 算法、Apriori 算法和神经网络的常用训练算法；数据可视化部分主要介绍了文本可视化、网络可视化、时空数据可视化及多维数据可视化等常用可视化方法及相关工具。与此同时，针对大数据隐私与安全，介绍了数据安全、数据隐私、数据信息共享与隐私信息融合以及云环境下的大数据安全与隐私保护。针对大数据应用，相继讨论了大数据在互联网商业中的应用，包括用户画像、大数据精准营销和互联网金融；大数据在行业中的应用，包括教育行业、电力行业、医疗行业和军事领域；大数据在人工智能方面的应用，包括语音识别和机器翻译、共享经济和智慧城市。最后，在大数据思维部分，讨论了大数据时代面临的挑战，探讨了大数据时代的思维变革、大数据激发的创造力，并对数据科学进行了展望。

本书的编写得到了河南省高等学校计算机教育研究会、中国铁道出版社有限公司领导和编辑的大力支持。中国科学院计算技术研究所张广军研究员、郑州轻工业大学的吴怀广博士和张伟伟博士对本书的编写提出了许多宝贵的意见和建议，本书的编写得到了郑州轻工业大学、郑州工程技术学院等院校的大力支持，在此一并表示衷心的感谢。

本书由甘勇和陶红伟确定内容的选取和组织，由史雯隽、尚松涛、陈浩然、陶红伟、刘家磊和马江涛具体执笔。史雯隽编写第 1 章，甘勇编写第 2 章，尚松涛编写第 3 章，陈浩然编写第 4 章，陶红伟编写第 5 章，刘家磊编写第 6、7 章，马江涛编写第 8、9 章，最后由甘勇和陶红伟定稿。

编者力图将数据科学与大数据的原理、技术及其应用介绍清楚，但由于时间、精力、知识结构有限，书中难免有疏漏之处，恳请读者批评指正。

编　者

2019 年 6 月

目　录

第1章　**大数据与数据科学　/ 1**

1.1　大数据概述 / 1

1.1.1　大数据的概念 / 2

1.1.2　大数据的特征 / 2

1.1.3　大数据的结构类型 / 3

1.2　大数据的发展 / 4

1.3　大数据处理的挑战 / 5

1.4　数据科学的概念 / 6

1.5　数据科学的由来 / 7

1.6　数据科学的应用场景 / 9

1.6.1　行业数据 / 9

1.6.2　数据服务 / 10

小结 / 11

习题 / 11

第2章　**数据采集与数据预处理　/ 12**

2.1　数据采集和数据预处理概述 / 12

2.1.1　数据采集概述 / 12

2.1.2　数据预处理概述 / 13

2.2　数据采集技术 / 15

2.2.1　网络数据采集技术 / 15

2.2.2　日志数据采集技术 / 23

2.3　数据预处理技术 / 28

2.3.1　数据清洗 / 28

2.3.2　数据集成 / 30

2.3.3　数据变换 / 30

2.3.4　数据规约 / 31

2.3.5　电力大数据的采集 / 32

小结 / 34

习题 / 34

第3章　**数据存储　/ 35**

3.1　数据存储概述 / 35

3.1.1　数据存储的发展历程 / 35

3.1.2　数据存储模型 / 37

3.2　关系型数据库 / 37

3.2.1　关系型数据库的基本概念 / 38

3.2.2　关系型数据库的优缺点 / 40

3.2.3 关系型数据库的ACID原则 / 41
3.2.4 关系型数据库分库分表 / 42
3.3 大数据存储 / 45
3.3.1 海量数据存储关键技术 / 45
3.3.2 分布式文件系统 / 47
3.4 分布式数据库 / 51
3.4.1 NoSQL / 52
3.4.2 CAP理论 / 53
3.4.3 BASE原理 / 55
3.4.4 HBase分布式数据库 / 57
3.4.5 MongoDB分布式数据库 / 60
3.4.6 Hive分布式数据仓库 / 61
3.4.7 图数据库 / 63
3.4.8 内存数据库 / 66
小结 / 68
习题 / 68
第4章 **大数据处理平台** / 69
4.1 概述 / 69
4.2 大数据的处理平台架构 / 70
4.2.1 技术架构 / 70
4.2.2 开源平台 / 71
4.3 大数据的批量计算 / 73
4.3.1 批量计算的概念 / 73
4.3.2 批量计算的软件系统 / 74
4.4 大数据的流式计算 / 82
4.4.1 流式计算的概念 / 82
4.4.2 流式计算的软件系统 / 83
4.5 大数据的混合处理计算 / 87
4.5.1 混合处理计算的概念 / 87
4.5.2 混合处理计算的软件系统 / 88
小结 / 97
习题 / 98
第5章 **数据分析** / 99
5.1 数据分析概述 / 99
5.1.1 数据分析的概念和作用 / 99
5.1.2 数据分析的类型 / 100
5.1.3 数据分析的流程 / 100
5.2 统计数据分析方法 / 102
5.2.1 描述统计 / 102
5.2.2 相关分析 / 103
5.2.3 回归分析 / 107
5.2.4 主成分分析 / 111
5.3 数据挖掘算法 / 115
5.3.1 决策树 / 115
5.3.2 随机森林算法 / 120
5.3.3 K-Means算法 / 123
5.3.4 Apriori算法 / 127
5.3.5 神经网络 / 131
5.4 数据分析工具 / 133
5.5 电力大数据分析 / 135
5.5.1 基于电力大数据分析的反窃电预测方法 / 135
5.5.2 基于电力大数据分析的电费风险预警模型构建方法 / 149
小结 / 157
习题 / 157

第6章 **数据可视化 / 160**

6.1 数据可视化概述 / 160

6.1.1 数据可视化的概念 / 160

6.1.2 数据可视化的作用 / 161

6.1.3 数据可视化的一般过程 / 162

6.1.4 数据可视化的原则 / 163

6.1.5 数据可视化的挑战和趋势 / 164

6.1.6 常用数据可视化的图类型 / 166

6.2 数据可视化方法 / 169

6.2.1 文本可视化 / 169

6.2.2 网络可视化 / 171

6.2.3 时空数据可视化 / 174

6.3 数据可视化常用工具 / 176

6.3.1 Excel / 176

6.3.2 ECharts / 176

6.3.3 Tableau / 176

6.4 数据可视化常用编程语言 / 177

6.4.1 Python / 177

6.4.2 D3.js / 177

6.4.3 R / 178

6.4.4 HTML、JavaScript和CSS语言 / 179

小结 / 179

习题 / 179

第7章 **大数据安全与隐私保护 / 180**

7.1 大数据安全概述 / 180

7.2 大数据安全体系结构 / 189

7.3 大数据安全技术 / 193

7.4 大数据安全协议 / 200

7.5 大数据隐私保护 / 203

7.5.1 大数据时代隐私侵权特征 / 203

7.5.2 国内外隐私保护现状 / 204

7.5.3 大数时代隐私保护关键技术 / 206

7.6 大数据共享与隐私保护 / 210

7.6.1 大数据共享安全框架 / 211

7.6.2 联邦学习 / 215

小结 / 217

习题 / 217

第8章 **大数据应用 / 218**

8.1 互联网商业应用 / 218

8.1.1 用户画像 / 218

8.1.2 大数据精准营销 / 221

8.1.3 互联网金融 / 222

8.2 行业大数据 / 224

8.2.1 教育大数据 / 224

8.2.2 电力大数据 / 226

8.2.3 医疗大数据 / 228

8.3 人工智能应用 / 231

8.3.1 语音识别和机器翻译 / 231

8.3.2 共享经济 / 232

8.3.3 智慧城市 / 234

小结 / 238

习题 / 239

第9章 数据思维 / 240
9.1 大数据时代的挑战 / 240
9.2 大数据时代的思维变革 / 244
9.2.1 第四范式 / 244
9.2.2 数据的混杂性 / 245
9.2.3 样本与总体 / 246
9.2.4 数据的相关关系与因果关系 / 247
9.2.5 大数据与幸存者偏差 / 248
9.3 大数据激发创造力 / 250
9.3.1 大数据预测电影票房 / 250
9.3.2 利用大数据发掘商业价值 / 251
9.3.3 利用大数据发现高速公路超速者 / 251
9.4 数据科学发展 / 252
9.4.1 开放数据运动 / 252
9.4.2 数据科学家所需的专业技能 / 254
9.4.3 数据科学的发展前景 / 257
小结 / 258
习题 / 258
参考文献 / 259

第1章 大数据与数据科学

在我国，随着数字中国建设，数字化转型大潮、企业上云用云，对大数据人才需求量巨大且呈快速增长趋势，有关机构预测到2025年全国大数据核心人才缺口达230万人。为了有效地解决当今的许多大数据问题，一门叫作数据科学（Data Science）的学科应运而生。数据科学是一门培养有能力应对大数据时代挑战的人才的学科。

1.1 大数据概述

2019年4月10日9时（北京时间10日2时），视界望远镜（Event Horizon Telescope，EHT）国际合作项目的天文学家们宣布，他们首次捕捉到黑洞真容。该黑洞位于处女座巨椭圆星系M87的中心，距离地球5 500万光年，质量约为太阳的65亿倍，如图1.1所示。它的核心区域存在一个阴影，周围环绕一个新月状光环。为完成这张黑洞特写，科学家们调动全球从两极到赤道共8个天文台的力量进行图片数据拍摄，之后，又有来自全球的62家科研机构共同参与了照片的合成。整个项目历时近三年，可以说是倾“全人类之力”完成的一件壮举。

除黑洞照片本身的价值，为完成图片而获取到的数据或许对于相关研究更为重要。视界望远镜一个晚上所产生的数据量高达2 PB（1 PB=2^{10} TB=2^{20} GB）。这些数据可以帮助天文学家分析出黑洞的周围有什么，这些东西以什么样的状态存在，还可以拼接出黑洞的动态影像。

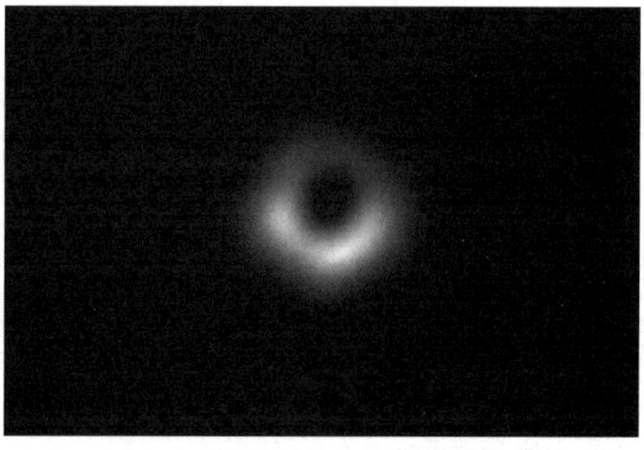

图1.1 M87中心超大质量黑洞

1.1.1 大数据的概念

关于大数据的定义，当前已出现多个说法，并没有形成统一的定论。

麦肯锡认为：大数据是具有大规模、分布式、多样性和 / 或时效性的数据，这些特点决定了必须采用新的技术架构和分析方法才能有效地挖掘这些新资源的商业价值。

高德纳（Gartner）咨询公司给出的大数据定义：大数据是需要新处理模式才能具有更强的决策力、洞察发现力和流程优化能力的海量、高增长率和多样化的信息资产。

SAS 软件研究所定义：大数据描述了非常大量的数据——包括结构化和非结构化数据。但重要的不是数据量，而是如何组织处理数据。大数据可以被分析，从而帮助人们做出更好的决策和商业战略行为。

美国国家标准技术研究院认为：大数据由规模巨大、种类繁多、增长速度快和变化多样，且需要一个可扩展体系结构来有效存储、处理和分析的广泛的数据集组成。

复旦大学朱扬勇教授认为:"大数据" 本质上是数据交叉、方法交叉、知识交叉、领域交叉、学科交叉，从而产生新的科学研究方法、新的管理决策方法、新的经济增长方式、新的社会发展方式等。

大数据在以越来越快的速度增长。移动设备、社交媒体、医疗影像技术、天文学和基因测序等领域，每天都会产生大量的新数据，这些数据都需要实时处理或存储起来以供日后使用。这些海量数据带来了许多挑战，同时也为改变商业、政府、科学和人们的日常生活带来了可能。

1.1.2 大数据的特征

大家普遍认为,大数据具备数量（Volume）、种类（Variety）、速度（Velocity）和价值（Value）四个特征，简称 4V，即数据体量巨大、数据类型和结构复杂、新数据创建和增长速度快、数据价值巨大但密度低。

1. 数据体量巨大

大数据的数据体量远不止成千上万行，而是动辄几十亿行，数百万列。数据集合的规模不断扩大，已经从吉字节（GB）级增加到太字节（TB）级再到拍字节（PB）级，甚至不可避免地开始以艾字节（EB）和泽字节（ZB）来计数。例如，一个规模中等的城市视频监控信息一天就能产生几百太字节（TB）的数据量。

2. 数据类型和结构复杂

传统 IT 产业产生和处理的数据类型较为单一，大部分是结构化数据。随着传感器、智能设备、社交媒体、物联网、移动计算等新的数据媒介不断涌现，产生的数据类型无以计数。

3. 新数据创建和增长速度快

大数据的数据产生、处理和分析的速度快。大数据的快速处理能力充分体现出它与传统数据处理技术的本质区别。

4. 数据价值巨大但密度低

大数据由于体量不断增大，单位数据的价值密度在下降，然而数据的整体价值在提高。这一价值体现在统计特征、事件检测、关联和假设检验等各个方面。以监控视频为例，在一小时的视频中，有用的数据可能仅仅只有一两秒，但是却会非常重要。现在许多专家已经将大数据等同于黄金和石油，这表示大数据当中蕴含了无限的商业价值。

在此基础上，还有一些学者在大数据的4V特征基础上增加了真实性特征，也就是所谓的5V特征。IBM在大数据提出的早期，也对大数据给出了一个“4V特性”，即大数据的数量（Volume）、种类（Variety）、速度（Velocity）和真实性（Veracity），后来将大数据价值（Value）吸收进来，称为大数据的“5V特性”。

总之，大数据是一个动态的定义，不同行业根据其应用的不同有不同的理解，其衡量标准也在随着技术的进步而改变。

1.1.3 大数据的结构类型

大数据的结构可以有多种，包括结构化的数据和非结构化的文本文件、财务数据、多媒体文件和基因定位图数据等。按照数据是否有强的结构模式，可将数据划分为结构化数据、半结构化数据、准结构化数据和非结构化数据。图1.2展示了大数据结构的四种类型。在未来大数据的发展中，80%~90%的新增数据都将是非结构化的。

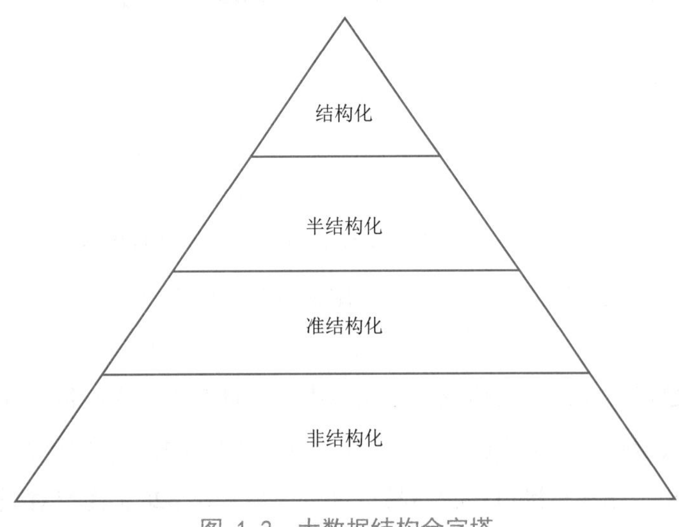

图1.2 大数据结构金字塔

1. 结构化数据

结构化数据是指具有较强的结构模式，可以使用关系型数据库表示和存储的数据。结构化数据包括预定义的数据类型、数据格式和数据结构，通常表现为一组二维形式的数据集。表 1.1 所示为服装类结构化数据示例。

表 1.1　服装类结构化数据示例

款号	上市年份	颜色	材质
001	2019	黑	棉
002	2018	白	桑蚕丝
003	2019	红	涤纶

2. 半结构化数据

半结构化数据是一种弱化的结构化数据形式，它并不符合关系型数据模型的要求，但仍有明确的数据大纲，包括相关的标记，用来分割实体以及实体的属性。这类数据中的结构特征相对容易获取和发现。例如，有模式定义的和自描述的可扩展标记语言（XML）数据文件。

3. 准结构化数据

这类文本数据带有不规则的数据格式，但是可以通过工具规则化。例如，可能包含不一致的数据值和格式的网页点击流数据。

4. 非结构化数据

数据没有固定的结构，如文本文件、PDF 文件、图像和视频等。

1.2　大数据的发展

若单从数据量的角度来看，大数据很早之前就已经存在了。例如，波音的喷气式发动机每 30 min 就会产生 10 TB 的运行信息数据。世界各地每天有超过 2.5 万架飞机在工作，由此可知其数据量是何等庞大。生物技术领域中的基因组分析以及以 NASA（美国国家航空航天局）为中心的太空开发领域，很早就开始使用造价昂贵的超高端超级计算机来对庞大的数据进行分析和处理了。

现在的大数据已经不仅产生于传统特定领域中，而且产生于人们每天的日常生活中，例如微博、微信等社交媒体上的文本数据。而且，尽管人们无法得到全部数据，但大部分数据可以通过公开的应用程序编程接口相对容易地进行采集。在 B2C（商家对顾客）企业中，使用文本挖掘和情感分析等技术，可以分析消费者对于自家产品的评价。

1. 硬件性价比提高与软件技术进步

随着计算机性价比的提高，磁盘价格的下降，利用通用服务器对大量数据进行高速处理的软件技术 Hadoop 的诞生以及云计算的兴起，甚至已经无须自行搭建这样的大规模环境。上述这些因素，大幅降低了大数据存储和处理的成本。因此，过去只有像 NASA 这样的研究机构的屈指可数的特大企业才能做到的对大数据的深入分析，现在只需很低的成本就可以完成。

2. 云计算的普及

大数据的处理环境现在在很多情况下并不一定要自行搭建。例如，使用亚马逊的云计算服务 EC2 和 S3 就可以在无须自行搭建大规模数据处理环境的前提下，以按用量付费的方式使用由计算机集群组成的计算处理环境和大规模数据存储环境。此外，在 EC2 和 S3 上还利用预先配置的 Hadoop 工作环境提供了 EMR 服务。利用这样的云计算环境，即使是资金不太充裕的创业公司，也可以进行大数据的分析。

1.3　大数据处理的挑战

数据中蕴含的价值，需要通过计算来获取。大数据计算就是通过对数据的计算获取价值的过程。大数据的 4V 或 5V 特征，对数据处理的过程带来直接的挑战。

首先是数据规模带来的挑战。随着数据规模的增大，直接感受到挑战的是数据的存储和计算能力。从传感器获得的大量数据经过预处理后，需要被存储下来，并根据各种数据查询任务和数据分析任务的需求，进行数据加工和分析计算。特别是对于时效性较高的分析任务，这种压力更为巨大。

应对大规模的数据，一个解决方法是分治法。当存储和计算的能力超出一台计算机的极限时，人们自然想到用多台计算机来分担存储和计算任务，在将数据存储在不同节点的基础上，将计算任务分解，并交由不同的计算节点来并发执行。

应对大规模的数据，另一个解决方法是根据数据自身特征，选用制定特殊方法。这就需要考察不同大数据集的特点，考察基于这个数据集的查询或计算任务的特点，有针对性地设计优化方法。这些优化方法的设计也有一些基本的准则。

1. 合理采样

大数据采样是从大数据集中挑选一部分数据进行计算的一种手段。在传统的采样方法中，样本选取的差异可能在减少计算量的同时引入结果的不确定性，采样的质量和精确性都会对计算结果产生影响。但是，在大数据的计算中，允许计算结果精度在一定误差范围内，对单一数据项和分析算法的精确性要求就不再苛刻，因此可以牺牲部分精确度来换取计算量的减少。

2. 巧用“增量”特性

面对种类繁多、变化频繁的大数据，为提高预测的准确性，往往通过已有分类方法简化原问题的规模。而在大数据计算中，数据的持续更新可能难以形成稳定的分类，不仅要考虑原有数据的分类算法，还要考虑动态增加的数据下的“增量”算法。相对于大量的已有存量数据，增量数据的数据量要小许多，如果能够找到方法，不必每次计算都重新扫描所有数据，而只要在上次计算结果的基础上，通过对更新数据的计算，合并出新的计算结构，就可以避免大量的计算。尽管不是每个计算任务都具有增量算法，但如果能够找到支持增量的算法，显然可以让大数据计算变得更加高效。

3. 利用好多源数据寻找关联关系

大数据研究不同于传统的逻辑推理研究。针对一个问题，往往不只是在一个确定的数据集上开展研究，而是对数量巨大的数据做统计分析和归纳，甚至可以根据数据分析的目的，有针对性地获取、整合关联数据，从而形成多源异构的大数据集。传统的确定性问题往往通过自顶向下的还原方法，逐步分解并加以研究，而对多源异构大数据的相关问题不仅需要还原方法，还需要自底向上的归纳方法，通过关联关系补充因果关系的不足，实现多源数据和多种计算方法的有效融合。

此外，大数据需要收集、汇聚和从各种渠道获取全量复杂关联的数据集，并在此基础上进行价值的提取，这必然催生对数据安全和个人隐私保护的巨大需求；大数据的商业价值推动服务企业以更加激进的方式收集用户数据，数据公开的呼声与潜在的数据交易需求则放大了数据安全和个人数据泄露的风险，这些使大数据时代的安全和隐私保护成为一个核心课题。目前这一问题已经引起计算机科学及法学界的关注。

1.4 数据科学的概念

“数据科学”这个词从提出到现在已经有半个多世纪的历史了。数据科学就是一门通过系统性研究来获取与数据相关的知识体系的科学。这个定义有两个层面的含义：

① 研究数据本身，研究数据的各种类型、结构、状态、属性及变化形式和变化规律。

② 通过对数据的研究，为自然科学和社会科学的研究提供一种新的方法，称为科学研究的数据方法，其目的在于揭示自然界和人类行为的现象和规律。

数据科学主要包括两个方面：用数据的方法研究科学和用科学的方法研究数据。前者包括生物信息学、天体信息学、数字地球等领域；后者包括统计学、机器学习、数据挖掘、数据库等领域。这些学科都是数据科学的重要组成部分，只有把它们有机地整合在一起，才能形成数据科学的全貌。

虽然有着半个多世纪的历史，但数据科学仍可算是一门新兴的学科。它涉及的范围非常广泛，主要涵盖以下几个方面：

① 数据与统计学的相关知识,包括数据模型、数据过滤、数据统计和分析、数据结构优化等。

② 计算机科学的相关知识，包括数据的获取技术、数据的处理方法、数据的存储和安全性保障等。

③ 图形学的相关知识，包括数据的可视化、数据的协同仿真、虚拟环境的实现等。

④ 人工智能的相关知识，包括机器学习算法的应用、神经网络的运用等。

⑤ 领域相关知识，包括处理特定领域的数据分析和解读时需要用到的理论和方法等。

除了上面这些已知的领域外。数据科学在未来还会深入许多目前未知的领域。对数据科学的探索只能算是刚开始，还有许多未知的领域亟待进行探索。

数据科学的具体研究内容可分为以下四个方面：

（1）基础理论研究

基础理论研究的对象是数据的观察方法和数据推理的理论,包括数据的存在性、数据测度、数据代数、数据相似性与簇论、数据分类与数据百科全书等。

（2）实验和逻辑推理方法研究

要想做好实验和逻辑推理方法研究，需要建立数据科学的实验方法，建立许多科学假说和理论体系，并通过这些实验方法和理论体系来开展对数据的探索研究，从而认识数据的各种类型、状态、属性及其变化形式和变化规律，揭示自然界和人类行为的现象和规律。

（3）数据资源的开发利用方法和技术研究

数据资源的开发利用方法和技术研究主要是指研究数据挖掘、清洗、存储、处理、分析、建模、可视化展现等一系列过程中的技术难题和挑战。

（4）领域数据科学研究

领域数据科学研究主要是指将数据科学的理论和方法应用于各种领域，从而形成针对专门领域的数据科学，例如，脑数据科学、行为数据科学、生物数据科学、气象数据科学、金融数据科学、地理数据科学等。

1.5 数据科学的由来

“数据科学”一词最早出现在1960年，是丹麦人、图灵奖得主、计算机科学领域的先驱彼得诺尔所提出的。“数据科学”作为一个术语首次出现是在1974年出版的 *Concise Survey of Computer Methods* 的序言中。在序言中，数据科学被定义为“处理数据的科学，它们已经建立起来，而数据与它们所代表的内容之间的关系是分配给其他领域和科学”。另一个术语Datalogy，在1968年以“数据和数据处理的科学”的名称引入。这些定义显然比今天讨论得更具体。但是，它们启发了之后对数据科学内容的全面探索和发展。

从“数据分析（Data Analysis）”到“数据科学”的进化之旅始于1962年的统计和数学学会。有人说，数据分析本质上是一门实证科学。数据处理包括信息处理和探索性数据分析。有人建议需要更加强调这一点：利用数据提出合适的假设进行检验。这促成了1989年Data-Driven Discovery概念的出现。1997年，国际知名统计学家吴建福在美国密歇根大学做了名为“统计学是否等同于数据科学”的讲座。他把统计学归结为由数据收集、数据建模和分析、数据决策组成的三部曲，并认为应将“统计学”重命名为“数据科学”。2001年在克利夫兰提出的一项行动计划加速了统计技术向数据科学领域的迈进。

在统计学中起着重要作用的描述性分析（也称描述性统计）在统计学界总结或描述了数据样本或数据集的特征和测量值。现在的商业智能项目和系统中的数据分析所运用的基础分析和报告的任务和工具，都是以描述性分析为基础创立的。

1977年以后，人们对早期数据分析角色的理解远远超出了数据的探索和处理要有“把数据转化为信息和知识”的愿望。20多年后，这种愿望催生了ACM SIGKDD会议，它是第一个关于数据库知识发现的研讨会（简称KDD）。在KDD和其他数据挖掘会议上，Data-Driven Discovery成为这些活动的主题之一。从那时起，关键词如“数据挖掘”“知识发现”和数据分析不仅在计算机科学领域得到了越来越多的认可，而且在其他领域和学科也得到了越来越多的认可。数据挖掘和知识发现是从数据中发现隐藏的和有趣的知识的过程。今天，除了广泛认可的KDD、ICML、NIPS和JSM会议，许多地区和国际会议已经举办了关于数据分析和学习的会议和讲习班。数据科学与高级分析国际会议（Data Science and Advanced Analytics，DSAA）已经得到IEEE、ACM和美国统计联合协会以及行业赞助。这些努力使得数据科学成为增长最快、最受欢迎的计算、统计和跨学科的研究。

数据挖掘、知识发现和机器学习的共同发展，统计学中原始数据分析和描述性分析的方法，形成了“数据分析”的基本概念。原始的数据分析专注于数据处理。数据分析是一门多学科的定量科学并对数据进行定性分析，以得出新的结论或思考（探索性或预测性），或提取和证明（验证性或基于事实的）关于决策和行动信息的假设。

分析已经变得更加产业化。现在已经扩展到对于各种数据和特定领域的分析，如业务分析，风险分析、行为分析、社会分析和网络分析（通常也称X-Analytics）。领域特定的分析从根本上驱动了数据科学的创新与应用。领域特定的和数据特定的分析和理论数据分析共同构成了数据科学的基石。

图1.3总结了数据科学的发展历程。它用术语描述了进化学科发展的代表性时刻、事件和主要方面、政府举措、科学议程、典型的社会经济事件和教育。

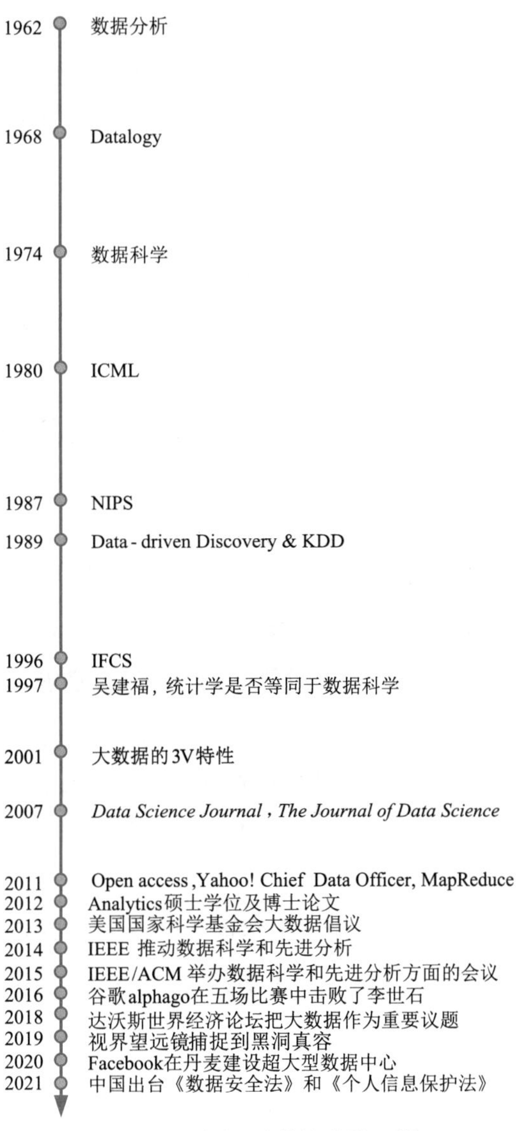

图 1.3　数据科学的发展历程

1.6　数据科学的应用场景

数据科学和大数据分析引领了下一代经济创新、竞争和生产力。通过创造数据产品、数据经济、数据产业化与服务，重要的新业务机会和以前不可能的前景已经成为可能。

1.6.1　行业数据

如果将数据与石油、新国际货币以同样的方式看待，那么很明显，全球经济正经历着一场革命性的变革：从数据匮乏到数据丰富和数据驱动。一方面，数据产业化创造了新的业务，公司、组织甚至国家都在为如何更好地利用资源而竞争创建新数据产品。另一方面，包括零售在内商业和制造业的核心业务正让位给以行业数据为中心的新经济数据产业与数字经济。数据产业正在形成，并日益成为推动全球经济的新力量。主要的数据行业的驱动力来自以下六个核心领域：数据 / 分析设计、数据 / 分析内容、数据 / 分析软件、数据 / 分析基础设施、数据 / 分析服务和数据 / 分析教育。

① 数据 / 分析设计包括新方法和设计方法的发明，并生产数字和数据产品、服务、商业模式、业务参与模型、通信模型、定价模型、经济形式、增值数据产品 / 服务、决策支持系统、自动化系统和工具。

② 数据 / 分析内容包括获取、制作、维护、宣传、传播、通过在线推荐和呈现以数据为中心的内容，移动、社交媒体平台等渠道。

③ 数据 / 分析软件是指软件、平台、架构、获取、组织、管理、分析、为特定的业务和科学目的可视化、使用和呈现数据，以及为这些方面提供质量保证。

④ 数据 / 分析基础设施涉及为数据创建基础设施和设备存储，备份，服务器收益，数据中心，数据管理和存储，云，分布式并行计算基础设施，高性能计算基础设施，网络、通信和安全。

⑤ 数据 / 分析服务专注于提供战略和战术思维领导力，技术及实务咨询服务，面向问题的解决方案及应用、外判服务，数据审核及质素提升的特定服务，数据采集、提取、转换和加载、推荐，数据中心 / 基础设施托管，数据分析等。

⑥ 数据 / 分析教育能够建立企业能力和培训，以及提供基于在线 / 离线 / 学位的课程、研讨会、材料等服务，培养合格的数据专业人员，为建立和发展这一学科做出贡献。

1.6.2　数据服务

数据服务是整个数据和分析领域的一部分，正改变着人们生活的方方面面。

① 数据服务是企业的核心业务，而不是辅助业务经济。

② 数据驱动的生产和决策成为大型组织对于复杂的决策和战略规划的核心功能，而不是附属物。

③ 数据服务是在线、移动和基于社会的，嵌入到人们的活动和议程。

④ 数据业务是全球性的。

⑤ 数据驱动服务提供实时的公共服务数据管理，高性能处理、分析和决策。

⑥ 数据驱动服务支持完整的生命周期分析，包括描述性、预测性和用于预测、检测和预防创新风险的规定性分析和优化。

⑦ 数据分析服务是智能的，或者可以提高普通数据和信息服务的智能性。

⑧ 数据服务支持跨媒体、跨源和跨组织创新和实践。

⑨ 数据服务通过传递数据内在的关联知识和结论可显著提高效率和节省开支。

一些典型的核心业务和新经济相关数据服务如下：

① 信用评分：确定客户的信用价值。

② 欺诈检测：识别欺诈交易和可疑行为。

③ 医疗：检测服务过度、服务不足和流行病等事件。

④ 保险：检测欺诈性索赔并评估风险。

⑤ 制造过程分析：找出制造问题的原因并优化流程。

⑥ 市场和销售：识别潜在客户并建立有效的活动。

⑦ 组合交易：通过最大化来优化金融工具的组合回报和最小化风险。

⑧ 监视：检测来自多传感器的入侵、对象、人员和连接数据和遥感。

数据科学作为一门正在蓬勃发展的新学科，所关注的正是如何在大数据时代背景下，运用各门与数据相关的技术和理论，服务于社会，让人们可以更好地利用身边的数据，将生活变得更加美好。数据科学已经渗入了人们生活和工作的方方面面，无论是政府还是企业，未来都需要大量懂得数据科学相关知识的人才。

小　　结

本章首先介绍大数据的概念、4V特征、大数据的结构类型，其次讲述大数据发展历程、大数据处理面临的挑战，由此引出数据科学的概念。围绕数据科学，分别介绍了数据科学的由来和应用场景。

习　　题

1. 给出现实生活中产生大数据的具体实例，并说明大数据在其中的作用。

2. 上网查询大数据行业前沿的公司、科研机构及其代表人物的名称（名字）、研究领域、代表作。

第 2 章 数据采集与数据预处理

数据采集是大数据分析的前导过程，获取到有效的数据是大数据分析的基础。如果说数据源是大数据平台蓄水池的上游，那么数据采集就是获取水源的管道。通过数据采集获取的是原始数据，原始数据是不能直接进行分析和处理的。原始数据通常存在缺失值、数据格式不统一、数据格式标准不相同等问题。数据预处理就是对原始数据进行初步处理，解决缺失值、数据格式不统一等问题，为后续的数据分析提供一个相对完整的数据集。

2.1 数据采集和数据预处理概述

2.1.1 数据采集概述

大数据采集是指从传感器、智能设备、企业在线系统、企业离线系统、社交网络以及互联网平台获取数据的过程。数据包括各类传感器数据、用户行为数据、社交网络交互数据以及移动互联网数据等，包含海量的结构化、半结构化以及非结构化数据。因此，对大数据采集而言，不仅数据来源种类繁多、数据类型繁杂、数据量大，并且数据产生的速度快，传统的数据采集方法已经无法适应大数据采集任务。

传统的数据采集来源单一，大多采用关系型数据库和并行数据仓库进行。但传统的并行数据库技术追求高度一致性和容错性，因此难以保证良好的扩展性。在大数据环境下，数据的主要来源包括以下几部分：

① 企业系统：销售系统、库存系统、企业客户管理系统等。

② 机器系统：智能仪表、工业传感器、视频监控系统等。

③ 互联网系统：各类电商平台、政府监管系统、服务行业业务系统等。

④ 社交网络系统：微信、QQ、微博等。

相对于传统的数据来源，大数据时代的数据来源有以下几个特点。

① 传统数据采集数据源单一，大多是从企业的客户管理系统、企业业务系统中获取数据；而大数据采集不仅包含传统的数据采集来源，还需要从社交系统、互联网系统以及各类传感器设备中采集信息。

② 从数据量方面来看，大数据时代所采集到的数据量要远远大于传统的数据采集数据量。

③ 从数据结构方面看，传统的数据采集一般采集的是结构化数据（主要来源于关系数据库），大数据时代采集的数据包括视频、音频、图片等非结构化数据以及网页、日志等半结构化数据。

针对不同的数据来源，大数据采集方法有以下几类：

1. 数据库采集

传统的数据一般存储在SQL Server或Oracle中，随着大数据技术的发展，HBase、MongoDB等NoSQL数据库逐渐大量地应用到了不同的企业环境中。数据库采集就是采集这些SQL和NoSQL数据库中的内容，并在这些数据库之间进行负载均衡和分片，完成采集工作。

2. 系统日志采集

系统日志采集是指收集企业业务平台上日常产生的大量日志数据，供离线和在线的大数据分析系统使用。高可用性、高可靠性、可扩展性是日志采集系统的基本特征。系统日志收集系统均采用分布式结构，满足每秒数百兆字节（MB）的日志采集和传输需求。

3. 网络数据采集

网络数据采集是指通过网络爬虫抓取网站上的数据信息的过程。网络爬虫会从一个或若干初始网页的URL开始，获得各个网页上的内容，并且在抓取网页的过程中，不断从当前页面上抽取新的URL放入队列，直到满足设置的停止条件为止，这样可将非结构化数据、半结构化数据从网页中提取出来，存储在本地的存储系统中。

2.1.2　数据预处理概述

随着企业信息化的发展，企业积累了前所未有的海量数据，使用大数据挖掘和分析技术能够从这些数据中获取隐含而又十分有用的信息，使得这些数据成为企业宝贵的财富。然而，数据中通常存在各种错误，如属性值的缺失、错误的分类、记录的重复等。因此，数据预处理工作是在数据挖掘之前进行的，分为数据清洗（Data Cleaning）、数据集成（Data Integration）、数据变换（Data Transformation）、数据归约（Data Reduction）几个部分。

1. 数据清洗

数据清洗的目的是清理数据中的错误，如对缺失值的预测或填充、噪声数据的平滑、解决数据不一致问题等。

（1）数据中的缺失值

在数据采集的过程中，难免会出现数据缺失的情况，如学生成绩的数据表中，某个学生某门课程没有成绩。缺失值按照产生的原因可以分为三类。

① 完全随机缺失：这种类型的缺失值与自身所在的属性和其他完整的属性没有任何关系，是完全独立的。

② 随机缺失：这一类缺失值与其他完整属性的数据有关联，可以通过其他属性值进行预测。

③ 非随机缺失：这一类缺失值只同缺失属性本身有关，无法通过其他属性值来预测。

（2）数据中的噪声

噪声数据是指数据集中的错误数据、无意义的数据或与后续数据挖掘任务不相关的数据。对于有监督的机器学习来说，训练模型需要无噪声的、干净的数据集，这样才能有较好的效果。对于数据中噪声的处理方法通常有按均值光滑、按中值光滑和按边界光滑三种方式。

（3）重复记录检测

在数据采集的过程中，数据可能来源于不同的数据库，各个数据库的管理规则不尽相同，这些数据被采集到一起时难免会出现多条记录表示同一个实体的情况，即重复记录的情况。重复记录检测就是从数据源中识别多个形式上不同但实际表示同一实体的记录，它是数据预处理过程中的一项重要任务。

2. 数据集成

随着 SQL 和 NoSQL 数据库技术的发展，各个企业或部门都会有大量的数据产生，都会建立自己的数据库来存储数据。在很多情况下，无法直接将多个异构的数据源直接放在一起进行数据采集，因此，需要以一定的规则来对数据源中的数据进行集中，使得数据能够正确地集中在一起。数据集成的目的就是将分布在不同数据源中的数据进行整合，从而给后续的挖掘算法提供一个完整的数据集。

数据集成主要有以下两种方式：

（1）物理集成

将数据从不同的数据源中采集出来，存储到一个统一的数据源中，其典型的代表是数据仓库方式。集成后的数据能够方便地被后续的挖掘算法进行读取；其缺点是数据更新问题，一旦原始数据源发生变化，更新的代价会比较高。

（2）逻辑集成

这种方式不改变数据存储的物理位置，仅提供了一个虚拟数据映射视图，在确实需要数据时方对所需要的数据进行采集。

3. 数据变换

经过数据采集得到的数据不一定适合后续数据挖掘算法的要求，如存在数据类型的差异、数据格式不一致等问题。数据变换就是对采集的数据进行适当的变换使得数据更加适合数据挖掘算法的要求。

在某个属性中，其最大值和最小值可能存在很大的差距，例如，最小值可能是 0.000 1，最大值可能是 10 000。对于神经网络等算法而言，如此大的差距将会极大地降低算法的性能。此时，可通过数据变换方法，将数据映射到一个较小的区间中，如 [0, 1]，这样可以提高神经网络算法的性能和精度。

4. 数据规约

当将不同的数据源中的数据采集到一起之后，所得到的数据体量是相当大的，数据的维度也会相当高。数据规约的目的就是降低数据的体量和维度，以便后续的数据挖掘算法更好地分析和处理数据。

2.2　数据采集技术

2.2.1　网络数据采集技术

网络爬虫（Web Crawler），又称为网络蜘蛛或网络机器人，是一种按照一定规则自动抓取互联网信息的程序。网络爬虫是采集互联网公开数据的常用工具之一，理论上它能抓取互联网上的任何信息，如文本、图片、音频、视频等。网络爬虫最早应用在搜索引擎当中。

在网络爬虫中维护着一个 URL（Uniform Resource Locator，统一资源定位符）队列，该队列中的链接是网络爬虫将要抓取的目标网页。一个典型的网络爬虫的工作原理如图 2.1 所示。

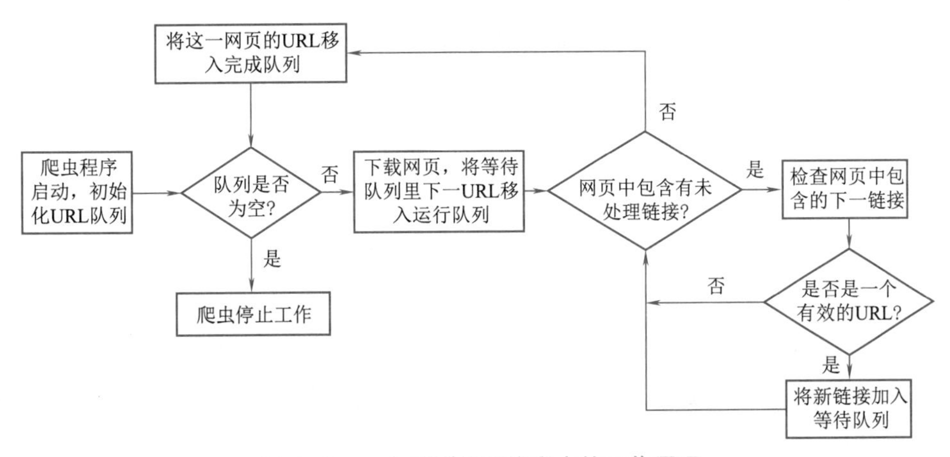

图 2.1　一个典型的网络爬虫的工作原理

网络爬虫的工作原理是：

① 启动网络爬虫工作前，首先初始化 URL 队列，即在 URL 队列中放入一个或若干个初始 URL，这个（些）初始的 URL 称为种子 URL。然后，启动网络爬虫开始工作。

② 从 URL 队列中取出一个链接，从该链接所对应的目标网址下载整个网页中的内容。

③ 解析所下载网页，找到所需要的内容，如文本、音频、视频等。

④ 分析下载网页中是否存在指向其他网页的链接。如果该网页中没有指向其他网页的链接，则转⑤。否则将新链接加入 URL 队列中，转④继续分析该网页所包含的下一个链接。

⑤ 将该网页的 URL 链接移入已完成队列中，表示该网页已经被抓取，且该网页中不存在指向其他网页的链接。

⑥ 判断 URL 队列是否为空，为空则停止网络爬虫的工作，否则从 URL 中取出下一个链接，转②。

根据网络爬虫的系统结构和实现技术的不同，可以将网络爬虫分为通用网络爬虫（General Web Crawler）、主题网络爬虫（Focused Web Crawler）、增量式网络爬虫（Incremental Web Crawler）、深层网络爬虫（Deep Web Crawler）。在实际应用中的网络爬虫通常是以上几种爬虫技术混合使用，也称为混合网络爬虫。

1. 通用网络爬虫

通用网络爬虫又称为全网爬虫，其抓取对象是从种子 URL 扩充到整个互联网资源。由于通用网络爬虫的抓取目标是整个互联网中的各类数据，因此主要被各大门户搜索引擎和大型的 Web 服务供应商所采用。出于商业目的，通用网络爬虫的技术细节很少被公布出来。通用网络爬虫的爬行范围和数量非常巨大，对爬行速度和存储空间的要求较高，同时互联网中网页刷新的速度很快，因此通用网络爬虫一般采用分布式架构、并行的工作方式。

2. 主题网络爬虫

相对于通用网络爬虫，主题网络爬虫有选择性地抓取那些与预先定义好的主题相关的页面。因此，主题网络爬虫极大地节省了硬件和网络资源，保存的页面数量较少，更新速度更快，同时可以满足某些特定人群对特定领域信息的需求。

主题爬虫要抓取与特定主题相关的内容，在主题网络爬虫的流程中增加了链接评价模块和内容评价模块，其功能是确定要抓取的内容与主题的相关性。

（1）链接评价策略

一般来说，在同一个页面中的链接具有与同一主题的相关性。PageRank 算法最初是用于搜索引擎中对查询结果进行排序，可以将其应用在主题网络爬虫中评价链接与主题的相关程度，具体做法是选择 PageRank 值较大的链接放入到 URL 队列中，作为主题网络爬虫下次要爬行的目标链接。

（2）内容评价策略

Fish-search 算法是经典的基于内容的评价方法，它将用户输入的查询词作为主题，包含查询词的页面被视为与主题相关的页面，该算法的局限性是无法评价页面与主题相关度的高低。Shark-search 是 Fish-search 算法的改进版本，它利用向量空间模型来计算页面与主题的相关度大小。

3. 增量式网络爬虫

互联网中网页的内容随时会产生更新，有的是整个网页的更新，有的是网页部分内容的更新。对于网页部分内容的更新，如果对整个网页进行抓取将会浪费大量的时间和带宽资源。这时，增量式网络爬虫可以解决这个问题。增量式网络爬虫是指对已下载网页采取增量式更新，只抓取新产生的或者已经发生变化的网页内容的网络爬虫，能够在一定程度上保证所抓取的页面是尽可能新的页面。

增量式网络爬虫只会在需要的时候抓取新产生或发生更新的页面，并不重新下载没有发生变化的页面，可以有效地减少数据下载量，及时更新已抓取的页面，减小时间和空间的耗费，但同时增加了爬取算法的复杂度和实现难度。

4. 深层网络爬虫

互联网中的页面按照存在方式可分为表层页面（Surface Web）和深层页面（Deep Web）。表层页面是指传统搜索引擎可以索引的页面，以超链接的形式可以达到的静态页面为主所构成的页面。深层页面是指那些大部分内容不能通过静态超链接获取的、隐藏在搜索表单后的，只有用户提交一些关键词才能获得的页面，例如那些用户注册后才可见的页面就属于深层页面。目前,互联网中深层页面所蕴含的信息量是表层页面的几百倍,深层页面是互联网上最大、发展最快的新型信息资源的载体。

由于深层页面一般需要提交关键词才能获取，因此深层网络爬虫中有一个特殊的内部数据结构——LVS（Label Value Set）表。LVS 表是标签 / 数值集合，用来填充深层页面中表单的数据源。深层页面表单的填写是深层网络爬虫抓取页面过程中最重要的部分，一般包括两部分：

① 基于知识领域的表单填写：该方法维持一个本体库，通过语义分析来选取合适的关键词填写表单。

② 基于网页结构分析的表单填写：该方法一般无领域知识或仅有有限的领域知识，将表单表示为 DOM 树，从中提取表单各字段。

5. 页面搜索策略

在网络爬虫中，页面的抓取策略可以分为广度优先和深度优先两种策略。

（1）广度优先搜索

广度优先搜索策略是指在抓取过程中，在完成当前层次的搜索之后，才能进入下一层次的搜索。其目的是覆盖尽可能多的页面。主题网络爬虫一般会使用广度优先搜索策略，其基本思想是认为与初始 URL 在一定链接距离内的页面具有与主题相关性的概率很大。但是在实际情况中，存在于同一页面中的 URL 也有可能与主题是不相关的。因此，随着抓取页面的增多，大量无关的页面将被下载，产生“主题漂移”的现象。

（2）深度优先搜索

深度优先搜索策略是从初始页面开始，选择一个 URL 进入，分析这个页面中的 URL，再选择一个进入。如此一个链接一个链接地抓取下去，直到处理完一条线路之后再处理下一条线路。深度优先搜索策略设计较为简单，但这种策略抓取深度直接影响抓取命中率及抓取效率，因此抓取深度是这种策略的关键。

6. 八爪鱼信息采集器

八爪鱼信息采集器是一款免费的互联网信息采集软件，感兴趣的读者可以自行下载安装使用。

视 频

八爪鱼使用

八爪鱼信息采集器通过模拟人的思维操作方式，如打开网页、点击网页中的某个按钮，对网页内容进行全自动提取。系统采用可视化流程操作，无须专业知识也能实现数据采集。通过对网页源码中各个数据的精确定位，八爪鱼信息采集器可以批量精准采集出用户所需的数据。下面以抓取京东产品评论为例进行说明。

八爪鱼信息采集器启动后的界面如图 2.2 所示。

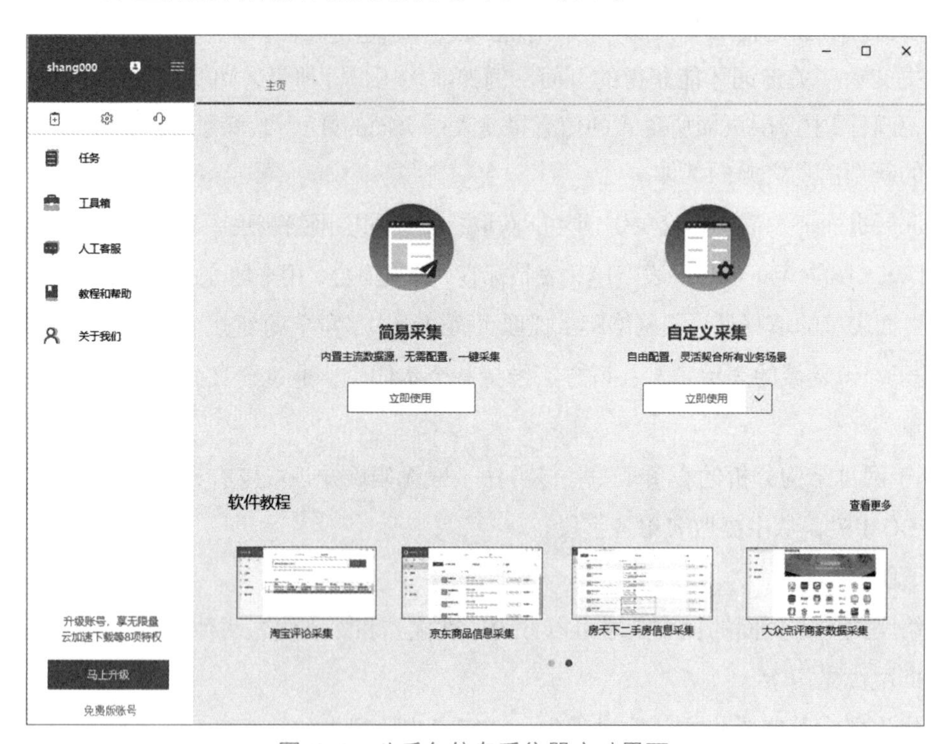

图 2.2　八爪鱼信息采集器启动界面

简易采集模式中内置一些主流的数据资源，无须用户进行配置即可实现数据的采集和下载任务。自定义采集模式可以实现自由配置，实现不同任务场景的数据采集。以下以简易采集模式为例说明，简易采集模式如图 2.3 所示。

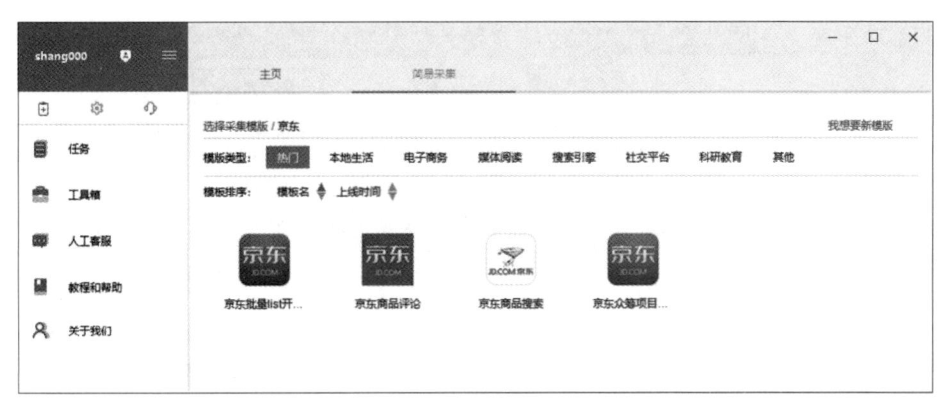

图 2.3　简易采集模式

在简易数据采集模式中，依次选择“京东”“京东商品评论”，打开采集京东商品评论的界面，如图 2.4 所示。

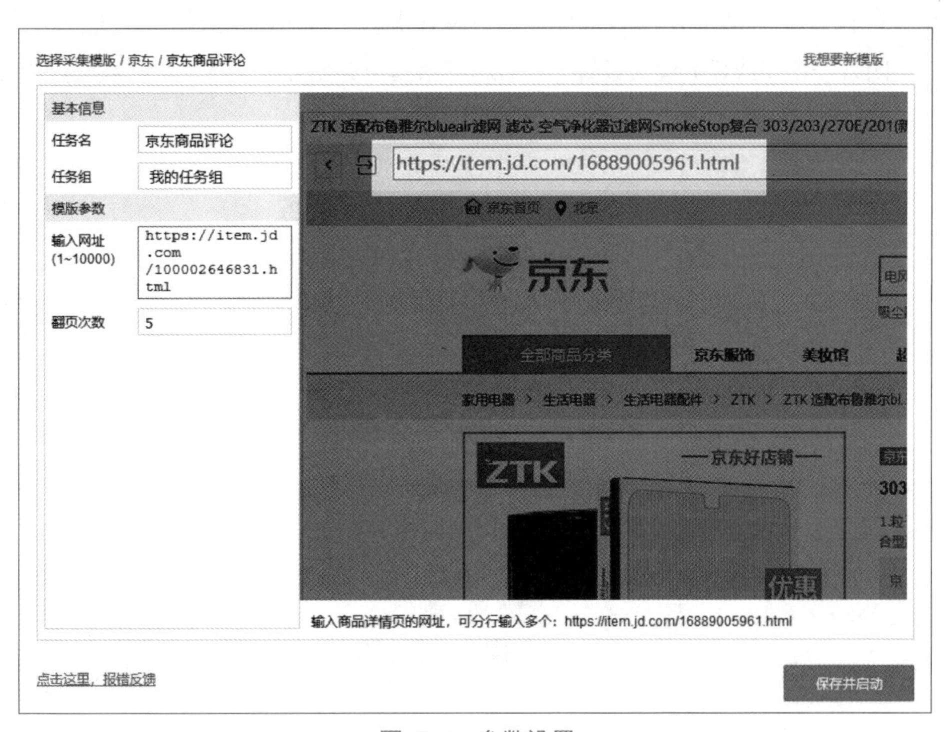

图 2.4　参数设置

在图 2.4 所示的界面中，在“输入网址”中输入需要采集数据的目标网页地址，“翻页次数”设置在数据采集过程中最大翻页的页面数。参数设置完毕后，单击“保存并启动”按钮，启动数据抓取任务，如图 2.5 所示。

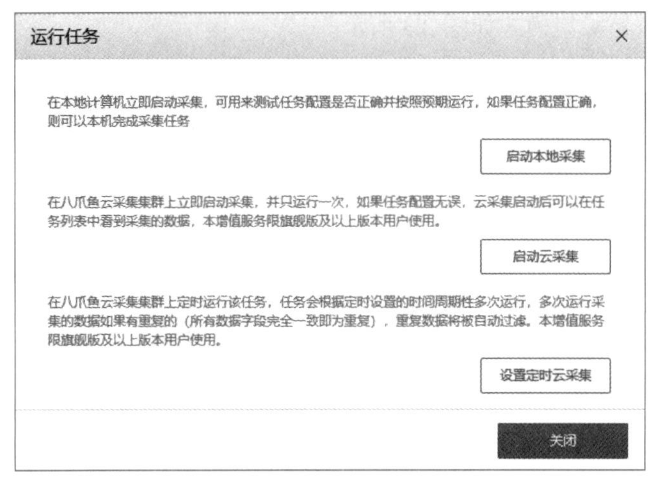

图 2.5 运行任务

在图 2.5 所示的界面中，“启用本地采集”是指使用本地的软硬件资源来进行数据采集工作，其结果也保持在本地硬盘中。“启用云采集”是使用八爪鱼云资源来进行数据采集工作，抓取结果保存在云端。“设置定时云采集”是指设置指定的时间启用数据采集工作。设置完成后单击“关闭”按钮完成任务模式设置，并启动网络爬虫开始数据采集，数据抓取过程如图 2.6 所示。

京东商品评论

编辑任务　采集设置

正在打开 https://item.jd.com/100002646831.html

荣耀京东自营旗舰店　商品介绍　规格与包装　售后保障　商品评价(23万+)　手机社区

(Android)　128GB

好评度 98%　反应超快(34)　充电快速(12)　清晰度高(12)　颜色绚丽(9)　手感一流(6)　散热性佳(6)　拍照功能强(2)　音质上乘(2)　设计人性化(1)　内存充足(1)

选购

提取到的数据

	会员	级别	评价星级	评价内容	时间	点赞数	评论数	追评时间
1	小***人	PLUS会员	star5	显示效果：好 运行速...	2019-04-13 11:05	6	1	
2	章***8		star5	各方面都算满意。外观...	2019-03-05 23:13	9	6	
3	突出重围23	PLUS会员	star5	首先直接说结论：五星...	2019-02-26 18:26	9	12	
4	轶梦如歌	PLUS会员	star5	使用了好多天了，整体...	2019-04-18 22:43	14	7	
5	岚风云	PLUS会员	star5	之前的v8摔碎屏啦，选...	2019-04-28 16:25	2	6	
6	jd_180022hpn	PLUS会员	star5	1. 系统很顺畅，打开...	2019-03-28 19:29	4	0	
7	网***吗		star5	14号预约的，第二天就...	2019-02-16 13:08	34	26	
8	黎***0		star5	红色 非常 漂亮看了好...	2019-05-16 22:42	1	0	
9	爱***人	PLUS会员	star5	手机收到，特意试用了...	2019-01-09 12:49	12	1	
10	i***9	PLUS会员	star5	24号抢购，28日收货，...	2019-01-28 22:24	15	8	

1 2 3

已采集:30条　已用时：2分钟1秒　平均速度：15条/分钟　停止采集

图 2.6 数据抓取过程

数据采集结束后，可选择将数据保存为不同个数的文件或者数据库中，如图 2.7 所示。

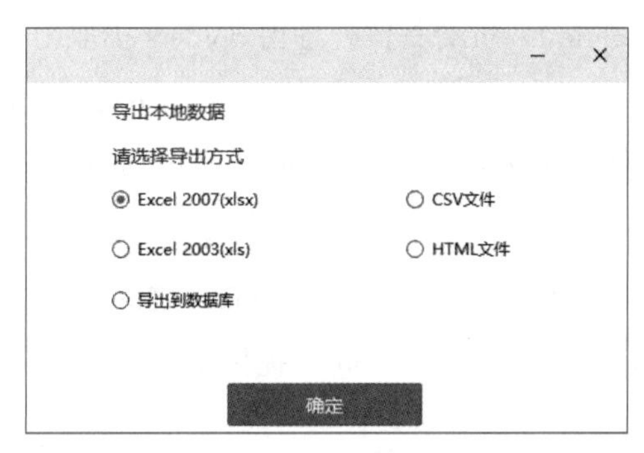

图 2.7　保存采集到的数据

7. Python Scrapy 爬虫框架

Scrapy 是一个抓取网页内容的应用程序框架，该框架封装了 Request、多线程下载器、网页内容解析器等功能，广泛应用在数据挖掘、信息处理、历史数据存储等方面。Scrapy 系统架构如图 2.8 所示。

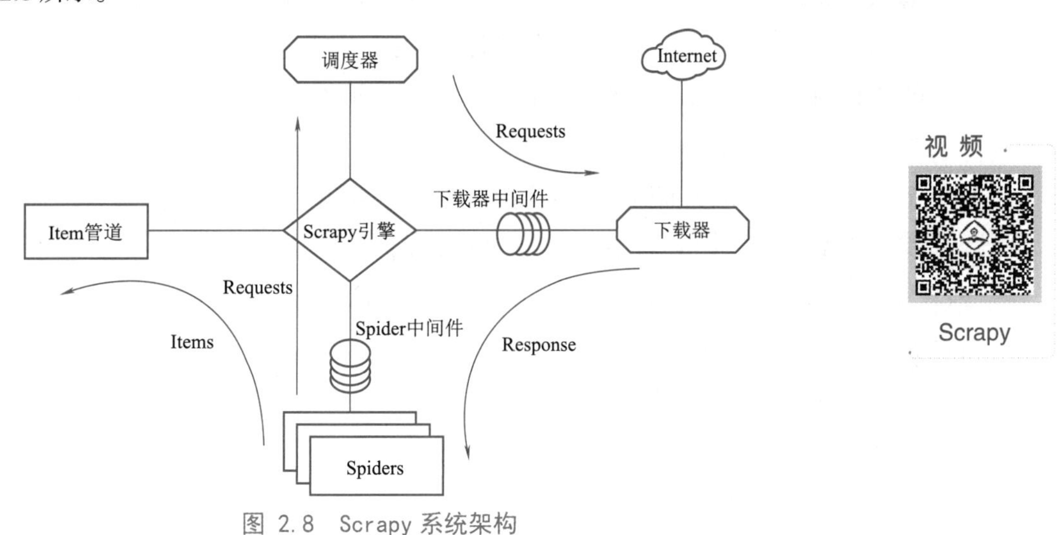

图 2.8　Scrapy 系统架构

Scrapy 包括两部分：组件和数据流，图 2.8 中带有箭头的线条表示数据的流向。Scrapy 框架中组件包括以下几个部分。

① Scrapy 引擎（Scrapy Engine）：引擎负责控制数据流在 Scrapy 框架中的流动方向和顺序，并在适当的时机触发相应的事件。

② 调度器（Scheduler）：负责从 Scrapy 引擎接收 Request 请求，并将其加入爬虫的 URL 队列，以便爬虫从 URL 队列中获取将要抓取的网页地址。

③ 下载器（Downloader）：负责网页数据的抓取，将其结果提供给 Spider。

④ Spiders：Scrapy 用户自己编写的内容，用于分析网页 Response 的内容，提取其中的 Item，每一个 Spider 负责处理一个特定的 URL。

⑤ Item 管道（Item Pipeline）：负责具体处理由 Spiders 提取出来的 Item。

⑥ 下载器中间件（Downloader middlewares）：引擎与下载器之间的特定钩子（Hook），主要用于处理下载器传递给引擎的 Response，其提供了一个简单的机制，可以插入自定义的代码来扩展 Scrapy 的功能。

⑦ Spider 中间件（Spider middlewares）：引擎与 Spider 之间的钩子，负责处理 Spider 的输入（Response）和输出（Items 和 Requests），它同样提供了一个简单的机制，来实现插入自定义代码扩展 Scrapy 的功能。

Scrapy 数据流（Dataflow）是 Scrapy 框架中的另外一个重要的内容，由 Scrapy 引擎控制。在 Scrapy 抓取数据时。利用 Scrapy 自定义爬虫的步骤是：

① 新建爬虫项目：使用 scrapystartprojectproject_name 命令新建一个名为 project_name 的爬虫项目。

② 确定要抓取的网页内容：重写项目中的 items.py 文件，自定义要抓取的内容。

③ 自定义爬虫：在 spider 目录下创建爬虫程序，利用该程序抓取网页。

④ 存储内容：重写项目中的 pipelines.py 文件，自定义管道存储抓取的内容。

8. Scrapy 框架实例

下面以从京东商品页面抓取信息为例，使用 Scrapy 框架实现爬虫。

① 环境要求：装好 Python 编译环境和 Scrapy 框架。

② 创建工程项目：使用命令 scrapy startproject jd_spider，在当前目录下面创建名称为 jd_spider 的工程项目文件夹。

③ 编辑 item.py 文件，其内容是：

```
import scrapy
class TutorialItem(scrapy.Item):
    title=scrapy.Field()
    link.=scrapy.Field()
    dese=scrapy.Field()
    price=scrapy.Filed()
```

④ 在工程目录中的 spiders 目录中创建 jdspider.py 文件，并编辑其内容：

```
import scrapy
class jdspider(scrapy.Spider):
    name='jd'
    allowed_domains=['jd.com']
    start_urls=["https://item.jd.com/12451724.html"]
    def parse(self,response):
        filename=response.url.split("/")[-2]
```

```
        with open(filename,'wb')as f:
            f.write(response.body)
```

⑤ 启动爬虫运行，打开命令行进入工程目录，使用命令 scrapy crawl jd 启动爬虫。

⑥ 在工程目录下面可以看到一个名为 item.jd.com 的文件，用文本编辑器打开即可看到爬虫抓取到的网页内容。

2.2.2　日志数据采集技术

很多互联网平台，如淘宝、京东等，每天都会产生大量的日志信息，其数据一般为流式数据，记录各类交易信息、用户浏览信息等。通过对日志数据的分析和挖掘，可以从中获取大量有价值的信息，诸如用户画像、用户消费偏好等，满足用户个性化定制需求，以及用户个性化推荐等应用需求。日志分析系统通常具备以下特征。

① 构建应用分析和系统分析的桥梁。

② 支持实时在线的分析系统和分布式并发的离线分析系统。

③ 具有高扩展性。

目前应用比较广泛的日志采集工具有 Apache Flume 和 Kafka 等。

1. Apache Flume

Flume 是 Cloudera 软件公司研发的分布式日志文件收集系统，在 2009 年捐赠给 Apache 软件基金会，成为 Hadoop 相关组件之一。随着 Flume 功能的不断完善以及其内部组件的不断丰富，现在已经成为 Apache 顶级项目之一。

Apache Flume 是一个可以收集日志、事件等数据资源，并将这些数量庞大的数据从各项数据资源中集中起来的工具或服务，是一种数据集中机制。Flume 具有高可用性、分布式的特性，其设计原理也是基于数据流模型，例如，将日志文件从各种网站服务器上汇集起来存储到 HDFS（Hadoop Distributed File System，Hadoop 分布式文件系统）、HBase 等集中存储器中。其系统结构如图 2.9 所示。

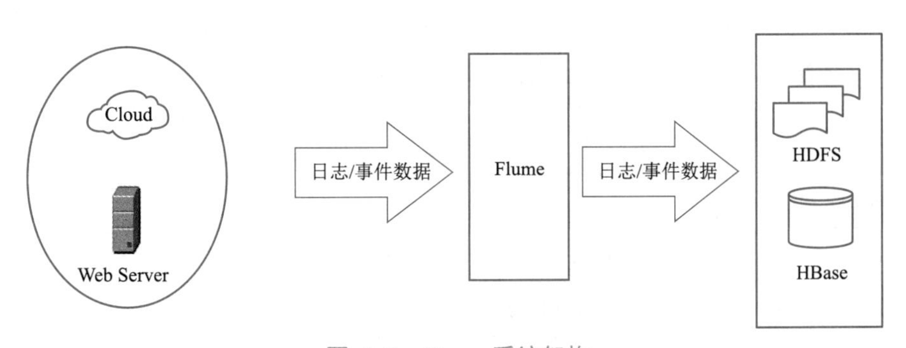

图 2.9　Flume 系统架构

例如，对于一个电子商务网站，如果想从消费者访问特定的节点区域来分析消费者的行为或者购买意图，这样就可以将其想要的内容快速推荐给他。为实现这一点，需要将用户访问的页面以及点击的产品等数据收集并转移到大数据分析平台，如 Hadoop 去进行分析。Flume 的任务正是收集用户的行为日志文件，并将其存储到大数据分析平台中。

Flume 的运行核心是 Agent，即 Agent 是 Flume 中最小的独立运行单位。一个 Agent 就是一个 JVM，它是一个完整的数据收集工具，含有三个核心组件，分别是 Source、Channel、Sink，如图 2.10 所示。

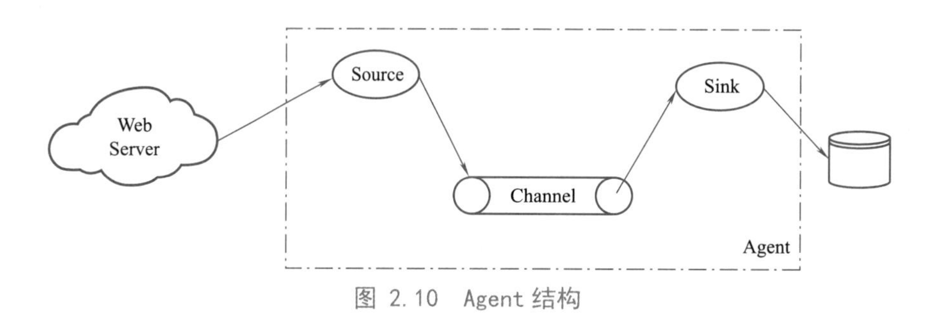

图 2.10 Agent 结构

Source 是数据的收集端，负责将数据捕获后进行特殊的格式化，将数据封装到事件（Event）里，然后将事件推入 Channel 中，如图 2.11 所示。

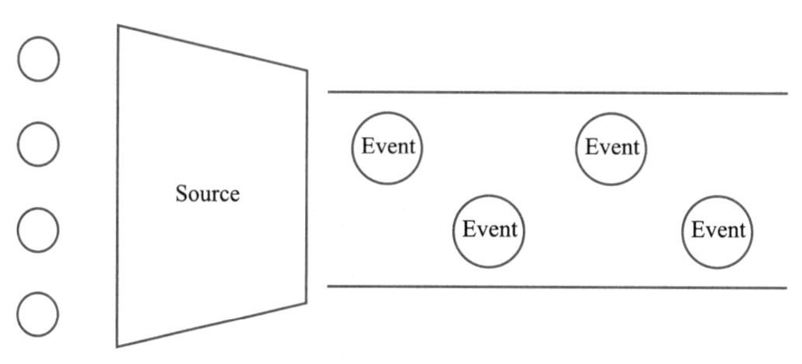

图 2.11 Source 结构

Flume 中内置了很多 Source，如表 2.1 所示，可以让程序员同已有的 Source 打交道。如果内置的 Source 无法满足需要，Flume 还支持自定义 Source。

表 2.1 Flume 内置 Source 类型

Source 类型	说明
Avro source	支持 Avro 协议，支持内置
Thrift source	支持 Thrift 协议，支持内置
Exec source	支持 UNIX 的 command 在标准输出上产生的数据

续表

Source 类型	说　明
JMS source	从 JMS 系统（消息、主题）中读取数据
Spooling Directory source	监控指定目录内的数据变更
Netcat source	监控某个端口，将流经端口的每一行文本数据作为 Event 的输入
Sequence Generator source	序列生成器数据源，生产序列数据
Syslog source	读取 Syslog 数据，产生 Event，支持 UDP 和 TCP 两种协议
HTTP source	基于 HTTP POST 过 GET 方式的数据源，支持 JSON、BLOB

Channel 是连接 Source 和 Sink 的组件，可以将其视作一个数据缓冲区（数据队列），它可以将事件暂存到内存也可以持久化到本地磁盘上，直到 Sink 处理完该事件。Channel 的类型见表 2.2。

表 2.2　Flume 内置 Channel 类型

Channel 类型	说　明
Memorychannel	Event 数据存储在内存中
JDBCchannel	Event 数据存储在持久化数据库中
Filechannel	Event 数据存储在磁盘文件中
SpillableMemorychannel	Event 数据存储在内存和磁盘上
Customchannel	自定义 Channel 实现

Sink 从 Channel 中取出事件，然后将数据发到别处，如文件系统、数据库、Hadoop 等发送数据，如图 2.12 所示。

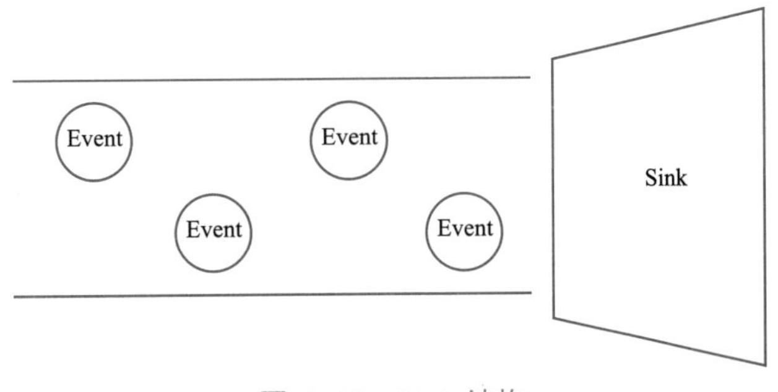

图 2.12　Sink 结构

Flume 内置了很多 Sink 类型，在使用时可以直接调用，见表 2.3。

表 2.3 Flume 内置 Sink 类型

Sink 类型	说　明
HDFSsink	数据写入 HDFS
Loggersink	数据写入日志文件
Avrosink	数据转换为 AvroEvent，然后发送到 RPC 端口
Thriftsink	数据转换为 ThriftEvent，然后发送到 RPC 端口
IRCsink	数据在 IRC 上进行回收
FileRollsink	数据存储在本地文件系统
HBasesink	数据写入到 HBase 数据库
MorphlineSolrsink	数据发送到 Solr 搜索服务器（集群）
ElasticSearchsink	数据发送到 ElasticSearch 搜索服务器（集群）
Customsink	自定义 Sink 实现

Flume 提供了大量内置的 Source、Channel 和 Sink 类型，不同的 Source、Channel、Sink 可以自由组合，组合方式由用户设定的配置文件来确定，非常灵活。同时，Flume 还支持用户建立多级数据流，也就是说，多个 Agent 可以协同工作。这就使得 Flume 可以同时处理多种日志混杂在一起的情况，如图 2.13 所示。例如，当 Syslog、Java、Nginx、Tomcat 等混合在一起的日志流开始流入一个 Agent 后，Agent 可以根据不同的日志类型建立不同的数据传输通道。

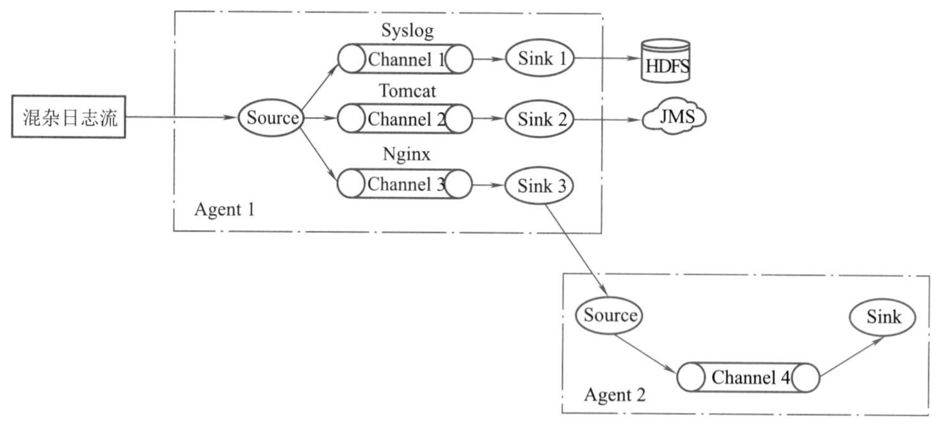

图 2.13 Flume 多级数据流图

2. Apache Kafka

Kafka 是由 Apache 软件基金会的一个开源流处理平台，它是一种高吞吐量的分布式发布订阅消息系统，可以处理网站中的所有动作流数据。动作流数据是指用户的行为动作，如网页浏览、搜索以及其他用户的动作行为，这些数据通常是通过处理日志和聚合日志来解决。Kafka 是一个分布式消息队列，具有高性能、持久化、多副本备份、横向扩展能力，其数据流如图 2.14 所示。

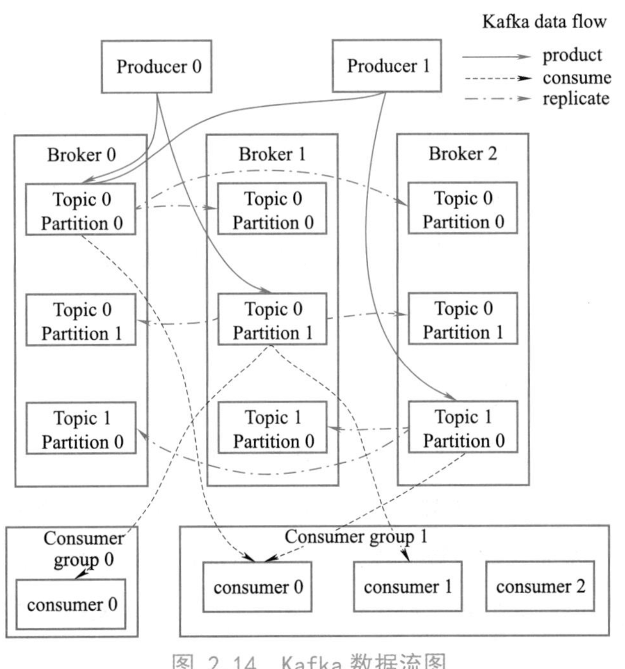

图 2.14　Kafka 数据流图

Broker：Kafka 是一个分布式集群架构，其中包含一个或多个服务器，这种服务器称为 Broker。

Topic：Kafka 是一套消息传递系统，每条发布到 Kafka 集群的消息都有一个类别，这个类别称为 Topic。

Partition：Topic 是逻辑概念，Partition 是对应于 Topic 的物理存储概念，一个 Topic 对应一个或多个 Partition。

Producer：负责发布信息到 Kafka broker。

Consumer：信息消费者，向 Kafka broker 读取消息的客户端。

Consumer Group：每个 Consumer 属于一个特定的 Consumer Group（可为每个 Consumer 指定 Group Name，若不指定 Group Name 则属于默认的 Group）。

图 2.14 中可以看出，Producers 向 Brokers 中指定的 Topic 中写消息，Consumers 从 Brokers 中获取指定的 Topic 消息，然后进行业务处理。

Kafka 与 Flume 有很多功能是重复的，二者的主要不同点有：

① Kafka 是一个通用型系统，可以有多个生产者和消费者分享多个主题。Flume 被设计

为面向特定用途的工作，向特定的 HDFS 和 HBase 发送数据。Flume 为了更好地为 HDFS 和 HBase 服务而进行了特定的优化，并且与 Hadoop 的安全体系整合在了一起。

② Flume 内置了很多数据类型，如 Source 和 Sink 类型等，Kafka 是面向生产者和消费者体系环境的。如果数据来源已经确定，不需要额外的编码，可以使用 Flume 提供的 Source 和 Sink；反之，如果还需要准备自己的生产者和消费者，则需要使用 Kafka。

③ 无论是 Flume 或是 Kafka，都可以保证不丢失数据。但是，Flume 不会存储事件的副本，如果 Flume agent 节点宕机，会失去所有事件的访问能力，直到受损的节点修复。Kafka 的管道特性则不会有这样的问题。

④ Flume 和 Kafka 可以一起工作，如果需要把流式数据从 Kafka 转移到 Hadoop，可以把 Kafka 作为 Flume 的一个来源（Source），这样可以从 Kafka 读取数据到 Hadoop。

2.3 数据预处理技术

在获取到的数据中，可能存在大量的异常数据，如数据不完整（有缺失值）、数据类型不一致等。这些异常数据有可能对数据分析算法产生不良影响，造成分析结果产生偏差，因此数据预处理过程就显得尤为重要。数据预处理一方面是要提高数据质量，另一方面是要使数据能够更好地适应后续的数据分析或数据挖掘算法。根据有关统计，数据预处理工作要占整个数据分析过程的 60%。

数据预处理包括数据清洗、数据集成、数据变换和数据规约。

2.3.1 数据清洗

数据清洗是对数据进行重新审核和校验的过程,其目的是删除重复信息、纠正存在的错误,并提供数据一致性。一般情况下,数据是从多个业务系统抽取而来的,如通过爬虫获得的数据、从用户的日志文件中获取的数据等，这样就避免不了有的数据是错误的，有的数据直接存在相互冲突，这些错误的或者有冲突的数据显然不是想要的，称为“脏数据”。数据清洗的任务就是“清洗”掉这些“脏数据”，将符合规则的数据保留下来。

缺失值是指在数据集中某个或某些属性的值是不完全的。缺失值产生的原因多种多样，主要分为机械原因和人为原因。机械原因是指在数据收集或保存失败造成的数据缺失，如数据存储失败、存储器损坏、机械故障等导致的数据未能及时收集。人为原因是人的主观失误、历史局限性或有意隐瞒造成的数据缺失，如输入人员输入了无效数据、漏录数据等。

处理缺失值的方法可以分为三类：删除记录、数据插补和不处理。

1. 删除记录

删除记录的方法是通过删除包含缺失值的记录来完成，这种方法实现简单。然而，这种方法有较大的局限性，它是以减少历史数据来换取数据的完备性，丢弃了大量隐藏在这些记录中的信息。尤其是在数据本来就包含很少记录的情况下，删除记录可能会严重影响后续算法的客观性和正确性。因此，删除记录的方法通常应用在数据量大，且缺失值记录占比较少的情况，通过简单删除小部分记录达到既定的目标。

2. 数据插补

数据插补方法也称为数据插值方法，它是根据已有的数据来推测缺失数据的值。常用的数据插值方法有拉格朗日插值法、Hermite 插值法、分段插值、样条插值等。本节以拉格朗日插值法为例进行介绍。

拉格朗日插值法是以 18 世纪数学家约瑟夫・路易斯・拉格朗日命名的一种多项式插值方法，其基本思路是给出一个恰好穿过二维平面上若干个已知点的多项式，利用最小次数的多项式来构建一条光滑曲线，使曲线通过所有的已知点。

在数学上，对于平面上已知的 n 个点（无两点在一条直线上），可以找到一个 $n-1$ 次多项式 $y = a_0 + a_1x + a_2x^2 + \cdots + a_{n-1}x^{n-1}$，使得此多项式对应的曲线通过这 n 个点。

将 n 个点的坐标 $(x_1, y_1), (x_2, y_2), \cdots, (x_n, y_n)$ 代入到多项式中，可得

$$\begin{cases} y_1 = a_0 + a_1x_1 + a_2x_1^2 + \cdots + a_{n-1}x_1^{n-1} \\ y_2 = a_0 + a_1x_2 + a_2x_2^2 + \cdots + a_{n-1}x_2^{n-1} \\ \vdots \\ y_n = a_0 + a_1x_n + a_2x_n^2 + \cdots + a_{n-1}x_n^{n-1} \end{cases} \tag{2.1}$$

从式（2.1）中可以解出拉格朗日插值多项式为

$$L(x) = \sum_{i=0}^{n}\left(y_i \prod_{j=0, j\neq i}^{n} \frac{x - x_j}{x_i - x_j}\right) \tag{2.2}$$

例如，平面上有四个点：(4, 10), (5, 5.25), (6, 1), (18, ?)，试用拉格朗日插值法计算缺失值。首先，根据公式（2.2）以及已知值的三个点求得拉格朗日插值多项式为

$$\begin{aligned} L(x) &= 10\frac{(x-5)(x-6)}{(4-5)(4-6)} + 5.25\frac{(x-4)(x-6)}{(5-4)(5-6)} + \frac{(x-4)(x-5)}{(6-4)(6-5)} \\ &= \frac{1}{4}(x^2 - 28x + 136) \end{aligned} \tag{2.3}$$

将 $x = 18$ 代入到式（2.3）中，可得

$$L(18) = -11$$

因此，缺失的值是 -11。

3. 不处理

在数据预处理时，异常值是否剔除取决于具体情况，有些异常值可能蕴含着有用的信息。

在这种情况下，对异常值不做处理，直接在具有异常值的数据集上进行挖掘建模。

2.3.2 数据集成

在数据分析时，所需要的数据往往分布在不同的数据源中，数据集成就是把不同来源、格式、特点性质的数据在逻辑上或物理上有机地集中并存放在一个一致的数据存储（如数据仓库）中的过程。

在数据集成的过程中，来自多个数据源的数据在现实世界中的表达形式是不一样的或不匹配的，要考虑到实体识别问题和属性冗余问题，从而将数据源在最底层进行转换、提炼和集成。

1. 实体识别

现实世界中的实体在不同的数据源中有不同的表述方式，实体识别的任务就是统一不同数据的矛盾之处，有以下几种常见形式：

同名异义：例如数据源 A 中的 ID 属性表示课程号,数据源 B 中的 ID 属性表示学生的学号。两个数据源的属性名称相同，但表示的是不同的实体。

异名同义：指不同的数据源中，不同名称的属性表示的是相同的实体。

单位不统一：指在不同的数据源中所采用的单位不相同，如数据源 A 中采用的是国际单位，而数据源 B 中采用的是中国传统的计量单位。

2. 冗余属性识别

数据集成往往会导致数据冗余，常发生的情况为同一属性多次出现和同一属性命名不一致导致重复。因此，在整合不同数据源的数据时要能减少甚至避免数据冗余与不一致。对于冗余的属性可以用相关分析检测，用相关系数来度量一个属性在多大程度上蕴含另一个属性。

2.3.3 数据变换

在数据集成中，不同来源的数据格式、单位等不尽完全相同，需要对不同来源的数据进行“适当的”变换，适应建模任务和算法的需要。

1. 简单的函数变换

数据简单函数变换主要是对原始数据进行某些数学函数变换，常用的变换包括：

平方：

$$x' = x^2 \quad (2.4)$$

开方：

$$x' = \sqrt{x} \quad (2.5)$$

取对数：

$$x' = \log_a(x) \tag{2.6}$$

差分运算：

$$\nabla f(x_k) = f(x_{k+1}) - f(x_k) \tag{2.7}$$

简单函数变换的目的是将原来不具备正态分布的数据转换成具有正态分布的数据，或通过差分运算将非平稳序列转换为平稳序列等。

2. 归一化

不同的数据来源往往具有不同的量纲，数值之间的差别可能很大，如果不进行处理会直接影响数据分析的结果。归一化处理是消除指标之间的量纲取值范围差异的影响，将数据按照比例进行缩放，使之落入一个特定的区域，便于进行综合分析。

最小—最大值归一化：也称为离差归一化，对原始数据进行线性变换，将数值映射到[0,1]之间，转换公式为

$$x^* = \frac{x - x_{\min}}{x_{\max} - x_{\min}} \tag{2.8}$$

式中，$x_{\max}$为样本数据的最大值；$x_{\min}$为样布数据的最小值。

离差归一化保留了原始数据中存在的关系，是消除量纲和数据取值范围影响的最简单方法。其缺点是若数值集中且某个数的值很大，即$x_{\max}$的取值很大，归一化之后的值会接近于0，并且相差不会很大。

零—均值归一化：也称为标准差归一化，经过归一化之后的数据其均值为0，标准差为1。转换公式为

$$x^* = \frac{x - \bar{x}}{\sigma} \tag{2.9}$$

式中，$\bar{x}$为原始数据的平均值；σ为原始数据的标准差。零—均值规一化是当前用得最多的数据标准化方法。

3. 属性构造

在数据分析中，需要进行深层次的信息挖掘，以便获得原始数据中隐藏的关系，此时需要根据已有的属性构建新的属性，并加入现有属性的集合中。例如，在进行序列分析时，要根据以往的历史数据来预测未来发展趋势。这时要根据原始数据的属性构建新的能够反映历史发展趋势的属性，诸如均值、方差、标准差、一阶差分等，并将新的属性加入原始的属性集合中。

2.3.4　数据规约

一般情况下，原始数据的数量较大，而且结构复杂，直接在原始数据集上进行数据分析

将会耗费很长的时间。数据规约是产生更小但保持原数据完整性的新数据集。数据归约的目的是：降低无效、错误数据对建模的影响，提高建模的准确性；少量且具有代表性的数据将大幅缩减数据分析所需的时间；降低存储数据的成本。

1. 属性规约

属性规约是通过属性的合并或删除不相关的属性来减少数据的维数，从而提高数据分析的效率，降低计算成本。常用的属性规约方法有以下几种：

① 属性合并：将若干旧的属性合并为新的属性。例如：

初始属性集合为 $\{A_1, A_2, A_3, B_1, B_2, C\}$，属性可进行以下规约：

$$\{A_1, A_2, A_3\} \to A$$

$$\{B_1, B_2\} \to B$$

规约后的属性集合为 $\{A, B, C\}$。

② 逐步向前选择：从一个空的属性集合开始，每次从原始属性集合中选择一个当前最优的属性添加到当前属性子集中，直到无法选出最优属性或满足一定的阈值约束条件为止。例如，初始属性集合为 $\{A_1, A_2, A_3, A_4, A_5, A_6\}$，假设其中最优的属性为 A_1，次优的属性为 A_3，再次优的属性为 A_5。如果需要从原始属性中规约出最优的三个属性，逐步向前选择方法步骤如下：

$$\{\} \to \{A_1\} \to \{A_1, A_3\} \to \{A_1, A_3, A_5\}$$

③ 逐步向后删除：从一个全属性集开始，每次从当前的属性集合中选择一个当前最差的属性并将其从当前属性集中移除，直到无法选择出最差的属性或者满足一定的阈值约束条件为止。例如，初始属性集合为 $\{A_1, A_2, A_3, A_4, A_5, A_6\}$，假设其中最优的属性为 A_1，次优的属性为 A_3，再次优的属性为 A_5，其余的属性为相对较差的属性。如果需要从原始属性中规约出最优的三个属性，逐步向后删除方法步骤如下：

$$\{A_1, A_2, A_3, A_4, A_5, A_6\} \to \{A_1, A_2, A_3, A_4, A_5\} \to \{A_1, A_2, A_3, A_5\} \to \{A_1, A_3, A_5\}$$

2. 主成分分析

主成分分析法是一种用于连续属性的降维方法，它构造了原始数据的一个正交变换，新空间的基底去除了原始空间基底下数据的相关性，只需要使用少数新属性就能解释原始属性。一般情况下，主成分分析法选择出的属性个数要少于原始属性的个数，能够解释原始属性的新的属性称为主成分。

2.3.5 电力大数据的采集

随着智能电网的快速发展，电力系统的数据量增长也非常迅速。电力数据产生的速率跨度大，数据源众多且交互方式繁杂，数据种类繁多，已有的大数据采集方式难以适应多源异构数据的混合采集应用场景。针对这一现状，构建电力大数据的异构数据混合采集系统，实现异构数据源的混合接入和集群管理。

电力大数据采集包括数据源、数据接口、数据采集与转换、大数据平台四部分，系统架构如图 2.15 所示。

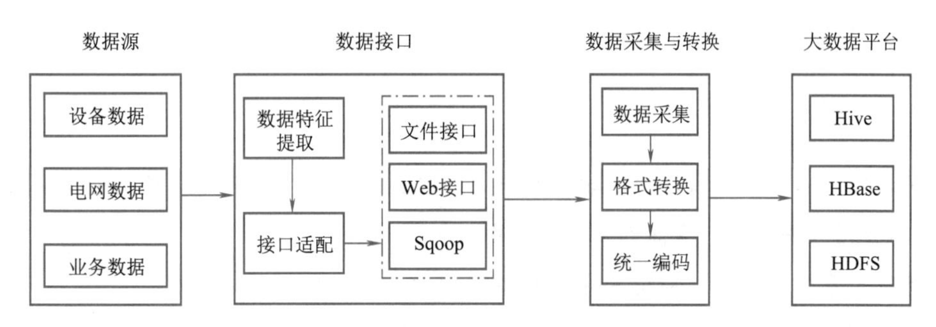

图 2.15　电力大数据采集系统架构图

1. 数据源

数据源包括所有采集数据的来源，如设备数据、电网数据、业务数据，包含结构化数据和非结构化数据。

设备数据：指来自智能电表的数据。

电网数据：指来自电力电网的数据。

业务数据：指来自其他部门的相关数据，如电费缴费信息、欠费信息等，一般是来自结构化数据库中的数据。

2. 数据接口

数据接口是针对不同的数据提供的数据采集接口，一般经过特征提取之后，根据数据来源的不同以及特征的不同适配不同的采集接口，例如，文件数据适配文件接口，结构化数据库的数据适配 Sqoop 采集接口等。

3. 数据采集与转换

将采集到的数据进行格式转换，转换为统一的数据格式，并对数据进行统一编码操作。

4. 大数据平台

大数据平台负责核心数据的存储任务。结构化的数据存储在 Hive 中，方便进行 SQL 查询操作。非结构化数据存储在 HBase 数据库中，文件数据直接存储在 HDFS 文件系统中，方便进行检索。

小　结

本章的主要内容是数据采集和数据预处理，这两部分内容是大数据分析的重要步骤。数据采集完成数据的导入工作，将不同数据源的数据采集到一起进行存储。数据采集是大数据分析首先要做的工作，主要介绍了网络数据和日志数据的采集方法。数据预处理是对采集到的数据进行第一步的预处理工作，数据预处理是指对采集到的数据进行补齐缺失值、数据归一化等预处理操作，使其能够被后续的数据挖掘算法直接进行处理。

习　题

1. 下载安装八爪鱼爬虫软件，学习其中的功能，并能够从一个指定的网址，如京东，抓取所需要的数据，并将数据存储到本地磁盘中。

2. 仿照本章中的例子，利用 Scrapy 框架从网络上抓取网页内容。

3. 假设有数据集 12，23，55，88，100，请对其进行零—均值归一化。

4. 假设二维空间有数据：(4, 11), (4, 5), (6, 2), (10, ?)，利用拉格朗日插值方法补充缺失的数据。

第3章 数据存储

数据存储在大数据分析中至关重要，一方面，数据采集过程采集到的数据需要存储在某种文件系统中；另一方面，存储的性能在一定程度上能够影响大数据系统分析的性能。分布式文件系统是近年来流行的大数据文件存储系统，本章主要介绍大数据分析中所用到的主流分布式文件存储系统。

3.1 数据存储概述

3.1.1 数据存储的发展历程

1. 打孔卡纸

打孔卡纸是1725年由Basile Bouchon发明的，最初用来保存印染布上的图案，直到20世纪70年代用于存储计算机数据。由于其能存储的信息实在少得可怜，因此一般它是用来保存不同计算机的设置参数，而不是用来存储数据。

2. 穿孔纸带

Alexander Bain在1864年最早使用了穿孔纸带，纸带上每一行代表一个字符。显然，穿孔纸带的容量比打孔卡纸大多了。

3. 计数电子管

1946年RCA公司启动了对计数电子管的研究，一个电子管（25 cm）能够存储4 096 bit的数据。同年，ENIAC计算机诞生，它的存储采用的是真空电子管系统，在宾夕法尼亚大学的一座建筑里占据了约170 m^{2}的面积。

4. 盘式磁带

20世纪50年代，IBM最早把盘式磁带用于数据存储，一卷磁带可以代替一万张打孔卡纸，成为直到20世纪80年代之前最为普及的计算机存储设备。

5. 盒式录音磁带

盒式录音磁带是飞利浦公司在 1963 年发明的，直到 20 世纪 70 年代才开始流行开来。一些计算机，如 ZX Spectrum、Commodore 64 和 Amstrad CPC 使用它来存储数据。一盘 90 min 的录音磁带，在每一面可以存储 700 KB~1 MB 的数据。

6. 磁鼓

一支磁鼓有 12 英寸（1 英寸 =2.54 cm）长，1 min 可以转 12 500 转。它在 IBM 650 系列计算机中被当成主存储器，每支可以保存 1 万个字符（不到 10 KB）。

7. 硬盘

1956 年，IBM 发明了第一个硬盘，由 50 个 24 英寸的盘片组成，容量只有 5 MB，却有两台冰箱大小，质量超过 1 t。到 20 世纪六七十年代，14 英寸的硬盘成为市场的主流，1980 年，3.5 英寸、5 MB 容量的硬盘开始出现，80 年代末期 2.5 英寸硬盘诞生，90 年代 Flash SSD 诞生。2014 年，3D NAND 开始量产，这意味着存储密度更高、体积更小的 SSD 成为可能。到目前为止，硬盘的技术还在继续向前发展。

8. 大数据时代的存储技术

（1）虚拟化存储

虚拟化存储是指对存储硬件（内存、硬盘等）统一进行管理，并通过虚拟化软件对存储硬件进行抽象化表现。通过一个或多个服务，统一提供一个全面的服务功能。虚拟化存储可以屏蔽系统的复杂性，增加或集成新的功能，仿真、整合或分解现有的服务功能。虚拟化存储是现阶段以及未来很长一段时间内数据存储技术的主要内容。

（2）云存储

云存储是在云计算的概念上延伸和发展出来的一个新概念。它是指通过集群应用、网络技术或分布式文件系统等功能，使得网络中大量不同类型的存储设备通过应用软件集合起来协同工作，共同对外提供数据存储和业务访问功能的一个系统，保证数据的安全性，并节约存储空间。

（3）分布式存储

分布式存储是相对于集中式存储而言的，传统的集中式存储是将所有的数据进行集中存放，如设置专门的存储阵列来存储数据。分布式存储是通过大规模集群环境来存储数据，集群中的每个节点不仅要负责数据计算，同时还要存储一部分数据。集群中所有节点存储的数据的和才是完整的数据，集群中专门设置管理节点对数据的存储进行管理、负载平衡等工作。

3.1.2 数据存储模型

1. 行存储模型

行存储是关系模型中常用的存储方式，在关系模型中使用记录（行或者元组）进行存储，记录存储在表中，表由表结构所界定。表中的每一列都有名称和类型，表中所有的数据都要符合表结构的定义。

在物理存储方面，行存储模式是把数据库中一行中的数据值串在一起存储起来（行头信息、列长、列值），然后再存储下一行数据，依此类推。

行存储模型将以行相关的存储体系架构进行空间分配，适合小批量的数据处理，通常用于联机事物型数据处理。其缺点是不适合数据库高并发读写要求，不能满足对海量数据的高效率存储和访问需求。

2. 列存储模型

列存储模型是以列相关存储架构进行数据存储，它以流的方式在列中存储所有的数据，主要适合批量数据处理和随机查询。

在物理存储方面，列存储模型是把一列中的数据值串放在一起存储起来，然后再存储下一列数据，依此类推。

列存储模型的优点是数据压缩比高，其原因是同一类型的列存储在一起，可以起到简化数据建模复杂性的作用。缺点是数据插入更新慢，不适合数据经常变换的场景。

3. 键值存储模型

键值存储，即 Key-Value 存储，简称 KV 存储。其中，Key 指存储的索引，Value 指索引所对应的值。它是 NoSQL 存储的一种方式。

键值存储按照键值对的形式进行组织、索引和存储，因此它不适合涉及过多数据关系的数据，但这种存储方式能够有效降低磁盘的读写次数，比传统的 SQL 关系数据库拥有更好的读写性能。

4. 图形存储模型

图形存储对应的是图数据库，存储顶点和边的信息，并且支持添加注释。图数据库可用于对事物建模，如社交图谱、真实世界的各种对象等。图数据库的查询语言一般用于查找图形中端点的路径，或端点之间路径的属性。例如，Neo4j，是一个典型的图数据库。

3.2 关系型数据库

关系型数据库建立在关系型数据模型的基础上，是借助集合代数等数学概念和方法来处理数据的数据库。现实世界中的各种实体及实体之间的各种联系均可用关系模型来表示，市场上占很大份额的 Oracle、MySQL、DB2 等都是面向关系模型的数据库管理系统。

3.2.1 关系型数据库的基本概念

1. 实体、联系

实体（Entity）：表示一个离散对象。实体可以被粗略地认为是名词，如计算机、雇员、歌曲、数学定理等。联系描述了两个或更多实体之间如何关联。联系可以被粗略地认为是动词，如公司和计算机之间的拥有关联，雇员和部门之间的管理关联，演员和歌曲之间的表演关联，数学家和定理之间的证明关联。

通常，使用实体 - 联系图（Entity-Relationship Diagram）来建立数据模型。实体 - 联系图可简称为 E-R 图，相应地用 E-R 图描绘的数据模型可称为 E-R 模型。E-R 图中包含了实体（即数据对象）、关系和属性三种基本成分，通常用矩形框代表实体，用连接相关实体的菱形框表示联系，用椭圆形或圆角矩形表示实体（或联系）的属性，并用直线把实体（或联系）与其属性连接起来。

具有相同属性的实体具有相同的特征和性质，用实体名及其属性名集合来抽象和刻画同类实体。在 E-R 图中用矩形表示，矩形框内写明实体名，比如学生张三、学生李四都是实体。

属性（Attribute）：实体所具有的某一特性。一个实体可由若干个属性来刻画。在 E-R 图中用椭圆形表示，并用无向边将其与相应的实体连接起来，比如学生的姓名、学号、性别都是属性。如果是多值属性，则在椭圆形外面再套实线椭圆。如果是派生属性，则用虚线椭圆表示。

联系（Relationship）：数据对象彼此之间相互连接的方式称为联系，也称为关系。

联系可分为一对一、一对多、多对多三种类型。

① 一对一联系（1∶1）：例如，一个部门有一个经理，而每个经理只在一个部门任职，则部门与经理的联系是一对一的。

② 一对多联系（1∶N）：例如，某校教师与课程之间存在一对多的联系“教”，即每位教师可以教多门课程，但是每门课程只能由一位教师来教。

③ 多对多联系（M∶N）：例如，学生与课程间的联系（“学”）是多对多的，即一个学生可以学多门课程，而每门课程可以有多个学生来学。联系也可能有属性，例如，学生“学”某门课程所取得的成绩，既不是学生的属性也不是课程的属性。由于“成绩”既依赖于某名特定的学生又依赖于某门特定的课程，所以它是学生与课程之间的联系“学”的属性。图 3.1 所示为关系型数据库学生选课 E-R 图。

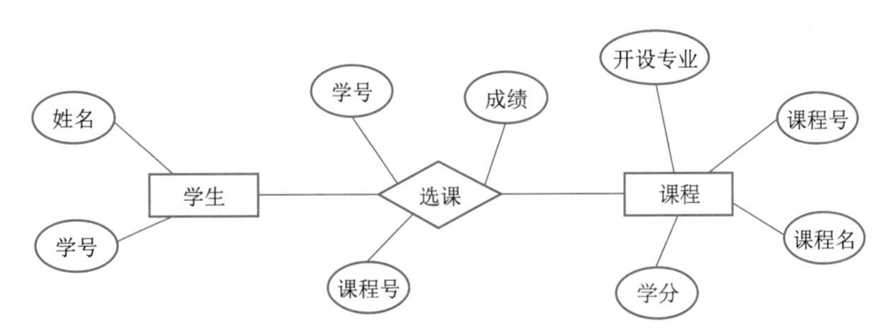

图 3.1 关系型数据库学生选课 E-R 图

在关系型数据库中，实体以及实体间的联系均由单一的结构类型来表示，这种逻辑结构是一张二维表。以行和列的形式存储数据，这一系列的行和列被称为表。一组表组成了数据库。图 3.2 所示的员工信息表就是关系型数据库中的表。

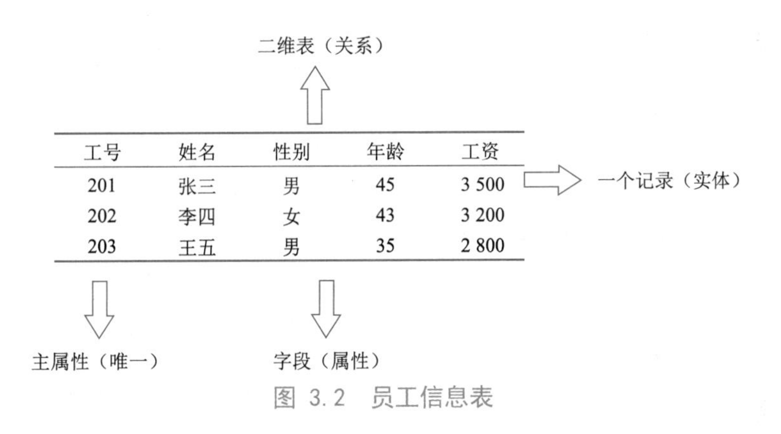

工号	姓名	性别	年龄	工资
201	张三	男	45	3 500
202	李四	女	43	3 200
203	王五	男	35	2 800

图 3.2 员工信息表

① 二维表：又称关系，它是一系列二维数组的集合，表示存储数据对象之间的关系，由纵向的列和横向的行组成。

② 行：又称元组或记录，在表中是一条横向的数据集合，代表一个实体。

③ 列：又称字段或属性，在表中是一条纵行的数据集合。

④ 主属性：关系中的某一属性组，唯一地标识一个记录，称为主属性或主键。主属性可以是一个属性，也可以由多个属性共同组成。在图 3.1 中，学号是学生表的主属性，但是在选课表中，学号和课程号共同唯一地标识了一条记录，所以学号和课程号一起组成了选课表的主属性。

2. 结构化查询语言

关系型数据库的核心是其结构化的查询语言（Structured Query Language，SQL）。SQL 涵盖了数据的查询、操纵、定义和控制，是一个综合的、通用的且简单易学的数据库管理语言。同时，SQL 又是一种高度非过程化的语言，数据库管理者只需要指出做什么，而不需要指出该怎么做，即可完成对数据库的管理。

SQL 包含以下四个部分。

（1）数据定义语言（Data Definition Language，DDL）

DDL 包括 CREATE、DROP、ALTER 等动作。在数据库中使用 CREATE 来创建新表，使用 DROP 来删除表，使用 ALTER 来修改数据库对象。

例如，使用以下命令创建学生信息表：

```
CREATE TABLE StuInfo(id int(10) NOT NULL,PRIMARY KEY(id),name varchar(20),
female bool, class varchar(20));
```

（2）数据查询语言（Data Query Language，DQL）

DQL 负责进行数据查询，但是不会对数据本身进行修改。DQL 的语法结构如下：

```
SELECT FROM 表名1，表2
WHERE 查询条件      #可以组合AND、OR、NOT、=、BETWEEN、AND、IN、LIKE等
GROUP BY 分组字段
HAVING （分组后的过滤条件）
ORDER BY 排序字段和规则；
```

（3）数据操纵语言（Data Manipulation Language，DML）

DML 负责对数据库对象运行数据访问工作的指令集，以 INSERT、UPDATE、DELETE 三种指令为核心，分别代表插入、更新与删除。向表中插入数据命令如下：

```
INSERT 表名 （字段1，字段2，···，字段n，）VALUES （字段1值，字段2值，···，字段
n值） WHERE 查询条件；
```

（4）数据控制语言（Data Control Language，DCL）

DCL 是一种可对数据访问权限进行控制的指令，是一种可对数据访问权进行控制的指令。它可以设置特定用户账户对数据表、查看表、存储程序、用户自定义函数等数据库对象的控制权，由 GRANT 和 REVOKE 两个指令组成。DCL 以控制用户的访问权限为主，GRANT 为授权语句，对应的 REVOKE 是撤销授权语句。

3.2.2 关系型数据库的优缺点

关系型数据库已经发展了数十年，其理论知识、相关技术和产品都趋于完善，是目前世界上应用最广泛的数据库系统。

1. 关系型数据库的优点

（1）容易理解

二维表结构非常贴近逻辑世界的概念，关系型数据模型相对层次型、网状型等数据模型来说更容易理解。

（2）使用方便

通用的 SQL 可以让用户非常方便地对关系型数据库进行操作。

（3）易于维护

关系型数据库具有的实体完整性、参照完整性和用户定义完整性等特色大大减少了数据冗余和数据不一致的问题。关系型数据库提供对事务的支持，能保证系统中事务的正确执行，同时提供事务的恢复、回滚、并发控制和死锁问题的解决。

2. 关系型数据库的缺点

随着大数据技术的发展，关系型数据库难以满足对海量数据的处理需求，存在以下不足。

（1）高并发读写能力差

网站类用户的并发性访问非常高，而一台数据库的最大连接数有限，且硬盘 I/O 能力有限，不能满足很多人同时连接。

（2）对海量数据的读写效率低

若表中数据量太大，会导致每次读写的速率非常缓慢。

（3）扩展性差

在一般的关系型数据库系统中，通过升级数据库服务器的硬件配置可提高数据处理的能力，即纵向扩展。但纵向扩展终会达到硬件性能的瓶颈，无法应对互联网数据爆炸式增长的需求。还有一种扩展方式是横向扩展，即采用多台计算机组成集群，共同完成对数据的存储、管理和处理。这种横向扩展的集群对数据进行分散存储和统一管理，可满足对海量数据的存储和处理的需求。但是，由于关系型数据库具有数据模型、完整性约束和事务的强一致性等特点，导致其难以实现高效率的、易横向扩展的分布式架构。

3.2.3 关系型数据库的 ACID 原则

ACID 是关系型数据库的事务机制需要遵守的原则。一个事务是指：由一系列数据库操作组成的一个完整的逻辑过程。例如银行转账，从原账户扣除金额，向目标账户添加金额，这两个数据库操作的总和，构成一个完整的逻辑过程，不可拆分。

视频

ACID

关系型数据库支持事务的 ACID 原则是指原子性（Atomicity）、一致性（Consistency）、隔离性（Isolation）、持久性（Durability）。这四种原则保证了事务过程中的数据正确性。

1. 原子性

一个事务的所有系列操作步骤被看成一个动作，所有的步骤要么全部完成，要么一个也不会完成。如果在事务过程中发生错误，则会回滚到事务开始前的状态，将要被改变的数据库记录不会被改变。

2. 一致性

一致性是指在事务开始之前和事务结束以后，数据库的完整性约束没有被破坏，即数据库事务不能破坏关系数据的完整性及业务逻辑上的一致性。

3. 隔离性

隔离性主要用于实现并发控制。隔离能够确保并发执行的事务按顺序一个接一个地执行。通过隔离，一个未完成事务不会影响另外一个未完成事务。

4. 持久性

一旦一个事务被提交，它应该持久保存，不会因为与其他操作冲突而取消这个事务。

3.2.4 关系型数据库分库分表

关系型数据库本身比较容易成为系统瓶颈，因为单机存储容量、连接数、处理能力都有限。当单表的数据量达到单机性能的极限时，由于查询维度较多，会导致数据库操作性能严重下降。此时就要考虑对其进行切分了。切分的目的在于减少数据库的负担，缩短查询时间。

数据库分布式核心内容是数据切分（Sharding），以及切分后对数据的定位、整合。数据切分就是将数据分散存储到多个数据库中，使得单一数据库中的数据量变小，通过扩充主机的数量缓解单一数据库的性能问题，从而达到提升数据库操作性能的目的。数据切分根据其切分类型，可以分为垂直（纵向）切分和水平（横向）切分。

1. 垂直切分

垂直切分常见有垂直分库和垂直分表两种。

（1）垂直分库

垂直分库就是根据业务耦合性，将关联度低的表存储在不同的数据库。例如，按业务分类进行独立划分，将不同业务的表存储在不同的数据库中。如图 3.3 所示，根据应用层的业务不同，将不同的业务表，如客户表、存款表、贷款表、支付表，分别存储在不同的数据库中。

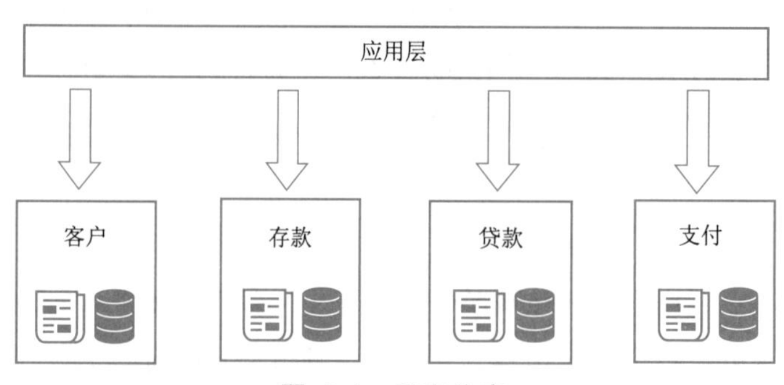

图 3.3 垂直分库

（2）垂直分表

垂直分表基于数据表中的“列”进行，某个表字段较多，可以新建一张扩展表，将不经常用或字段长度较大的字段拆分出去到扩展表中。在字段很多的情况下（例如一个大表有100多个字段），通过“大表拆小表”，更便于开发与维护，也能避免跨页问题。关系型数据库底层是通过数据页存储的，一条记录占用空间过大，会导致跨页，造成额外的性能开销。另外，关系型数据库以行为单位将数据加载到内存中，这样表中字段数少且访问频率高，内存能加载更多的数据，命中率更高，减少了磁盘I/O，从而提升了数据库性能。如图3.4所示，将一个字段数较多的表，拆分为字段数较少的多个表。

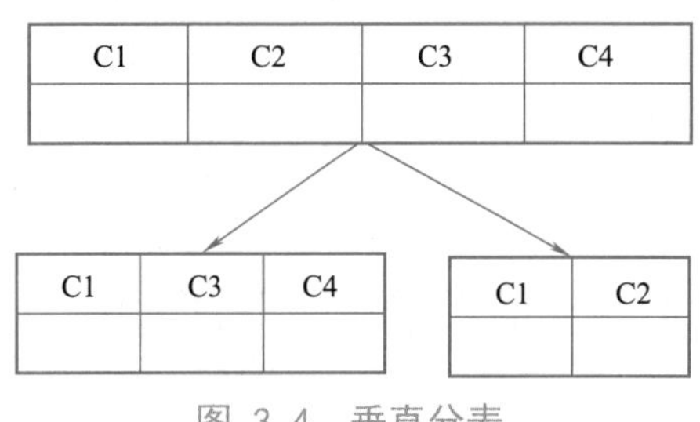

图 3.4 垂直分表

垂直切分的优点：

①解决业务系统层面的耦合，业务清晰。

②能对不同业务的数据进行分级管理、维护、监控、扩展。

③高并发场景下，垂直切分可以一定程度地提升I/O、增多数据库连接数、缓解单机硬件资源的瓶颈。

垂直切分的缺点：

①部分表无法进行连接（join）操作，只能通过接口聚合方式解决，提升了开发的复杂度。

②分布式事务处理复杂。

③依然存在单表数据量过大的问题（需要水平切分）。

2. 水平切分

当一个应用难以再进行细粒度的垂直切分，或切分后数据量行数巨大，达到存储性能瓶颈时，就需要进行水平切分了。

水平切分分为库内分表和分库分表，是根据表内数据内在的逻辑关系，将同一个表按不同的条件分散到多个数据库或多个表中，每个表中只包含一部分数据，从而使得单个表的数据量变小，达到分布式的效果，如图3.5所示。

水平切分的优点：

①不存在单库数据量过大、高并发的性能瓶颈，有效提升系统稳定性和负载能力。

②应用端改造较小，不需要拆分业务模块。

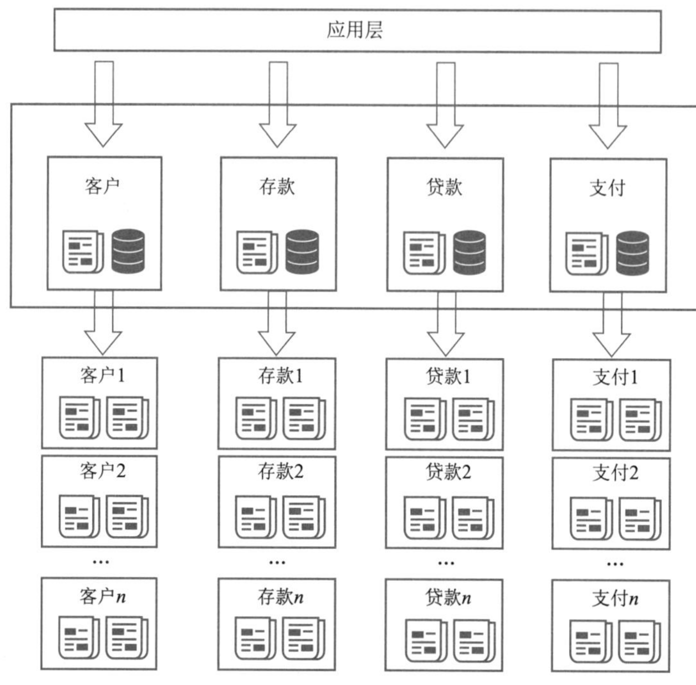

图 3.5 水平切分

水平切分的缺点：

①跨分片的事务一致性难以保证。

②跨库的 join 关联查询性能较差。

③数据多次扩展难度和维护量极大。

3. 分库分表带来的问题

分库分表能有效地缓解单机和单库带来的性能瓶颈和压力，突破网络 I/O、硬件资源、连接数的瓶颈，同时也带来了一些问题。

（1）事务一致性问题

当更新内容同时分布在不同的数据库中时，不可避免地会带来跨库事务问题。在提交事务时需要协调多个节点，推后了提交事务的时间点，延长了事务的执行时间。导致事务在访问共享资源时发生冲突或死锁的概率增大。随着数据库节点的增多，这种趋势会越来越严重，从而成为系统在数据库层面上水平扩展的枷锁。

（2）跨节点关联查询问题

切分之前，系统中很多列表和详情页所需的数据可以通过 SQL join 来完成。而切分之后，数据可能分布在不同的节点上，此时 join 带来的问题就比较麻烦了，考虑到性能，应尽量避免使用 join 查询。

（3）跨节点分页、排序、函数问题

跨节点多库进行查询时，会出现 limit 分页、order by 排序等问题。分页需要按照指定字段进行排序。当排序字段就是分片字段时，通过分片规则就比较容易定位到指定的分片。当排序字段非分片字段时，就变得比较复杂了。需要先在不同的分片节点中将数据进行排序并返回，然后将不同分片返回的结果集进行汇总和再次排序，最终返回给用户。

（4）全局主键避重问题

在分库分表环境中，由于表中数据同时存储在不同数据库中，主键值平时使用的自增长将无用武之地，某个分区数据库自生成的 ID 无法保证全局唯一。因此，需要单独设计全局主键，以避免跨库主键重复问题。

（5）数据迁移、扩容问题

当业务高速发展，面临性能和存储的瓶颈时，才会考虑分片设计，此时就不可避免地需要考虑历史数据迁移的问题。一般做法是先读出历史数据，然后按指定的分片规则将数据写入到各个分片节点中。此外，还需要根据当前的数据量和 QPS，以及业务发展的速度，进行容量规划，推算出大概需要多少分片。

3.3 大数据存储

在当今这样一个信息爆炸的时代，信息资源呈现爆炸式的增长，对存储系统的存储容量、数据的可用性能以及输入/输出的性能等各方面提出了更高的要求。海量数据一般指数据量大，往往是太字节级、拍字节级的数据集合。

存储系统的存储模式影响着整个海量数据存储系统的性能。选择一个良好的海量数据存储模型能够大大提高海量存储系统的性能。对海量数据而言，在单一的存储设备上存储海量数据显然是不合适甚至不可能的，需要对海量数据进行分布式存储。如何对海量数据进行合理组织、可靠存储，并提供高效、高可用、安全的数据访问性能成为当前的研究热点问题。理想的海量数据存储模型应该能够提供高性能、可伸缩、跨平台、安全的数据共享能力。

3.3.1 海量数据存储关键技术

海量数据是指数据量极大，往往是太字节（TB）、拍字节（PB），甚至是艾字节（EB）级的数据集合。这些海量信息不但要求存储设备有很大的容量，还需要大规模数据库来存储和处理这些数据。在满足通用关系型数据库技术要求的同时，更需要对海量数据的存储模式、数据库策略以及应用体系架构有更高的设计考虑。

1. 对象存储模式

对象存储一般由 Client、MDS（Metadata Server）和 OSD（Object Storage Device）三部分组成，如图 3.6 所示。

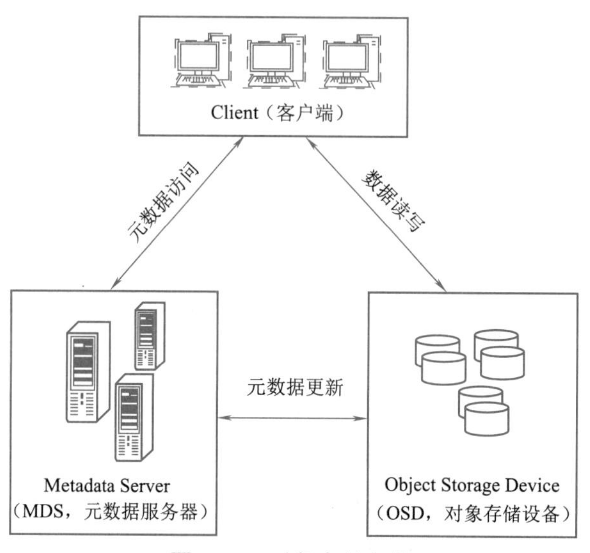

图 3.6 对象存储架构

Client 为客户端，用来发起数据访问；MDS 为元数据服务器，用来管理对象存储系统中的元数据并保证访问一致性；OSD 为存储对象数据的存储设备。

在 OSD 中，将对象（Object）作为对象存储的基本单元，每个对象具有唯一的 ID 标识符。对象由对象 ID、对象数据的起始位置、数据的长度来进行访问。对象提供类似文件的访问方法，例如 Create、Open、Close、Read、Write 等；对象的数据包括自身的元数据和用户数据。元数据用于描述对象的特定属性，例如对象的逻辑大小、对象的元数据大小、总字节数等。用户数据用来保存实际的二进制数据。

对象存储模式用于海量数据存储时，具有以下优势：

（1）高性能数据存储

访问节点有独立的数据通路和元数据访问通路，可以对多个 OSD 进行并行访问，从而可以解决当前存储系统的一个性能瓶颈问题。

（2）跨平台数据共享

在对象存储系统上部署基于对象的分布式文件系统比较容易，能够实现不同平台下的设备和数据的共享。

（3）方便安全的数据访问

一方面，I/O 通道的建立以及数据的读写需要经过授权才能进行，从而保证了数据访问的安全性。另一方面，任何 Client 都可以通过对象存储系统提供的标准文件接口访问 OSD 上的数据，统一的命名空间使 Client 访问数据的一致性得到了保证。

（4）可伸缩性

对象存储模式具有分布式结构的特性。由于 OSD 是独立的设备，因此，可以通过增加 OSD 的数量提高存储系统的聚合 I/O 带宽、存储容量和处理能力，这种水平扩展模式使得存储系统具有良好的可伸缩性。

2. 分区技术

分区技术是指为了更精细地对数据库对象如表、索引以及索引编排表进行管理和访问。可以对这些数据库对象进行进一步的划分，这就是所谓的分区技术。分区的表通过使用“分区关键字”分区，分区关键字是确定某个行所在分区的一组列。例如，Oracle 提供了三种基本数据分配方法：范围（Range）、列表（List）、散列（Hash）。通过数据分区方法，可以将表分成单一分区表或组合分区表。

此外，Oracle 还提供了三种类型的分区索引：本地索引、全局分区索引和全局非分区索引。可以根据业务需求选择相应的索引分区策略，从而实现最合适的分区，以支持任何类型的应用。

通过用于表、索引和索引编排表的分区技术，海量数据可以选用以上分区技术中的一种或几种，通过一组完整的 SQL 命令来管理分区表，从而达到高性能检索的目的。

3. 并行处理技术

并行处理是指将单个任务分解为多个更小的单元。不是将所有工作通过一个进程完成，而是将任务并行化，从而使得多个进程同时在更小的单元上运行，这样能极大地提高系统性能，并且能最佳地利用系统资源。

由于并行系统的每个节点都互相独立，使得一个节点如果出现故障不会导致整个数据库的崩溃；可以在剩余节点继续为用户提供服务的同时对故障节点进行恢复，因此并行技术比单节点的可靠性要高。例如，Oracle 数据库并行技术还能根据需要随时分配和释放数据库实例，数据库的机动性高。另外，并行技术可以克服内存限制，为更多用户提供数据服务。

3.3.2 分布式文件系统

分布式文件系统（Distributed File System）是指文件系统管理的物理存储资源不一定直接连接在本地节点上，而是通过计算机网络与节点相连。分布式文件系统的设计一般是基于客户端/服务器模式（C/S 模式）。

分布式文件系统可以有效解决数据的存储和管理难题：将固定于某个地点的某个文件系

统，扩展到任意多个地点/多个文件系统，众多的节点组成一个文件系统网络。每个节点可以分布在不同的地点，通过网络进行节点间的通信和数据传输。在使用分布式文件系统时，无须关心数据是存储在哪个节点上，或者是从哪个节点获取的，只需要像使用本地文件系统一样管理和存储文件系统中的数据。

分布式文件系统将服务范围扩展到了整个网络。不仅改变了数据的存储和管理方式，也拥有了本地文件系统所无法具备的数据备份、数据安全等优点。判断一个分布式文件系统是否优秀，取决于以下三个因素：数据的存储方式、数据的读写速率和数据的安全机制。下面介绍两种分布式文件系统。

1. Lustre

Lustre 是一种基于集群的存储体系结构，其核心组件是 Lustre 文件系统，它在 Linux 操作系统上运行，并提供符合 POSIX 标准的文件系统接口。Lustre 可以提供数以万计的客户端，拍字节（PB）级的数据存储以及每秒数百吉字节的吞吐量，因此很多高性能计算机中心采用 Lustre 文件系统作为全局文件系统。Lustre 系统架构如图 3.7 所示。

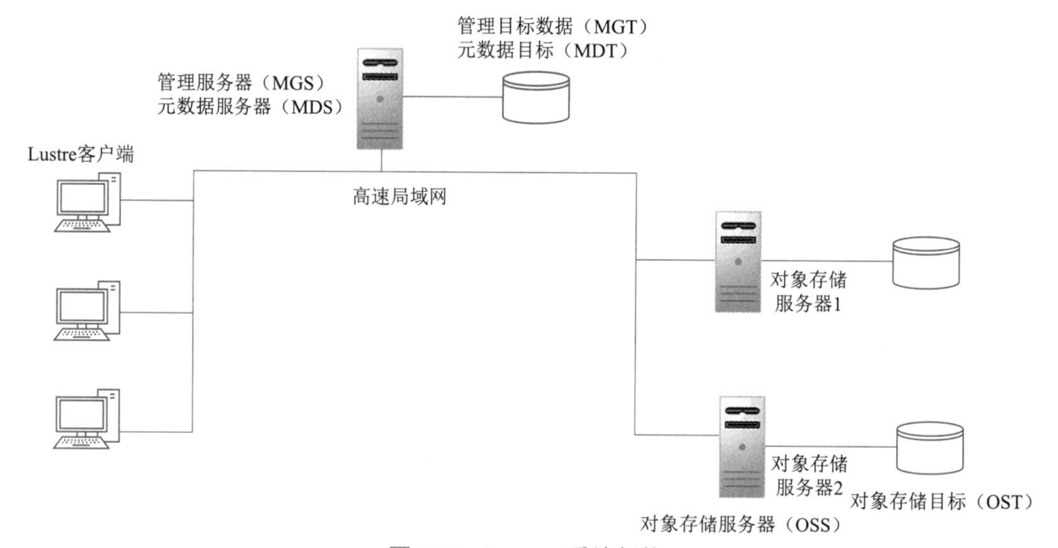

图 3.7　Lustre 系统架构

Lustre 系统机构中包含以下组件：

（1）管理服务器（MGS）

MGS 负责存储集群中所有 Lustre 文件系统的配置信息，并将该信息提供给其他 Lustre 组件。Lustre 客户端通过联系 MGS 获取文件系统信息，集群中的 Lustre 目标（Target）则获取 MGS 提供的信息。MGS 有自己的存储空间，以便管理。同时，MGS 可以同元数据服务器（MDS）

放在一起，共享存储空间。

（2）元数据服务器（MDS）

MDS 将存储元数据目标（MDT）中的元数据信息提供给 Lustre 客户端使用。MDS 管理 Lustre 文件系统中的名称和目录，为一个或多个本地 MDT 提供网络请求使用。

（3）元数据目标（MDT）

MDT 是 MDS 附加在存储上的元数据（如文件名、目录、权限等），一次只能有一个 MDS 访问该 MDT。如果当前的 MDS 发送故障，则备用 MDS 可以为 MDT 提供服务，这称为 MDS 故障切换。

（4）对象存储服务器（OSS）

OSS 为一个或多个对象存储目标（OST）提供文件 I/O 服务。通常情况下，一个 OSS 服务 2~8 个 OST，每个 OST 最大 16 TB。

（5）对象存储目标（OST）

用户的数据文件存储在一个或多个对象中，每个对象位于 Lustre 文件系统的单独 OST 中。

（6）Lustre 客户端

Lustre 客户端是运行 Lustre 客户端软件的计算、可视化或桌面的节点，可挂载 Lustre 文件系统。

综上所述，一个 Lustre 文件系统可包含数百个 OSS 和数千个客户端，Lustre 集群可以使用多种类型的网络，OSS 之间的共享存储启用故障切换功能。

2. HDFS

HDFS 是 Hadoop 项目的核心子项目，是分布式计算中数据存储管理的基础，是基于流数据模式访问和处理超大文件的需求而开发的，可以运行于廉价的商用服务器上。它和现有的分布式文件系统有很多共同点。但同时，它和其他的分布式文件系统的区别也是很明显的。HDFS 是一个高度容错性的系统，适合部署在廉价的机器上。HDFS 能提供高吞吐量的数据访问，非常适合大规模数据集上的应用。

HDFS 集群是主从架构，由一个名称节点（NameNode）负责对整个集群进行管理，它是一个管理文件命名空间和调节客户端访问文件的主服务器。数据实际存储在数据节点（DataNode）上，通常一个数据节点对应一个机器。HDFS 对外开放文件命名空间并允许用户数据以文件的形式存储。HDFS 的内部机制是将文件分割成一个或多个数据块进行存储，这些数据块存储在数据节点中。HDFS 系统架构如图 3.8 所示。

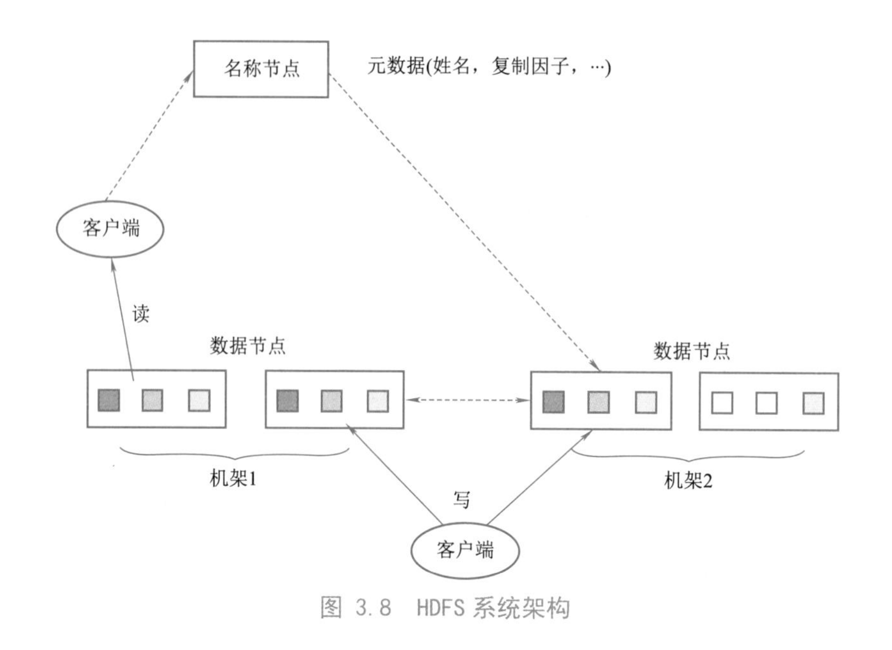

图 3.8 HDFS 系统架构

HDFS 的名称节点和数据节点都是运行在普通计算机上的软件，任何支持 Java 的计算机都可以运行名称节点和数据节点，因此很容易将 HDFS 部署到大规模的集群上。集群中只有一个名称节点，大大地简化了系统体系结构，名称节点是整个 HDFS 集群的管理者，同时也是所有 HDFS 的元数据（Metadata）仓库，其中包含所有数据存储的各类信息。

HDFS 支持传统的文件组织结构，一个用户或者程序可以创建目录，存储文件到不同的目录中；可以创建、移动文件，将文件从一个目录移动到另一个目录中，或者重命名等。名称节点维护文件系统的命名空间，任何文件命名空间的改变或属性改变都被记录到名称节点中。

HDFS 的物理存储结构是基于块的存储方式，因此，一个文件中除了最后一个块，其他块都有相同的大小（系统默认块的大小是 64 MB）。为保障输出存储的安全性，HDFS 采用块冗余的策略，即同一个块的内容分别备份（系统默认的备份数量是 3）在不同的数据节点上。块的大小和备份数是以文件为单位进行配置的，可以在文件创建时或创建之后修改备份数量。

名称节点负责处理整个 HDFS 集群中所有块的相关操作，它与数据节点的通信通过心跳（Heartbeat）信息来交互，周期性地接收来自数据节点的心跳和块报告。一个心跳的到达表示这个数据节点是工作正常的，块报告则包括该数据节点上所有块的列表。

HDFS 的命名空间是存储在名称节点上的，在名称节点上使用名为 EditLog 的日志文件来持久记录每一个对文件系统元数据的改变，例如，在 HDFS 中创建一个新文件时，名称节点将会在 EditLog 中插入一条记录来记录这个改变。EditLog 文件存储在名称节点的本地文件系统的一个文件夹中。整个文件系统的命名空间，包括数据块的映射表以及文件系统的配置，都存储在一个名为 FsImage 的文件中，FsImage 也存储在名称节点的本地文件系统中。

名称节点的内存中保留着一个完整的命名系统空间和数据块映射表的镜像，当客户端读写数据和更改配置时直接从内存读取相关数据，可以提高 HDFS 集群的响应速度。当名称节点冷启动时，它从本地文件系统中读取 FsImage 和 EditLog，将 EditLog 日志文件的内容恢复到 FsImage 在内存的存储空间中。随着时间的推移，名称节点周期地将内存中更新后的 FsImage 刷新到本地文件系统，由于 EditLog 中的日志文件已经处理并持久化地存储在 FsImage 中，因此可以截去旧内存中旧的 EditLog。这样做的目的一是可以防止内存中的 EditLog 日志文件过大超过内存容量的限制；二是在名称节点因故出现宕机时重启名称节点可以从本地文件系统中恢复断点之前的环境继续运行。

数据节点同样将 HDFS 数据块存储在本地文件系统中。数据节点并不知道 HDFS 文件的存在，它在本地文件系统中以单独的文件存储每一个 HDFS 文件的数据块。数据节点不会将所有的数据块文件存放到同一个目录中，而是启发式地检测每一个目录的最优文件数，并在适当的时候创建子目录。在本地同一个目录下创建所有的数据块文件不是最优的，因为本地文件系统可能不支持单个目录下巨额文件的高效操作。当数据节点启动的时候，它将扫描它的本地文件系统，根据本地文件产生一个所有 HDFS 数据块的列表并报告给名称节点，这个报告称为块报告。

从数据节点上取一个文件块有可能是坏块，坏块的出现可能是存储设备错误、网络错误或者软件的漏洞。HDFS 客户端实现了 HDFS 文件内容的校验。当一个客户端创建一个 HDFS 文件时，它会为每一个文件块计算一个校验码，并将校验码存储在同一个 HDFS 命名空间下一个单独的隐藏文件中。当客户端访问这个文件时，它根据对应的校验文件来验证从数据节点接收到的数据。如果校验失败，客户端可以选择从其他拥有该块副本的数据节点获取这个块。

3.4 分布式数据库

分布式数据库是指在逻辑上是一个整体，在物理上则是分别存储在不同物理节点上的数据库系统。应用程序通过网络连接可以访问分布在不同物理位置的数据库。分布式数据库分布性表现在数据库中的数据不是存储在同一台计算机的存储设备上，这是与传统集中式数据库的主要区别。对用户而言，分布式数据库系统在逻辑上和集中式数据库系统一样，用户可以在任何一个场地执行全局应用，就好像那些数据是存储在同一台计算机上。

数据独立性是数据库方法追求的主要目标之一。分布透明性指用户不必关心数据的逻辑分区，不必关心数据物理位置分布的细节，也不必关心重复副本（冗余数据）的一致性问题，同时也不必关心局部场地上数据库支持哪种数据模型。分布透明性的优点是很明显的。有了分布透明性，用户的应用程序书写起来就如同数据没有分布一样。当数据从一个场地移到另一个场地时不必改写应用程序，当增加某些数据的重复副本时也不必改写应用程序，数据分布的信息由系统存储在数据字典中。用户对非本地数据的访问请求由系统根据数据字典予以解释、转换、传送。

用户不用关心数据库在网络中各个节点的复制情况，被复制的数据的更新都由系统自动完成。在分布式数据库系统中，可以把一个场地的数据复制到其他场地存放，应用程序可以使用复制到本地的数据在本地完成分布式操作，避免通过网络传输数据，提高了系统的运行和查询效率。但是，对于复制数据的更新操作，就要涉及对所有复制数据的更新。

在大多数网络环境中，单个数据库服务器最终会不满足使用。如果服务器软件支持透明的水平扩展，那么就可以增加多个服务器来进一步分布数据和分担处理任务。

分布式数据库的主要优点有：

① 具有灵活的体系结构。

② 适应分布式的管理和控制机构。

③ 经济性能优越。

④ 系统的可靠性高、可用性好。

⑤ 局部应用的响应速度快。

⑥ 可扩展性好，易于集成现有系统。

分布式数据库的主要缺点有：

① 系统开销大，主要用在通信部分。

② 复杂的存取结构，原来在集中式系统中有效存取数据的技术，在分布式系统中都不再适用。

③ 数据的安全性和保密性较难处理。

3.4.1 NoSQL

NoSQL 泛指非关系型的数据库，最常见的解释是 non-relational，Not Only SQL 也被很多人接受。NoSQL 仅仅是一个概念，区别于关系型数据库，并不保证关系数据的 ACID 特性。

1. NoSQL 体系结构

NoSQL 框架体系框架分为四层，由下至上分为数据持久层（Data Persistence）、数据分布层（Data Distribution Model）、数据逻辑层（Data Logical Model）和接口层（Interface）。各层之间相辅相成，协调工作。

（1）数据持久层

数据持久层定义了数据的存储形式，主要包括基于内存、硬盘、内存与硬盘相结合、订制可插拔四种形式。基于内存形式的数据存取速度最快，但可能会造成数据丢失。基于硬盘的数据存储可能保存很久，但存取速度较基于内存形式的要慢。内存与硬盘相结合的形式，结合了前两种形式的优点，既保证了速度，又保证了数据不丢失。订制可插拔则保证了数据存取具有较高的灵活性。

（2）数据分布层

数据分布层定义了数据是如何分布的。相对于关系型数据库，NoSQL可选的机制比较多，主要有三种形式：一是CAP支持，可用于水平扩展；二是多数据中心支持，可以保证在横跨多数据中心时也能够平稳运行；三是动态部署支持，可以在运行着的集群中动态地添加或删除节点。

（3）数据逻辑层

数据逻辑层表述了数据的逻辑表现形式。与关系型数据库相比，NoSQL在逻辑表现形式上相当灵活，主要有四种形式：一是键值模型，这种模型在表现形式上比较单一，但有很强的扩展性；二是列式模型，这种模型能够支持较为复杂的数据，但扩展性相对较差；三是文档模型，这种模型对于复杂数据的支持和扩展性都有很大优势；四是图模型，这种模型的使用场景不多，通常是基于图数据结构的数据定制的。

（4）接口层

接口层为上层应用提供了方便的数据调用接口，提供的选择远多于关系型数据库，有Rest、Thrift、Map/Reduce、Get/Put和特定语言API共五种选择，使得应用程序和数据库的交互更加方便。

NoSQL分层架构并不代表每个产品在每一层只有一种选择。相反，这种分层设计提供了很大的灵活性和兼容性，每种数据库在不同层面可以支持多种特性。

2. NoSQL的优点

① 易扩展：NoSQL数据库种类繁多，但是一个共同的特点是去掉了关系型数据库的关系型特性。数据之间无关系，就非常容易扩展。无形之间也在架构的层面上带来了可扩展的能力。

② 大数据量，高性能。

3.4.2 CAP理论

CAP

CAP理论是针对分布式数据库而言的，它是指在一个分布式系统中，一致性（Consistency）、可用性（Availability）、分区容错性（Partition Tolerance）三者不可兼得。

1. 一致性

一致性是指all nodes see the same data at the same time，即更新操作成功后，所有节点在同一时间的数据完全一致。

一致性可以分为客户端和服务端两个不同的视角：从客户端角度来看，一致性主要指多个用户并发访问时更新的数据如何被其他用户获取的问题；从服务端来看，一致性则是用户进行数据更新时如何将数据复制到整个系统，以保证数据的一致。

一致性是在并发读写时才会出现的问题，因此，在理解一致性的问题时，一定要注意结合考虑并发读写的场景。

2. 可用性

可用性是指 reads and writes always succeed，即用户访问数据时，系统是否能在正常响应时间返回结果。

好的可用性主要是指系统能够很好地为用户服务，不出现用户操作失败或者访问超时等用户体验不好的情况。在通常情况下,可用性与分布式数据冗余、负载均衡等有着很大的关联。

3. 分区容错性

分区容错性是指 the system continues to operate despite arbitrary message loss or failure of part of the system，即分布式系统在遇到某节点或网络分区故障的时候，仍然能够对外提供满足一致性和可用性的服务。

分区容错性和扩展性紧密相关。在分布式应用中，可能因为一些分布式的原因导致系统无法正常运转。分区容错性高指在部分节点故障或出现丢包的情况下，集群系统仍然能提供服务，完成数据的访问。分区容错可视为在系统中采用多副本策略。

4. 相互关系

CAP 理论认为分布式系统只能兼顾其中的两个特性，即出现 CA、CP、AP 三种情况，如图 3.9 所示。

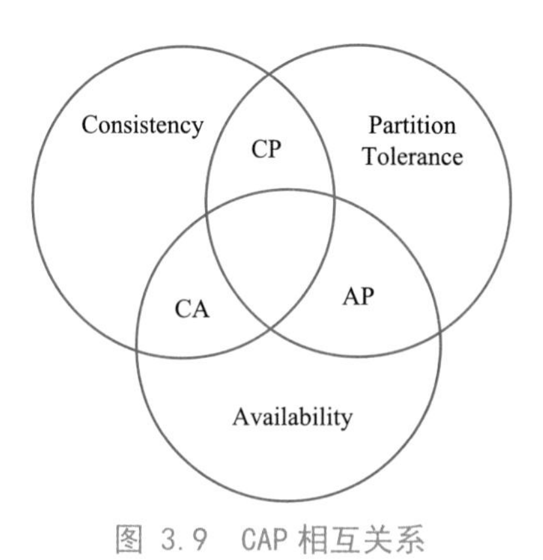

图 3.9 CAP 相互关系

（1）CA without P

如果不要求分区容错性，即不允许分区，则强一致性和可用性是可以保证的。其实分区是始终存在的问题，因此CA的分布式系统更多的是允许分区后各子系统依然保持CA。

（2）CP without A

如果不要求可用性，相当于每个请求都需要在各服务器之间强一致，而分区容错性会导致同步时间无限延长，如此C也是可以保证的。很多传统的数据库分布式事务都属于这种模式。

（3）AP without C

如果要可用性高并允许分区，则需要放弃一致性。一旦分区发生，节点之间可能会失去联系，为了实现高可用，每个节点只能用本地数据提供服务，而这样会导致全局数据的不一致性。

在实践中，可根据实际情况进行权衡，或者在软件层面提供配置方式，由用户决定如何选择CAP策略。CAP理论可用在不同的层面，可以根据CAP原理定制局部的设计策略，例如在分布式系统中，每个节点自身的数据是能保证CA的，但在整体上又要兼顾AP或CP。

3.4.3 BASE原理

视频

BASE

BASE理论是针对NoSQL数据库而言的，它是对CAP理论中一致性和可用性进行权衡的结果，其核心思想是无法做到强一致性，但每个应用都可以根据自身的特点，采用适当方式达到最终一致性。

1. 基本可用（Basically Available）

基本可用是指分布式系统在出现故障时，系统允许损失部分可用性，即保证核心功能或者当前最重要的功能可用。对于用户来说，他们当前最关注的功能或者最常用的功能的可用性将会获得保证，但是其他功能会被削弱。

2. 软状态（Soft-state）

软状态允许系统数据存在中间状态，但不会影响系统的整体可用性，即允许不同节点的副本之间存在暂时的不一致情况。

3. 最终一致性（Eventually Consistent）

最终一致性要求系统中数据副本最终能够一致，而不需要实时保证数据副本一致。例如，银行系统中的非实时转账操作，允许24小时内用户账户的状态在转账前后是不一致的，但24小时后账户数据必须正确。

最终一致性是BASE原理的核心，也是NoSQL数据库的主要特点，通过弱化一致性，提高系统的可伸缩性、可靠性和可用性。而且对于大多数Web应用，其实并不需要强一致性，因此，牺牲一致性而换取高可用性，是多数分布式数据库产品的方向。

最终一致性可以分为客户端和服务端两个不同的视角。

（1）客户端视角

从客户端来看，一致性主要指的是多并发访问时更新过的数据如何获取的问题，这时的最终一致性有五种情形，见表 3.1。

表 3.1　客户端角度的一致性分类

一致性的情形	说　明
因果一致性	如果进程 A 通知进程 B 它已更新了一个数据项，那么，进程 B 的后续访问将返回更新后的值，且一次写入将保证取代前一次写入。与进程 A 无因果关系的进程 C 的访问遵守一般的最终一致性规则
读已之所写（Read-Your-Writes）一致性	当进程 A 自己更新一个数据项之后，它总是访问到更新过的值，且不会看到旧值。这是因果一致性模型的一个特例
会话（Session）一致性	它把访问存储系统的进程放到会话的上下文中。只要会话还存在，系统就保证读已之所写一致性。如果由于某些失败情形令会话终止，就要建立新的会话，而且系统保证不会延续到新的会话
单调（Monotonic）读一致性	如果进程已经看到过数据对象的某个值，那么任何后续访问都不会返回在那个值之前的值
单调写一致性	系统保证来自同一个进程的写操作顺序执行

上述最终一致性的不同方式可以进行组合，例如，单调读一致性和读已之所写一致性就可以组合实现。从实践的角度来看，这两者的组合读取自己更新的数据，一旦读取到最新的版本，就不会再读取旧版本，对基于此架构上的程序开发来说，会减少很多额外的烦恼。

（2）服务端视角

从服务端来看，如何尽快地将更新后的数据分布到整个系统，降低达到最终一致性的时间窗口，是提高系统的可用度和用户体验度非常重要的方面。

假设 N 为数据复制的份数，W 为更新数据时需要进行写操作的节点数，R 为读取数据的时候需要读取的节点数。

如果 $W+R > N$，写的节点和读的节点重叠，则是强一致性。例如，对于典型的一主一备同步复制的关系型数据库（$N=2$，$W=2$，$R=1$），则不管读的是主库还是备库的数据，都是一致的。

如果 $W+R \leqslant N$，则是弱一致性。例如，对于一主一备异步复制的关系型数据库（$N=2$，$W=1$，$R=1$），如果读的是备库，则可能无法读取主库已经更新过的数据，所以是弱一致性。

对于分布式系统，为了保证高可用性，一般设置 $N \geqslant 3$。设置不同的 N、W、R 组合，是在可用性和一致性之间取一个平衡，以适应不同的应用场景。

如果 $N=W$ 且 $R=1$，则任何一个写节点失效，都会导致写失败，因此可用性会降低。但是，由于数据分布的 N 个节点是同步写入的，因此可以保证强一致性。

如果 $N=R$ 且 $W=1$，则只需要一个节点写入成功即可，写性能和可用性都比较高。但是，读取其他节点的进程可能不能获取更新后的数据，因此是弱一致性。在这种情况下，如果 $W<(N+1)/2$，并且写入的节点不重叠，则会存在写冲突。

3.4.4 HBase 分布式数据库

HBase（Hadoop Database）是一个高可靠性、高性能、面向列、可伸缩的分布式存储系统。利用 HBase 技术可以在 PC 集群上搭建起大规模结构化存储集群。HBase 利用 Hadoop HDFS 作为其文件存储系统，利用 Hadoop MapReduce 并行计算框架来批量处理 HBase 中的海量数据，利用 Zookeeper 作为 HBase 集群之间的协同服务。

HBase 系统架构如图 3.10 所示。

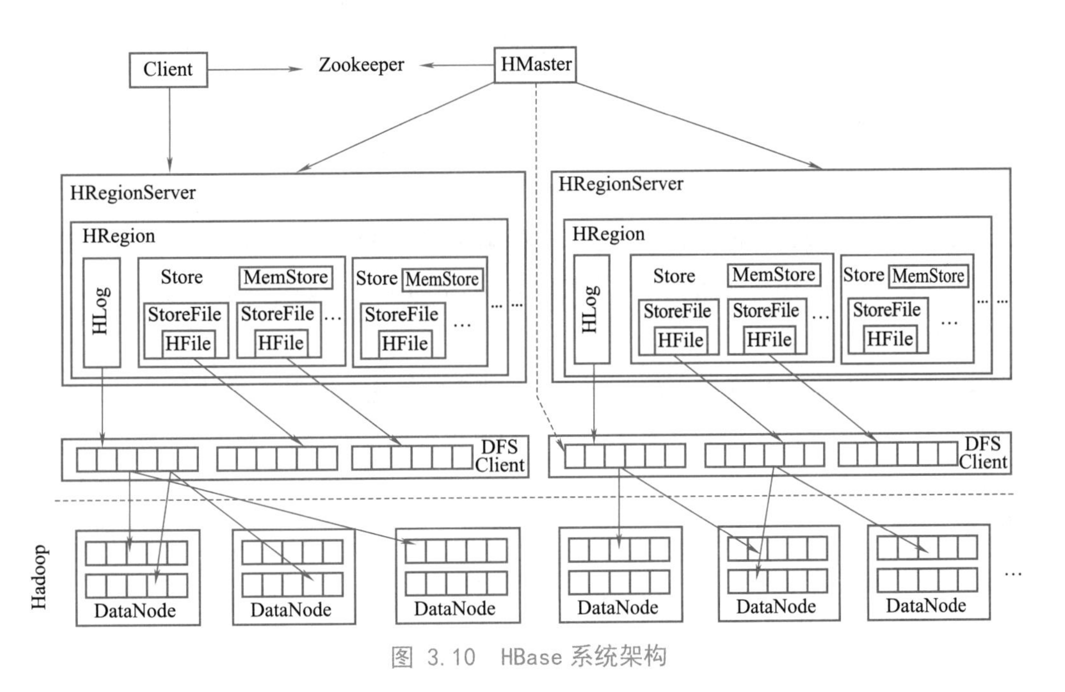

图 3.10 HBase 系统架构

HMaster：HBase 集群的管理者，相当于 HBase 集群中的主机，用于协调多个 HRegionServer，同时负责监听各个 HRegionServer 的状态，并平衡 HRegionServer 之间的负载。HBase 允许多个 HMaster 节点共存，但这需要 ZooKeeper 的协助。多个 HMaster 节点共存时，只有一个 HMaster 对外提供服务，其他的 HMaster 节点处于待命状态。当正在工作的 HMaster 节点宕机时，其他的 HMaster 则会接管 HBase 集群。

HRegionServer：负责存储 HBase 数据库文件的服务器节点，类似 Hadoop 中的数据节点，其包含了多个 HRegion。在读写数据时，Client 直接连接 RegionServer，获取 HBase 中的数据。对于 Region 而言，是真实存储 HBase 数据的地方，也就是说，Region 是 HBase 可用性和分布式的基本单位，当一个表格很大时，表格数据将存放在多个 Region 中。在每个 Region 中，会关联多个存储单元（Store）。

Zookeeper：HBase Master 的高可用解决方案，即 Zookeeper 保证了至少有一个 HBase Master 处于运行状态。此外，Zookeeper 还负责 Region 和 RegionServer 的注册管理任务。Zookeeper 是 HBase 集群正常工作不可或缺的一个必要组件。

Store：HBase 的存储核心，由 MemStore 和 StoreFile 组成，MemStore 是文件存储的缓存部分。用户写入数据的流程是：Client 写入数据→数据存入 MemStore，一直到 MemStore 存满→生成一个 StoreFile 文件，直到增长到一定阈值→多个 StoreFile 合并生成一个 StoreFile→单个 StoreFile 的大小超过一定阈值后，当前的 HRegion 分裂为两个 HRegion，旧的 HRegion 下线，新生成的两个子 HRegion 会被 HMaster 分配到相应的 HRegionServer 上，使得原来一个 HRegion 的压力分流到两个 HRegion 上。由此可以看出，用户写入操作只需要把数据写入内存即可立即返回，从而保证 I/O 性能。

HLog：HBase 的日志文件，每个 HRegionServer 都有一个 HLog 对象。每次用户写入操作到 MemStore 时，也会有一份对应的操作记录数据写入 HLog 文件中，HLog 文件定期滚动更新，并删除旧的文件，防止 HLog 无限制增长。当 HRegionServer 意外终止后，HMaster 可以通过 Zookeeper 感知到，HMaster 会根据 HLog 文件的记录在其他 HRegionServer 上重建失效的 HRegion。

1. HBase 逻辑视图

HBase 是一个构建在 HDFS 上的分布式列存储系统，它是一种无模式的分布式数据库，每一行都有一个可排序的主键和任意多的列，列可以根据需要动态添加，其数据类型单一，即 HBase 中的数据都是字符串，没有类型。在 HBase 中，其逻辑视图包括以下几部分。

RowKey（行键）：行键是字节数组，任何字符串都可以作为行键，表中的行根据行键进行排序，对表中数据的访问通过单个行键访问或者行键范围进行访问。

ColumnFamily（列族）：列族必须在表定义时给出，数据按照列族分开存储，即每个列族对应一个 Store，这种设计非常适合进行数据分析。

ColumnQualifier（列限定符）：列里面的数据通过列限定符来定位，每个列族可以包含一个或多个列限定符。列限定符不需要在表定义时给出，新的列限定符可以按需、动态加入。

TimeStamp（时间戳）：每个单元格数据（HBase 表中具体的数据）有多个时间版本，它们之间用时间戳区分。

Cell（单元格）：是 HBase 中存储的具体数据的值（Value），单元格中的数据是没有类型的，全部以字节码的形式存储。

通过 HBase 的逻辑视图可以看出，HBase 中存储的数据需要通过一个四维的坐标来索引，即 <RowKey, ColumnFamily, ColumnQualifier, TimeStamp> → Value。

2. HBase 物理视图

HBase 物理视图是指 HBase 数据的具体存储方式，包括以下内容：

① 每个列族存储在 HDFS 的一个单独文件中，但空值不会被保存。

② HBase 为每个值维护了一个多级索引，即：<RowKey, ColumnFamily, ColumnQualifier, TimeStamp>。

③ HBase 表在行方向上分为多个 Region。

④ Region 是 HBase 中分布式存储和负载平衡的最小单元，不同的 Region 分布在不同的 RegionServer 上。

⑤ Region 是按大小分割的，随着数据的增加，Region 不断增大，当增大到一定阈值时，Region 会分成两个新的 Region。

⑥ Region 是由一个或多个 Store 组成的，每个 Store 保存一个列族。每个 Store 由多个 StoreFile 组成，StoreFile 包含 HFile，StoreFile 存储在 HDFS 上。

3. -ROOT- 表和 .META. 表

在 HBase 中，所有 Region 的元数据信息是存储在 .META. 表中的，随着 Region 数量的增多，.META. 表中的数据也会增大，该表也会分裂并存储在不同的 Region 中。因此，为了定位 .META. 表中各个 Region 的位置，把 .META. 表的多个 Region 的元数据保持在 -ROOT- 表中，-ROOT- 表的访问位置由 Zookeeper 来维护。-ROOT- 表和 .META. 表的索引关系如图 3.11 所示。

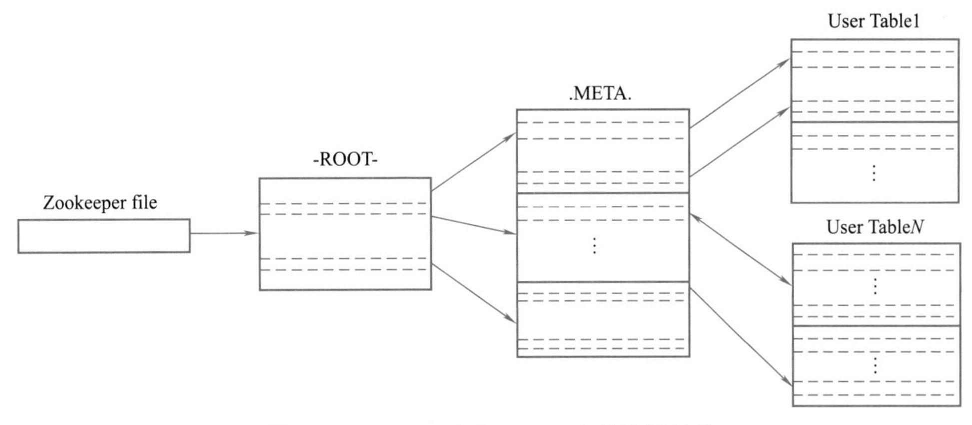

图 3.11 -ROOT- 表和 META. 表的索引结构

客户端在访问 HBase 中的数据表时，通过 Zookeeper 找到 -ROOT- 表的位置，从中读取到数据表的元数据信息，即获取到 .META. 表中的信息，从 .META. 表中的 RegionServer 到 Region 的映射信息中找到存储数据表的 Region 位置，这样就能一层层地索引到用户数据表所在的具体位置。

-ROOT- 表只有一个 Region，所以永远不会被分割。图 3.11 所示的索引结构能够保证在数据查询时，只需要三次跳转就可以定位任意一个 Region。为了提高客户端的访问速度，.META. 表的所有 Region 全部在内存中，而且客户端访问过的位置信息也会缓存起来，且缓存不会主动失效，这样能够缩短客户端访问数据的时间。

3.4.5 MongoDB 分布式数据库

MongoDB 是一个介于关系数据库和非关系数据库之间的产品，是非关系数据库当中功能最丰富，最像关系数据库的。它支持的数据结构非常松散，可以存储比较复杂的数据类型。MongoDB 最大的特点是它支持的查询语言非常强大，其语法有点类似于面向对象的查询语言，几乎可以实现类似关系数据库单表查询的绝大部分功能，而且支持对数据建立索引。

在 MongoDB 中，有如下概念与传统的关系数据库是不同的。

① 在 MongoDB 中，文档（Document）是数据的基本单元，类似于关系数据库中行的概念，但要远复杂于行的概念。

② 集合（Collection）是一组文档，类似于关系数据库中表的概念。

③ 在 MongoDB 集群中，单个节点可以容纳多个独立的数据库，每个数据库都有自己的集合和权限。

④ MongoDB 自带简洁的 JavaScriptShell 工具，该工具对于 MongoDB 实例和操作数据的管理功能非常强大。

⑤ 在 MongoDB 数据库中，每个文档都有一个特殊的键“_id”，它是文档所处集合中唯一存在的，相当于关系数据库中表的主键。

MongoDB 和关系数据库的对比见表 3.2。

表 3.2　MongoDB 和关系数据库的对比

对比内容	MongoDB	关系数据库
表	集合	二维表
表中一行数据	文档	一条记录
表字段	键	字段
字段值	值	值
外键	无	PKFK
灵活扩展性	极高	差

在 MongoDB 集群中，有三类角色：实际存储数据的节点、配置文件存储节点和路由接入节点。MongoDB 集群架构如图 3.12 所示。

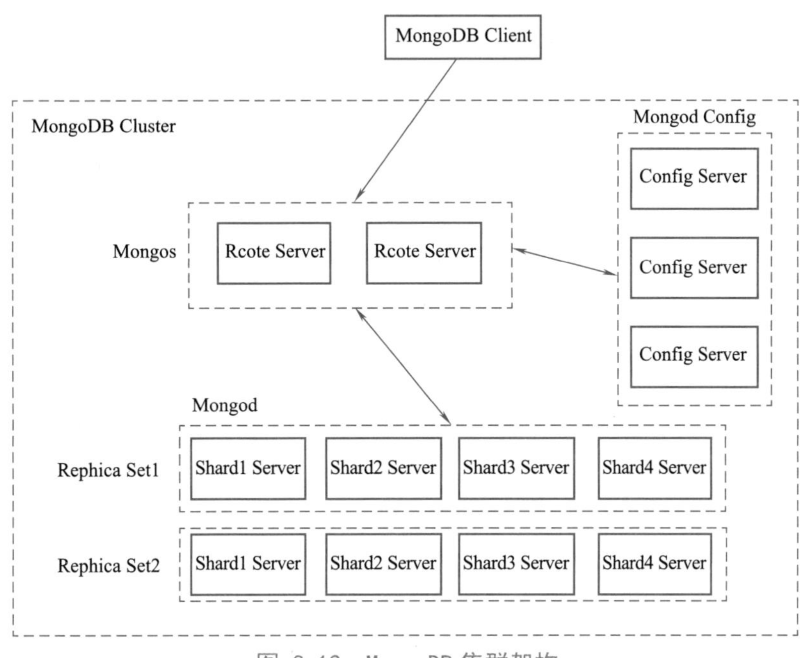

图 3.12 MongoDB 集群架构

① 配置节点（Mongod Config）：存储的是数据配置文件的元数据文件，即存储 Chunk 与 Server 的映射关系。其中，Chunk 是指 MongoDB 中分区的概念，Chunk 的大小由配置文件中 chunksize 参数指定，当 Chunk 中文档的数量超过指定的最大值时，原始的 Chunk 将会分裂为两个 Chunk。

② 路由节点（Mongos）：起到负载均衡的作用。

③ 数据存储节点（Mongod）：负载具体存储 MongoDB 中的数据文件。

3.4.6 Hive 分布式数据仓库

Hive 是一种建立在 Hadoop 文件系统上的数据仓库架构，并对存储在 HDFS 中的数据进行分析和管理，它将结构化的数据文件映射为一张数据库表，并提供完整的 SQL 查询功能。Hive 提供一套完整的 SQL 功能，称为 HiveSQL（HQL）。使用 HQL 可以让不熟悉 MapReduce 的用户也能方便地利用 SQL 语言对数据进行查询、汇总、分析。Hive 和 Hadoop 的关系如图 3.13 所示。

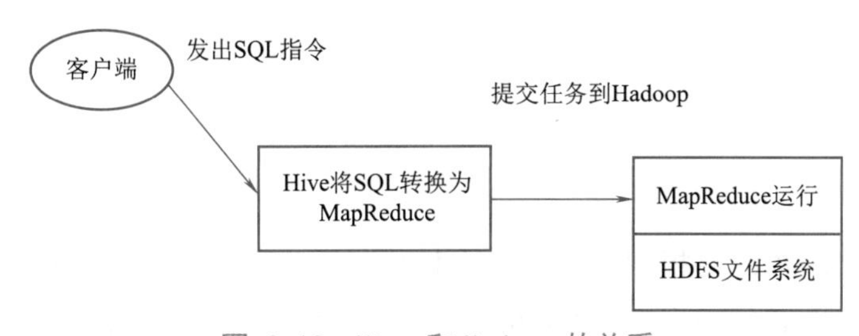

图 3.13 Hive 和 Hadoop 的关系

Hive 中的 HQL 与传统 SQL 的区别见表 3.3。

表 3.3　HQL 与 SQL 的区别

项目	HQL	SQL
数据存储	HDFS、HBase	本地文件系统
数据格式	用户自定义	系统决定
数据更新	不支持（覆盖之前的数据）	支持
索引	有	有
执行	MapReduce	Executor
执行延迟	高	低
可扩展性	高	低
数据规模	大（太字节级别）	小
数据检查	读时模式	写时模式

Hive 系统架构如图 3.14 所示。Hive 客户端通过一系列提供的接口接收用户的 SQL 指令，使用自身的 Driver 并结合元数据（MetaStore）信息，将 SQL 指令翻译为 MapReduce，提交到 Hadoop 平台中执行，执行后的结果反馈给用户交互接口。

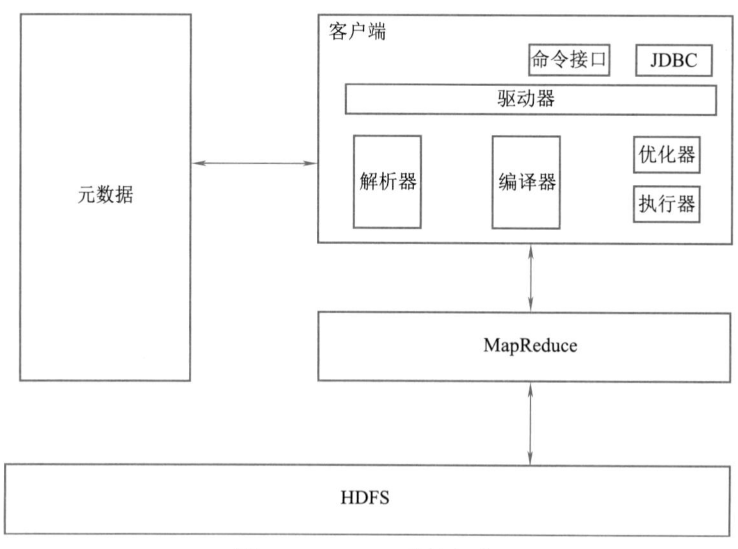

图 3.14　Hive 系统架构

① 用户接口：ClientCLI 是指 Hiveshell 命令接口，JDBC 是指 Java 访问 Hive 的接口。

② 元数据（MetaStore）：Hive 元数据包括表名、表所属数据库、表的拥有者、列 / 分区字

段、表的类型、表的数据所在目录等。

③ 驱动器（Driver），包括以下内容：

- 解析器（SQLParser）：将 SQL 指令转换为抽象语法树（Abstract Syntax Tree，AST）。
- 编译器（PhysicalPlan）：将 AST 编译生成逻辑执行计划。
- 优化器（QueryOptimizer）：对逻辑执行计划进行优化。
- 执行器（Execution）：把逻辑执行计划转换成可以运行的物理计划，即 MapReduce 代码。

Hive 的应用场景主要有：

① 日志分析：常用于大多互联网公司的用户访问日志分析中，如百度、淘宝等。

② 海量结构化数据的离线分析。

Hive 的优点有：

① 使用简单：Hive 提供了类似 SQL 的语言 HQL。

② 扩展性强：为超大数据集设计，使用 MapReduce 作为计算引擎，HDFS 作为存储系统。

③ 提供统一的元数据管理机制。

④ 容错性好：当集群中某个节点宕机时，不影响其他节点和任务的正常运行。

Hive 的局限性主要有以下几点：

① Hive 的 HQL 语言的表达能力有限。

② Hive 的效率比较低：Hive 自动生成的 MapReduce 任务，通常情况下不够智能化。

③ Hive 可控性差。

3.4.7 图数据库

1. 图数据库概述

图数据库是 NoSQL 数据库中的一种应用图结构存储实体之间关系信息的数据库，最常见的例子就是社交网络中人与人之间的关系。

用关系型数据库存储“关系信息”数据的效果并不理想，其查询步骤复杂、响应缓慢，而图数据库的特有设计却非常适合“关系信息”数据的管理。关系型数据库在表示多对多关系时，一般需要建立一个关联表来记录两个实体之间的关系，若这两个实体之间拥有多种关系，那就需要额外增加多个关联表。而图数据库在同样的情况下，只需要标明两者之间存在着不同的关系。如果要在两个节点集间建立双向关系，只需要为每个方向定义一个关系即可。也就是说，相对于关系型数据库中的各种关联表，图数据库中的关系可以通过关系属性这一功能来提供更为丰富的关系展现方式。

2. Neo4j 图数据库

Neo4j 是一个高性能的 NoSQL 图数据库，它将结构化数据存储在网络上，而不是表中，是一个嵌入式的、基于磁盘的、具备完全的事务特性的 Java 持久化引擎。

（1）Neo4j 的结构

① 节点：构成一张图的基本元素是节点和关系。在 Neo4j 中，节点和关系都可以包含属性。节点如图 3.15 所示。

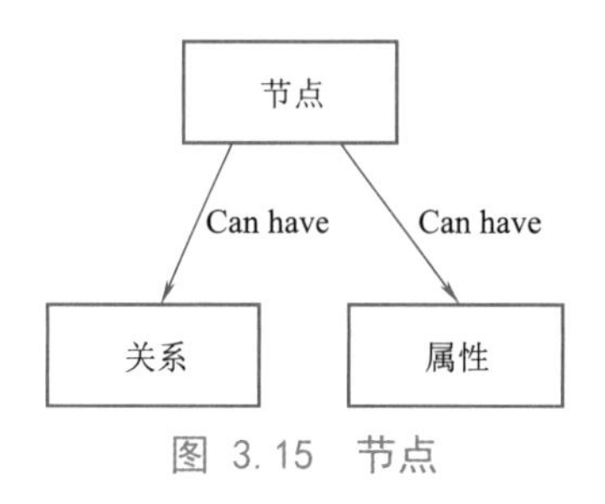

图 3.15　节点

节点经常被用于表示一些实体，依赖关系同样可以表示实体。

② 关系：节点之间的关系是图数据库很重要的一部分。通过关系可以找到很多关联的数据，如节点集合、关系集合及它们的属性集合，如图 3.16 所示。

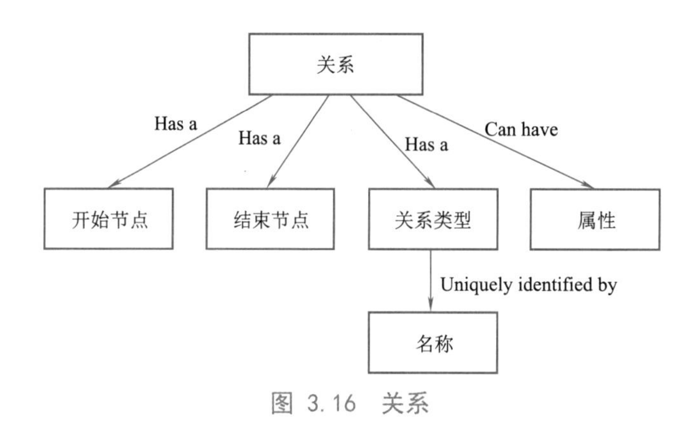

图 3.16　关系

一个关系连接两个节点，必须包含开始节点和结束节点，如图 3.17 所示。

图 3.17　节点与关系

因为关系总是直接相连的，所以对于一个节点来说，与它关联的关系看起来有输入 / 输出两个方向，这个特性对于遍历图非常有帮助，如图 3.18 所示。

关系在任意方向都会被遍历访问，这意味着并不需要在不同方向都新增关系。而关系总是会有一个方向，所以，当这个方向对应用没有意义时，可以忽略。

图 3.18 关系的方向

图 3.19 展示的是一个有两种关系的简单的社会关系网络图。

从图 3.19 中可以看到明明、红红、阳阳和露露四个人之间的关系。红红是服从阳阳管理的，阳阳与明明之间是互相 Follows 的平等关系，而阳阳则阻碍了露露的发展。

③ 属性：节点和关系都可以设置自己的属性。在图 3.20 所示的属性组成关系中，一个属性包含 Key 和 Value 两个部分，表示属性是由 Key-Value 组成的；Key 指向 String，表示 Key 是字符串类型；Value 的类型可以是多样的，例如，可以是 String、int 或 boolean 等，也可以是 int[ ] 这种类型的数据。

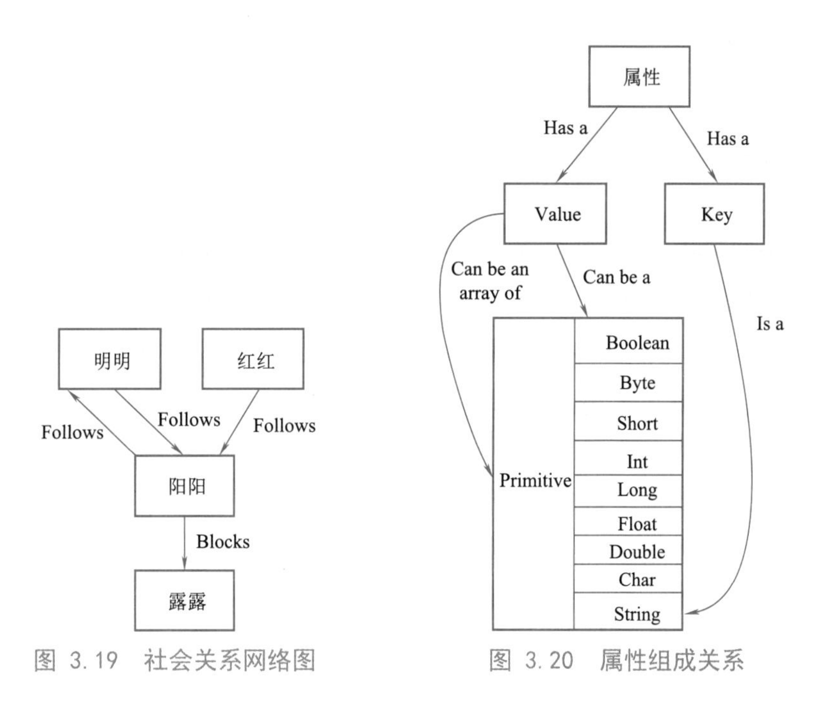

图 3.19 社会关系网络图　　图 3.20 属性组成关系

④ 遍历：遍历一张图就是按照一定的规则，跟随它们的关系，访问关联的节点集合。最常见的情况是只有一部分子图被访问到，因为用户知道自己关注哪一部分节点或者关系。Neo4j 提供了遍历的 API，可以让用户指定遍历规则。最简单的遍历规则就是设置遍历为宽度优先或深度优先。

（2）Neo4j 的优点

完整的 ACID 支持：适当的 ACID 操作是保证数据一致性的基础。Neo4j 确保了在一个事务里的多个操作同时发生，保证数据的一致性。

高可用性和高可扩展性：可靠的图形存储可以非常轻松地集成到任何一个应用中。随着开发的应用在运营中不断发展，性能问题肯定会逐步凸显出来，而无论应用如何变化，Neo4j只会受到计算机硬件性能的影响，而不受业务本身的约束。

通过遍历工具高速检索数据：图数据库最大的优势是可以存储关系复杂的数据。通过Neo4j提供的遍历工具，可以非常高效地进行数据检索，每秒可以达到亿级的检索量。一个检索操作类似RDBMS里的连接join操作。

3.4.8 内存数据库

内存数据库是把磁盘的数据加载到内存中进行相应操作。与直接读取磁盘数据相比，内存的数据读取速度要高出几个数量级，因此将数据保存在内存中能够极大地提高应用的性能。内存数据库改变了磁盘数据管理的传统方式，基于全部数据都在内存中的特点重新设计了体系结构，并且在数据缓存、快速算法、并行操作方面也进行了相应的升级，因此其数据处理速度一般比传统数据库快几十倍。内存数据库的最大特点是其应用数据常驻内存中，即活动事务只与内存中的数据进行交流。

1. Redis的发展历程

Redis是一个开源的、高性能的键值对内存数据库。它通过提供多种键值数据类型来满足不同场景下的存储需求，并借助许多高层级的接口使其可以胜任缓存、队列系统等不同的角色。

2008年，意大利一家创业公司Merzia推出一款基于MySQL的网站实时统计系统——LLOOGG。然而没过多久，该公司的创始人萨尔瓦托·桑菲利普（Salvatore Sanfilippo）便对这个系统的性能感到失望，于是他决定亲自为LLOOGG量身定做一个数据库，并于2009年开发完成，这个数据库就是Redis。

不过萨尔瓦托并不满足只将Redis用于LLOOGG这一款产品，而是希望让更多的人使用它，于是将Redis开源发布，并开始和Redis的另一名主要的代码贡献者皮特 · 诺德胡斯（Pieter Noordhuis）一起继续着Redis的开发，直到今天。

国内如新浪微博和知乎，国外如GitHub、Stack Overflow、Flickr、暴雪和Instagram，都是Redis的用户。现在使用Redis的用户越来越多，大多数的互联网公司都使用Redis作为公共缓存。

2. Redis特性

（1）存储结构

Redis是Remote Dictionary Server（远程字典服务器）的缩写，它以字典结构存储数据，并允许其他应用通过TCP读写字典中的内容。Redis支持的键值数据类型有字符串类型、散列类型、列表类型、集合类型和有序集合类型。

这种字典形式的存储结构与常见的SQL关系型数据库的二维表形式的存储结构有很大的差异。例如，在程序中使用post变量存储了一篇文章的数据（包括标题、正文、阅读量和标签），如下所示：

```
post["title"] = "Hello World!"
post["content"] = "Blablabla..."
post["views"] = 0
post["tags"] = ["PHP", "Ruby", "Node.js"]
```

现在希望将这篇文章的数据存储在数据库中，并且要求可以通过标签检索出标题。

使用关系型数据库存储时，一般会将其中的标题、正文和阅读量存储在一个表中，而将标签存储在另一个表中，然后使用第三个表连接文章和标签表。在查询时，需要同时连接三个表，不是很直观。而Redis字典结构的存储方式和对多种键值数据类型的支持使得开发者可以将程序中的数据直接映射到Redis中，在查询时可以通过键直接找到键所对应的值。

（2）内存存储与持久化

Redis数据库中的所有数据都存储在内存中。由于内存的读写速度远高于硬盘，因此Redis在性能上与其他基于硬盘存储的数据库相比有非常明显的优势。在一台普通的笔记本式计算机上，Redis可以在一秒内读写超过10万个键值。

将数据存储在内存中也有问题，程序退出后内存中的数据会丢失。不过Redis提供了数据持久化的支持，在不影响实时提供服务的前提下将内存中的数据异步写入硬盘中。

（3）功能丰富

Redis虽然是作为数据库开发的，但由于其提供了丰富的功能，越来越多的人将其用作缓存、队列系统等。Redis可以为每个键设置生存时间（Time To Live，TTL），生存时间到期后键会自动被删除。这一功能配合出色的性能让Redis可以作为缓存系统来使用。作为缓存系统，Redis还可以限定数据占用的最大内存空间，在数据达到空间限制后可以按照一定的规则自动淘汰不需要的键。

（4）简单稳定

如果一个工具使用起来太复杂，即使它的功能再丰富也很难吸引人。Redis直观的存储结构使得应用程序与Redis的交互过程非常简单，即通过Redis命令来读写数据。

例如，在关系型数据库中要获取posts表内id为1的记录中title字段的值，可以使用如下SQL语句实现：

```
SELECT title FROM posts WHERE id=1 LIMIT 1
```

在Redis中实现上述需求，可以使用如下命令语句实现：

```
HGET post : 1 title
```

其中，HGET 就是一个命令。Redis 提供了 100 多个命令，但是常用的只有十几个，并且每个命令都很容易记住。

Redis 提供了几十种不同编程语言的客户端库，这些库都封装了 Redis 的命令，这样在程序中与 Redis 进行交互就会变得很容易。

小　结

数据存储通常是在数据采集之后、数据分析之前的阶段，其主要目的是保存原始数据。由于数据采集的数据量较大，因此数据存储对于数据的读取要求较高。一般情况下，数据存储多采用分布式架构，以便满足大数据存储的需求。本章的主要内容是分布式存储的相关概念，如分布式文件系统、分布式数据库和数据仓库等。通过本章的学习，能够掌握基本的分布式存储的相关概念和知识。

习　题

1. 什么是分布式文件系统？
2. HDFS 是怎么实现数据的容错的？
3. 在 HBase 中，数据读写的流程是怎样的？
4. 什么是关系型数据库的 ACID 原则？
5. 什么是 NoSQL 的 CAP 和 BASE 理论？

第 4 章 大数据处理平台

大数据处理离不开大数据处理平台。不同的数据类型需要不同的大数据处理平台。本章重点介绍批量静态数据处理方式及 Hadoop 数据处理平台；实时动态数据流式处理方式及 Storm 数据处理平台；混合数据处理方式及 Spark 大数据处理平台。

4.1 概述

随着计算机和多媒体技术迅速发展，每天都会产生海量的数据。如何通过大数据处理的手段分析和解决各类实际问题，受到人们普遍的重视。由于传统的基于单机模式的数据处理无论在存储容量，还是处理效率上都越来越力不从心，分布式的大数据处理平台已逐渐成为业界的主流。

大数据处理平台为大数据处理的分析和问题解决提供技术和平台支撑，它集数据采集、数据存储与管理、数据分析计算、数据可视化以及数据安全与隐私保护等功能于一体。数据采集是从不同数据来源获取不同类型的数据，采集的数据在平台中存储和管理；通过分析计算揭示其中隐含的内在规律，发现有用的信息，以指导人们进行科学的推断与决策；同时，数据中可能包含敏感信息和隐私，需要对数据进行安全与隐私保护。

大数据处理平台的核心功能是数据分析计算。数据分析计算主要通过分布式计算框架来实现。因此，要求分布式计算框架不仅能提供高效的计算模型和简单的编程接口，而且要具有良好的扩展性、容错能力和高效可靠的输入/输出（I/O），以满足大数据处理的需求。可扩展性是指系统适应变化的能力，即系统通过增加资源可以满足用户对性能和功能需求不断增加的能力。计算框架的可扩展性是可计算规模和计算开发度的重要指标。容错和自动恢复是指系统考虑底层硬件和软件的不可靠性，支持出现错误后自动恢复的能力。高效可靠的输入/

输出能够提高任务的执行效率以及计算资源的利用率。

除了大数据处理平台的一些共性之外，针对不同类型的大数据，还需要一些专用的计算框架。根据数据的特性，常见的大数据处理有三种计算模式：批量处理计算、流式计算和混合处理计算。批量处理计算主要针对静态的大体量的数据。这些数据在计算前已经获取并保存，且在计算过程中不会发生变化。流式计算主要针对按时间顺序无限增加的数据序列。这是一种动态数据，在计算前无法预知数据的到来时刻和到来顺序，也无法预先将数据进行存储。混合处理计算兼顾了批量处理计算和流式计算的工作负载，其功能重点在于两种不同的处理模式如何进行统一，以及要对静态数据和动态数据集之间的关系进行何种假设。混合处理计算不仅可以提供处理数据所需要的方法，而且提供了自己的集成项、库、工具，可以胜任图形分析、机器学习、交互式查询等多种任务。

4.2　大数据的处理平台架构

4.2.1　技术架构

从技术架构的角度，大数据处理平台可以划分为四个层次：数据采集层、数据存储层、数据处理层和服务封装层，如图 4.1 所示。

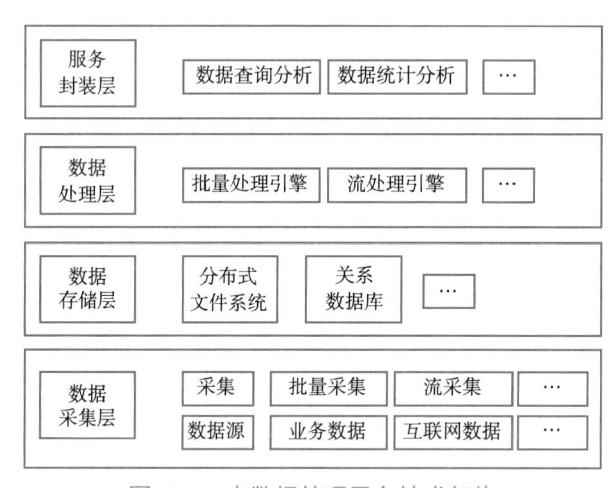

图 4.1　大数据处理平台技术架构

1. 数据采集层

数据采集层主要负责从各种不同的数据源采集数据。常见的数据源包括业务数据、互联网数据、物联网数据、社交数据、第三方数据等。对不同的数据源，需要不同的采集方法。比如，对于存储在业务系统中的数据一般采用批量采集的方法，一次性地导入大数据存储系统中。对于物联网产生的实时数据一般采用流采集的方式，动态地添加到大数据存储系统中或是直接发送到流式计算进行处理分析。对于互联网上的数据一般通过网络爬虫进行爬取。

2. 数据存储层

数据存储层主要负责大数据的存储和管理工作。大数据处理中的原始数据通常存放在分布式文件系统（如 HDFS）或者云存储系统（如 Amazon S3、Swift）中。为了方便对大数据进行访问和处理，大数据处理平台通常会采用非关系型数据库（NoSQL）对数据进行组织和管理。针对不同的数据形式和处理要求，可以选用不同类型的非关系型数据库。常见的非关系型数据库有键值对（Key-Value）数据库（如 Redis）、文档数据库（如 MongoDB）、列族数据库（如 HBase）、图数据库（如 Neo4j）等。

3. 数据处理层

数据处理层主要负责大数据的处理和分析工作。针对不同类型的数据，一般需要不同的处理引擎。例如，对于静态的批量数据，一般采用批量处理引擎（如 MapReduce）；对于动态的流式数据，一般采用流式处理引擎（如 Storm）；对于图数据，一般采用图处理引擎（如 Giraph）。针对处理引擎，大数据平台不仅提供各种基础性的数据计算和处理功能，而且通常会提供一些用于复杂数据处理和分析工具，例如，机器学习工具、数据挖掘工具、搜索引擎、深度学习等。

4. 服务封装层

服务封装层主要负责根据不同的用户需求，对各种大数据处理和分析功能进行封装，并对外提供服务。常见的大数据相关服务包括数据查询分析、数据统计分析、数据可视化等。

除此之外，大数据处理平台一般还包括数据安全和隐私保护模块，这一模块贯穿大数据处理平台的各个层次。

4.2.2 开源平台

基于上述技术架构，人们设计并实现多个开源系统的大数据处理平台，该平台能够支持对批量数据、流式数据和图数据等不同类型大数据的处理和分析。根据具体的应用场景和需求，可以对该开源平台进行裁剪。例如，如果不需要对图数据进行处理，可以裁剪掉相应的模块和子系统（Giraph 和 GraphX）。下面具体介绍各层平台中的开源系统。

1. 数据采集系统

① Scrapy 是 Python 领域专业的爬虫开发框架，已经完成爬虫程序的大部分通用工具。它能够快速地爬取 Web 站点并从页面中提取自定义的结构化数据。Scrapy 使用 Twisted 异步网

络库来处理网络通信。用户只需要在 Scrapy 框架的基础上进行模块的定制开发就可以轻松实现一个高效的爬虫应用。

② Sqoop 是一个用于在大数据处理平台与传统关系型数据库间进行批量数据迁移的开源工具。Sqoop 可以将传统关系型数据库（如 MySQL、Oracle、Postgres 等）中的数据导入 HDFS，也可以将 HDFS 中的数据导出到传统关系型数据库。Sqoop 底层用 MapReduce 程序实现抽取、转换、加载，MapReduce 天生的特性保证了并行化和高容错率。

③ Flume 是一个具有良好的可用性、可靠性的分布式海量日志采集、聚合和传输的开源系统，主要作用是数据的搜集和传输，支持多种不同的输入/输出数据源，并提供数据的简单处理。

2. 数据存储系统

① HDFS 是开源大数据处理框架 Hadoop 中的一个核心模块，是一个具有可扩展、高容错、高性能的分布式文件系统，能够异步复制，一次写入多次读取，主要负责存储。

② Kafka 是一种分布式的，基于发布/订阅的消息系统，其功能类似于消息队列。Kafka 可以接收生产者（如 Webservice、文件、HDFS、HBase 等）的数据，并将其缓存起来，然后发给消费者（如 Storm、Spark Streaming、HDFS 等），进而起到缓冲和适配的作用。

③ Swift（OpenStack Object Storage）是开源计算项目 OpenStack 的一个子项目，是 OpenStack 云存储服务的重要组件。Swift 能够提供高可用、分布式、持久性、大文件的对象存储服务。

3. 计算引擎

① MapReduce 是开源大数据处理框架 Hadoop 的核心计算引擎，主要用于批量数据的处理。

② Storm 是 Twitter 支持开发的一款分布式、开源、实时的大数据流式计算系统。Storm 能够快速可靠地处理源源不断的消息，并具有良好的容错机制。

③ Spark 是一个专为大规模数据处理而设计的快速、通用的计算引擎，是加州大学伯克利分校 AMP 实验室开源的类 Hadoop MapReduce 的通用并行框架。Spark 扩展了 MapReduce 计算模型，高效地支持除了批量处理计算以外的更多计算模式，包括流式计算、图计算等。

④ Giraph 是一个采用整体同步并行计算模型的开源并行图处理系统，主要参照 Google 的 Pregel 系统并基于 Hadoop 框架实现。

4. 分析工具

① Hive 是建立在 Hadoop 上的数据仓库基础构架。所有 Hive 的数据都存储在 Hadoop 兼容的文件系统（如 HDFS、Amazon S3）中。Hive 提供了一系列的工具,可以用来进行数据提取、

转化、加载以及通过SQL查询语言HiveQL进行统计分析和查询工作。Hive将SQL语句转换为MapReduce任务进行运行。

② Spark SQL是Spark中用于结构化数据处理的软件包，其架构和功能与Hive类似，只是把底层的MapReduce替换为Spark，即所有的分析和查询工作都会被转化为Spark任务进行运行。

③ Spark Streaming是Spark提供的一个对实时数据进行流式计算的工具，支持对实时数据流的可扩张、高吞吐、高容错的流式处理。Spark Streaming支持从多种不同数据源获取数据，包括Kafka、ZeroMQ、Kinesis以及TCP sockets等。从数据源获取到数据之后，可以使用诸如Map、Reduce、Join和Windows等高级函数进行复杂的处理分析。

④ MLlib是一个基于Spark的机器学习函数库，它是专门为在分布式集群上进行运行机器学习算法而设计的。MLlib目前支持四种常见的机器学习问题：分类、回归、聚类和协同过滤，可以在Spark支持的所有编程语言中使用。

⑤ GraphX是一个基于Spark的分布式图、提供大量进行图计算和图挖掘的、简洁易用的接口，方便了用户对分布式图处理的需求。

4.3 大数据的批量计算

4.3.1 批量计算的概念

由于数据量迅速增长，要求计算机性能相应提高，但是单机计算模式下，计算性能提升总有瓶颈。为了进一步提升计算效率，分布式计算的方式大大地突破了传统的计算模式，大大提高了计算效率。分布式计算主要研究分布式系统如何进行计算。分布式系统是一组计算机，通过计算机网络相互连接与通信后形成的系统，把需要进行大量计算的工程数据分区成小块，由多台计算机分别计算，在上传运算结果后，将结果统一合并得出数据结论的科学。

批量计算（Batch Compute）是一种适用于大规模并行批处理作业的分布式云服务。批量计算可支持海量作业并发规模，系统自动完成资源管理、作业调度和数据加载。批量处理主要操作大容量静态数据集，并在计算过程完成后返回结果。批量处理模式中使用的数据集通常符合下列特征：

① 有界性：批量处理数据集代表数据的有限集合。

② 持久性：数据通常始终存储在某种类型的持久存储位置中。

③ 大量性：批量处理操作通常是处理海量数据集的唯一方法。

批量处理非常适合需要访问全套记录才能完成的计算工作。例如，在计算总数和平均数时，必须将数据集作为一个整体加以处理，而不能将其视作多条记录的集合。这些操作要求在计算进行过程中数据维持自己的状态。

需要处理大量数据的任务通常最适合用批量处理操作进行处理。无论直接从持久存储设备处理数据集，还是先将数据集载入内存，批量处理系统都在设计过程中充分考虑了数据的量，可提供充足的处理资源。由于批量处理在应对大量持久数据方面的表现极为出色，因此经常被用于对历史数据进行分析。

4.3.2 批量计算的软件系统

1. Hadoop 简介

Hadoop 是一个由 Apache 基金会所开发的分布式系统基础架构，它在普通服务器组成的大规模集群上，可以使用户在不了解分布式底层细节的情况下开发分布式程序，充分利用集群的性能进行高速运算和存储。Hadoop 解决了两大问题：大数据存储和大数据分析。即 Hadoop 的两大核心：HDFS 和 MapReduce。

HDFS 是可扩展、容错、高性能的分布式文件系统，异步复制，一次写入多次读取，主要负责存储。

MapReduce 为分布式计算框架，包含 Map（映射）和 Reduce（归约）过程，负责在 HDFS 上进行计算。

Hadoop 项目发展历史如图 4.2 所示。在 2002—2004 年，Doug Cutting 和 Mike Cafarella 一起开发出一个开源的搜索引擎 Nutch，历时一年后，Nutch 可以支持亿级网页的搜索。但是，当时的网页数量远远超过这个规模，两人不断对 Nutch 进行改进。在 2003 年和 2004 年，Google 分别发布了 GFS 和 MapReduce 两篇论文。Doug Cutting 和 Mike Cafarella 发现这与他们的想法并不相同，而且更加完美，完全脱离了人工运维的状态，实现了自动化。于是在经过一系列周密考虑和详细总结后，2006 年，Doug Cutting 加入了 Yahoo! 公司（Nutch 的部分也被正式引入），机缘巧合下，以儿子的一个大象玩具的名字 Hadoop 命名了该研究项目。当系统进入 Yahoo! 以后，项目逐渐发展并成熟了起来。除搜索以外的业务开发，Yahoo! 逐步将自己广告系统的数据挖掘相关工作也迁移到了 Hadoop 上，使 Hadoop 系统进一步成熟化了。2007 年，《纽约时报》在 100 个亚马逊的虚拟机服务器上使用 Hadoop 转换了 4 TB 的图片数据，引起了人们对 Hadoop 的广泛关注。在 2008 年，Google 的一位工程师发现把当时的 Hadoop 放到任意一个集群中去运行是一件十分困难的事情，由此成立了一个专门商业化 Hadoop 的公司 Cloudera。同年，Facebook 在 Hadoop 上构建了一个名为 Hive 的软件，专把 SQL 转换为 MapReduce 程序。2011 年，Yahoo! 将 Hadoop 团队独立出来，成立了一个子公司 Horton Works，专门提供 Hadoop 相关的服务。2012 年，第一个 Hadoop 原生 MPP 查询引擎 Impala 加入 Hadoop 生态圈。2014 年，Spark 逐渐代替 MapReduce 成为 Hadoop 默认的执行引擎，并成为 Apache 基金会顶级项目。2015 年，Cloudera 公布继 HBase 以后的第一个 Hadoop 原生存储替代方案——Kudu，并发起的 Impala 和 Kudu 项目加入 Apache 孵化器。

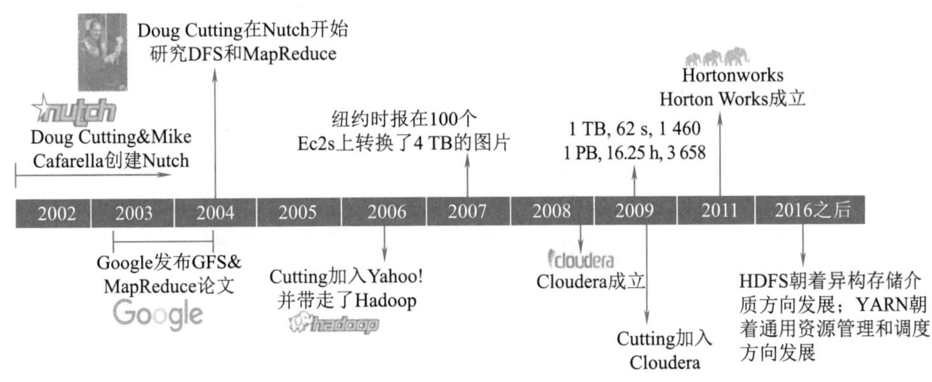

图 4.2 Hadoop 项目发展历史

Hadoop 软件框架包含如下主要模块：

① Hadoop Common，该模块包含了其他模块需要的库函数和使用函数。

② HDFS，是在由普通服务器组成的集群上运行的分布式文件系统，支持大数据存储，通过多个节点的并行 I/O，提供极高的吞吐能力。

③ Hadoop MapReduce，是一种支持大数据存储处理的编程模型。

④ Hadoop YARN，这是 Hadoop 2.0 的基础模块，它本质上是一个资源管理和任务调度软件框架。它把集群的计算资源管理起来，为调度和执行用户程序提供资源的支持。

Hadoop 是一个能够让用户轻松架构和使用的分布式计算的平台。用户可以轻松地在 Hadoop 发布和运行处理海量数据的应用程序。其优点主要有以下几个：

① 高扩展性：Hadoop 是在可用的计算机集簇间分配数据并完成计算任务的，这些集簇可以方便地扩展到数以千计的节点中。

② 高效性：Hadoop 能够在节点之间动态地移动数据，并保证各个节点的动态平衡，因此处理速度非常快。

③ 高容错性：Hadoop 能够自动保存数据的多个副本，并且能够自动将失败的任务重新分配。

④ 低成本：与一体机、商用数据仓库以及 QlikView，Yonghong Z-Suites 等数据集市相比，Hadoop 是开源的，项目的软件成本会因此大大降低。

2. Hadoop 存储——HDFS

Hadoop 的存储系统是 HDFS，具有高度可扩展性。它使用 Java 语言编写，具有良好的可移植性。一个 HDFS 集群一般由一个名称节点和若干数据节点组成，分别负责元信息的管理和数据块的管理。对外部客户端而言，HDFS 就像一个传统的分级文件系统，可以进行创建、删除、移动或重命名文件或文件夹等操作。由于 Hadoop HDFS 的架构是基于一组特定的名称节点构建的，如图 4.3 所示，它在 HDFS 内部提供元数据服务；第二名称节点（Secondary NameNode）是名称节点的助手节点，主要是为了整合元数据操作（注意不是名称节点的备份）；数据节点为 HDFS 提供存储块。

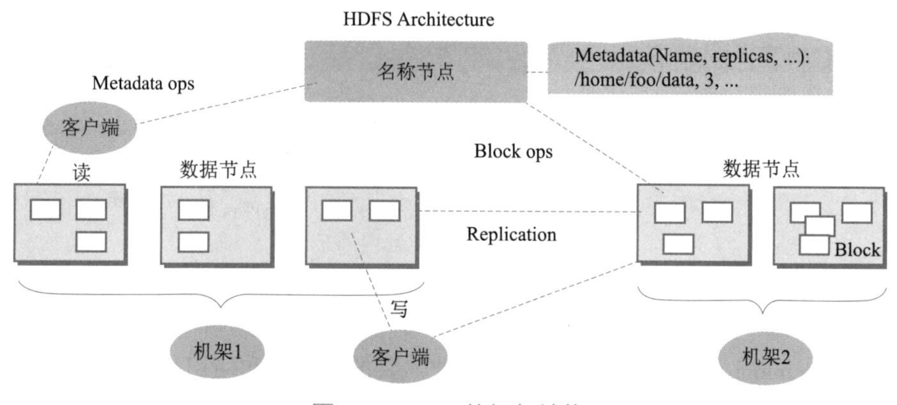

图 4.3 HDFS 的框架结构

存储在 HDFS 中的文件被分成块，然后这些块被复制到多个数据节点中。块的大小（通常为 128 MB）和复制的块数量在创建文件时由客户机决定。名称节点可以控制所有文件操作。HDFS 内部的所有通信都基于标准的 TCP/IP 协议。

关于各个组件的具体描述如下所示：

（1）名称节点

名称节点是一个通常在 HDFS 架构中单独机器上运行的组件，负责管理文件系统名称空间和控制外部客户机的访问。名称节点决定是否将文件映射到数据节点上的复制块上。HDFS 采用的复制因子（Replicate）为 3，那么每个数据块有 3 个副本被保存到 3 个节点上，其中的两个节点在同一个机架内，另外一个节点一般在其他机架上。数据节点之间可以复制数据副本，从而重新平衡每个节点存储的数据量，并且保证系统的可靠性。

（2）数据节点

数据节点也是一个通常在 HDFS 架构中的单独机器上运行的组件。数据节点通常以机架的形式组织，机架通过一个交换机将所有系统连接起来。

（3）第二名称节点

第二名称节点的作用在于为 HDFS 中的名称节点提供一个 Checkpoint，它只是名称节点的一个助手节点，这也是它在社区内被认为是检查节点的原因。

数据节点响应来自 HDFS 客户机的读写请求。它们还响应来自名称节点的创建、删除和复制块的命令。名称节点依赖来自每个数据节点的定期心跳消息。每条消息都包含一个块报告，名称节点可以根据这个报告验证块映射和其他文件系统元数据。如果数据节点不能发送心跳消息，名称节点将采取修复措施，重新复制在该节点上丢失的块。

在名称节点重启时，Edits 才会合并到 FsImage 文件中，从而得到一个文件系统的最新快照。如图 4.4 所示，其中 FsImage 是名称节点启动时对整个文件系统的快照，Edits 是在名称节点启动后对文件系统的改动序列。但是在生产环境集群中的名称节点很少被重启，这意味着当名称节点运行很长时间后，Edits 文件会变得很大。而当名称节点宕机时，Edits 就会丢失很多改动。

为了保证名称节点宕机时 Edits 的安全性，如图 4.5 所示，第二名称节点会定时到名称节点去获取名称节点的 Edits，并及时更新到自己的 FsImage 上。这样，如果名称节点宕机，就可以使用第二名称节点的信息来恢复名称节点。并且，如果第二名称节点新的 FsImage 文件达到一定阈值，它就会将其复制回名称节点上，名称节点将在下次重启时会使用这个新的 FsImage 文件，从而减少重启的时间。

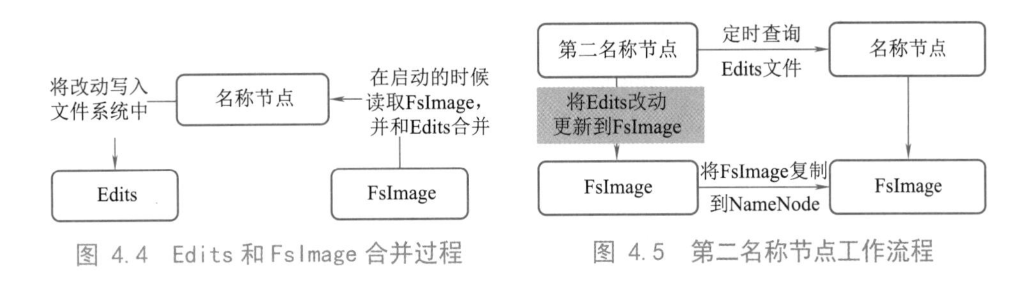

图 4.4　Edits 和 FsImage 合并过程　　　图 4.5　第二名称节点工作流程

3. Hadoop 计算——MapReduce

MapReduce 是 Google 提出的一个软件架构，用于大规模数据集（大于 1 TB）的并行运算。Map（映射）和 Reduce（归纳）的概念以及它们的主要思想，都是从函数式编程语言借来的，还有从矢量编程语言借来的特性。

当前的软件实现是指定一个 Map（映射）函数，用来把一组键值对映射成一组新的键值对，指定并发的 Reduce（归纳）函数，用来保证所有映射的键值对中的每一个共享相同的键组，如图 4.6 所示。

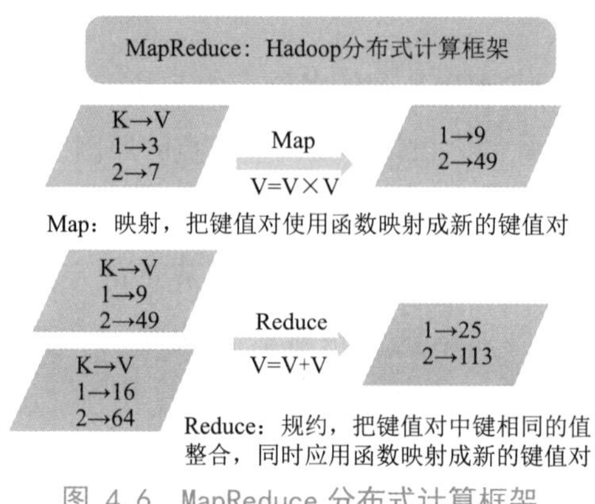

图 4.6 MapReduce 分布式计算框架

下面将以 Hadoop 的 Hello World 例程——单词计数来分析 MapReduce 的逻辑，如图 4.7 所示。一般的 MapReduce 程序会经过以下几个过程：输入（Input）、输入分片（Splitting）、Map 阶段、Shuffle 阶段、Reduce 阶段、输出（Final result）。

输入：数据一般放在 HDFS 上面就可以了，而且文件是被分块的。关于文件块和文件分片的关系，在输入分片中说明。

输入分片：在进行 Map 阶段之前，MapReduce 框架会根据输入文件计算输入分片（Split），每个输入分片会对应一个 Map 任务，输入分片往往和 HDFS 的块关系密切。例如，HDFS 的块的大小是 128 MB，如果输入两个文件，大小分别是 27 MB、129 MB，那么 27 MB 的文件会作为一个输入分片（不足 128 M 会被当作一个分片），而 129 MB 则是两个输入分片（129−128=1，不足 128 MB，所以 1 MB 也会被当作一个输入分片），因此，一般来说，一个文件块会对应一个分片。如图 4.7 所示，Splitting 对应下面的三个数据应该理解为三个分片。

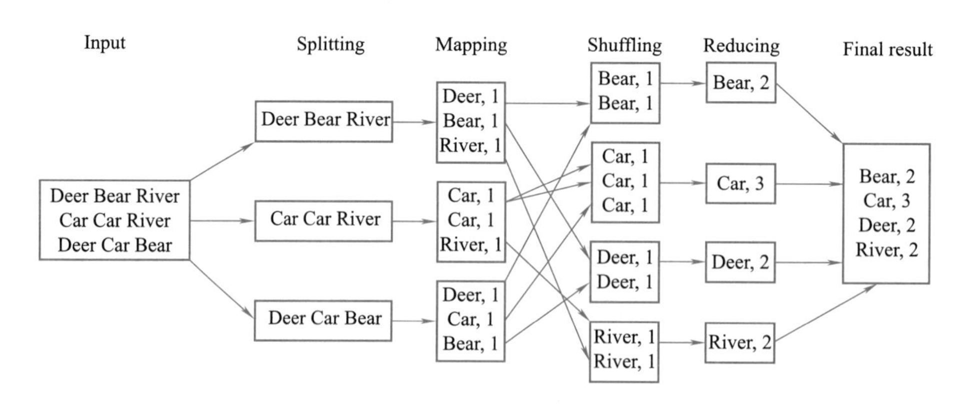

图 4.7 MapReduce 程序运行过程

Map 阶段：这个阶段的处理逻辑其实就是程序员编写好的 Map 函数，因为一个分片对应一个 Map 任务，并且是对应一个文件块，所以这里其实是数据本地化的操作，也就是所谓的移动计算而不是移动数据。如图 4.7 所示，这里的操作其实就是把每句话进行分割，然后得到每个单词，再对每个单词进行映射，得到单词和 1 的键值对。

Shuffle 阶段：这是“奇迹”发生的地方，MapReduce 的核心其实就是 Shuffle。Shuffle 是将 Map 的输出进行整合，然后作为 Reduce 的输入发送给 Reduce。简单理解就是把所有 Map 的输出按照键进行排序，并且把相对键的键值对整合到同一个组中。如图 4.7 所示，Bear、Car、Deer、River 是排序的，并且 Bear 这个键有两个键值对。

Reduce 阶段：与 Map 类似，这里也是用户编写程序的地方，可以针对分组后的键值对进行处理。如图 4.7 所示，针对同一个键 Bear 的所有值进行了一个加法操作，得到 <Bear，2> 这样的键值对。

输出：Reduce 的输出直接写入 HDFS 上，同样这个输出文件也是分块的。

MapReduce 的本质用一张图可以完整地表现出来，如图 4.8 所示。

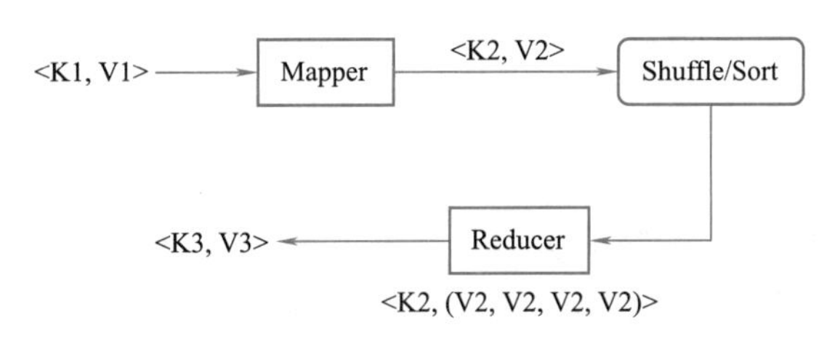

图 4.8　MapReduce 的本质

MapReduce 的本质就是把一组键值对 <K1,V1> 经过 Map 阶段映射成新的键值对 <K2, V2>；接着经过 Shuffle/Sort 阶段进行排序和“洗牌”，把键值对排序，同时把相同的键的值整合；最后经过 Reduce 阶段，把整合后的键值对组进行逻辑处理，输出到新的键值对 <K3, V3>。这样的一个过程，其实就是 MapReduce 的本质。

Hadoop MapReduce 可以根据其使用的资源管理框架不同，而分为 MR v1 和 YARN/MR v2 版本，如图 4.9 所示。

在 MR v1 版本中，资源管理主要是 JobTracker 和 TaskTracker。JobTracker 主要负责作业控制（作业分解和状态监控），主要是 MR 任务以及资源管理；而 TaskTracker 主要是调度 Job 的每一个子任务 task；并且接收 JobTracker 的命令。

在 YARN/MR v2 版本中，YARN 把 JobTracker 的工作分为两个部分：

① ResourceManager（资源管理器）全局管理所有应用程序计算资源的分配。

② ApplicationMaster 负责相应的调度和协调。

NodeManager 是每一台机器框架的代理，是执行应用程序的容器，监控应用程序的资源

（CPU、内存、硬盘、网络）使用情况，并且向调度器汇报。

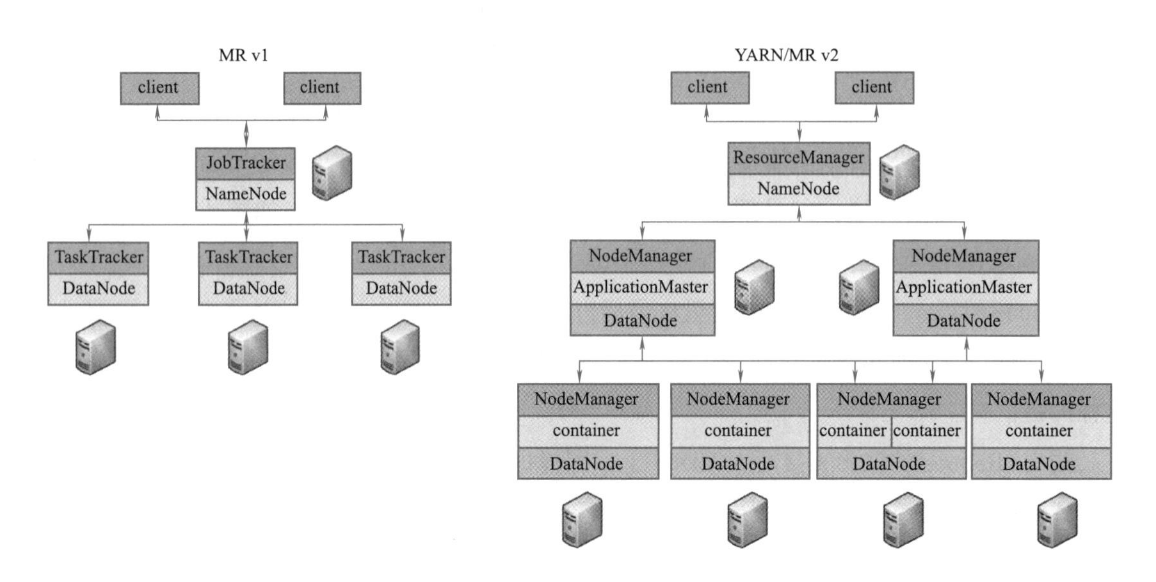

图 4.9 MapReduce 的 MR v1 和 YARN/MR v2 版本

4. Hadoop 生态系统

在 HDFS 和 MapReduce 计算模型之上，若干工具一起构成了整个 Hadoop 的生态系统。下面首先给出 Hadoop 生态系统的框架，如图 4.10 所示，再对这些组件进行简单介绍。形象地说，Hadoop 生态系统就是一群动物在狂欢。

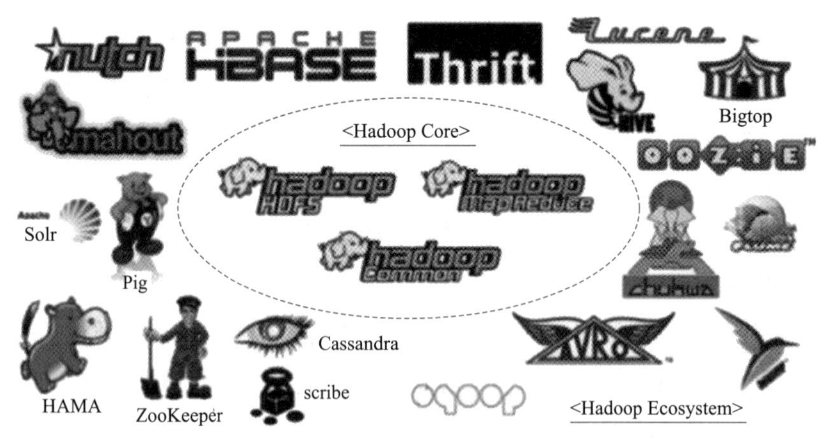

图 4.10 Hadoop 生态系统的框架

（1）Hadoop Database（HBase）

HBase 是一个高可靠性、高性能、面向列、可伸缩的分布式存储系统，利用 HBase 技术可在廉价 PC Server 上搭建起大规模结构化存储集群。

（2）Hive

Hive是建立在Hadoop上的数据仓库基础构架。它提供了一系列的工具，可以用来进行数据提取转化加载（ETL），这是一种可以存储、查询和分析存储在Hadoop中的大规模数据的机制。

（3）Sqoop

Sqoop是一款开源的工具，主要用于在Hadoop（Hive）与传统的数据库（MySQL、Post-Gresql等）间进行数据的传递，可以将一个关系型数据库中的数据导入HDFS中，也可以将HDFS的数据导入关系型数据库中。

（4）Pig

Pig是一个基于Hadoop的大规模数据分析平台，它提供的SQL-LIKE语言称为Pig Latin。该语言的编译器会把类SQL的数据分析请求转换为一系列经过优化处理的Map-Reduce运算。

（5）Flume

Flume是Cloudera提供的一个高可用、高可靠、分布式的海量日志采集、聚合和传输的系统。Flume支持在日志系统中定制各类数据发送方，用于收集数据。同时，Flume提供对数据进行简单处理并写到各种数据接受方（可定制）的能力。

（6）Oozie

Oozie是基于Hadoop的调度器，以XML的形式写调度流程，可以调度Mr、Pig、Hive、Shell、Jar任务等。

（7）ZooKeeper

ZooKeeper是一个开放源码的分布式应用程序协调服务，是Google的Chubby一个开源的实现，是Hadoop和HBase的重要组件，如图4.11所示。它是一个为分布式应用提供一致性服务的软件，提供的功能包括配置维护、域名服务、分布式同步、组服务等。

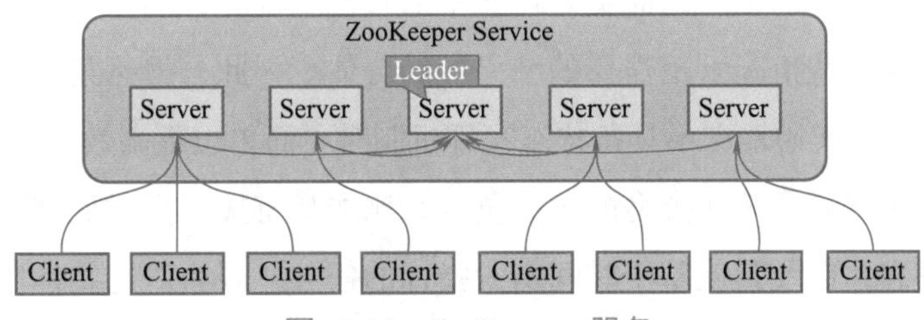

图4.11　ZooKeeper服务

（8）Avro

Avro 是一个数据序列化的系统。它可以提供丰富的数据结构类型、快速可压缩的二进制数据形式、存储持久数据的文件容器、远程过程调用 RPC。

（9）Mahout

Mahout 是 Apache Software Foundation（ASF）旗下的一个开源项目，提供一些可扩展的机器学习领域经典算法的实现，旨在帮助开发人员更加方便快捷地创建智能应用程序。Mahout 包含许多实现，包括聚类、分类、推荐过滤、频繁子项挖掘。此外，通过使用 Apache Hadoop 库，可以有效地将 Mahout 扩展到云中。

4.4 大数据的流式计算

4.4.1 流式计算的概念

由于批量计算严重依赖持久存储，每个任务需要多次执行读取和写入操作，因此速度相对较慢。面对实时数据，显得捉襟见肘。流式计算会对随时进入系统的数据进行计算，无须针对整个数据集执行操作，而是对通过系统传输的每个数据项执行操作。

由于流式计算中的数据集是“无边界”的，这就产生了几个重要的影响：

① 完整数据集只能代表截至目前已经进入系统中的数据总量。

② 工作数据集也许更相关，在特定时间只能代表某个单一数据项。

处理工作是基于事件的，除非明确停止，否则没有“尽头”。处理结果立刻可用，并会随着新数据的抵达继续更新。

流式计算可以处理几乎无限量的数据，但同一时间只能处理一条（真正的流式计算）或很少量（微批量处理，Micro-batch Processing）数据，不同记录间只维持最少量的状态。虽然大部分系统提供了用于维持某些状态的方法，但流式计算主要针对副作用更少、更加功能性的处理（Functional Processing）进行优化。

功能性操作主要侧重于状态或副作用有限的离散步骤。针对同一个数据执行同一个操作会忽略其他因素产生相同的结果，此类处理非常适合流式计算，因为不同项的状态通常是某些困难、限制，以及某些情况下不需要的结果的结合体。因此，虽然某些类型的状态管理通常是可行的，但这些框架通常在不具备状态管理机制时更简单也更高效。

流式计算模式非常适合某些类型的工作负载，比如具有接近实时处理需求的任务，分析应用程序的错误日志，以及其他基于时间衡量指标的任务。因为对这些领域的数据变化做出响应对于业务职能来说是极为关键的。流式计算很适合用来处理必须对变动或峰值做出响应，并且关注一段时间内变化趋势的数据。

4.4.2 流式计算的软件系统

1. Storm 简介

Storm 是 Twitter 开源的分布式实时大数据处理框架，被业界称为实时版 Hadoop。随着越来越多的场景对 Hadoop 的 MapReduce 高延迟无法容忍，比如网站统计、推荐系统、预警系统、金融系统（高频交易、股票）等，大数据实时处理解决方案（流式计算）的应用日趋广泛，目前已是分布式技术领域最新爆发点，而 Storm 更是流式计算技术中的佼佼者和主流。

Storm 对于实时计算的意义类似于 Hadoop 对于批量处理的意义。Hadoop 提供了 Map、Reduce 原语，使人们的批量处理程序变得简单和高效。同样，Storm 也为实时计算提供了一些简单高效的原语，而且 Storm 的 Trident 是基于 Storm 原语更高级的抽象框架，类似于基于 Hadoop 的 Pig 框架，让开发更加便利和高效。

2. Storm 系统架构

与 Hadoop 主从架构一样，Storm 也采用客户端 / 服务器体系结构，分布式计算由 Nimbus 和 Supervisor 两类服务进程实现，由一个主节点和多个工作节点组成，如图 4.12 所示。主节点运行一个 Nimbus 守护进程，它的工作是分配代码、布置任务以及故障检修。每个工作节点运行一个 Supervisor 守护进程，用于监听、开始并终止工作（Worker）进程。

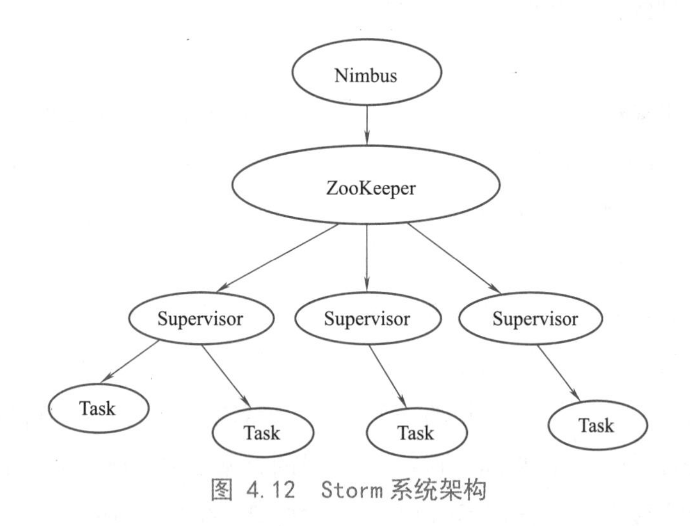

图 4.12 Storm 系统架构

Nimbus 和 Supervisor 都是无状态的（客户端的两次调用间不维持状态），使得两者变得十分健壮（即抗攻击性，对噪声、错误的容忍性）。它们之间的协调工作由 ZooKeeper 来完成，ZooKeeper 用于管理集群中的不同组件。Supervisor 监听分配给它那台机器的工作，根据需要启动/关闭工作进程，这个工作进程称为 Worker。ZeroMQ 是 Storm 的内部消息传递系统。

① Nimbus：负责资源分配和任务调度。

② Supervisor：负责接受 Nimbus 分配的任务，启动和停止属于自己管理的 Worker 进程。

③ ZooKeeper：负责管理集群中的不同组件。

④ Worker：运行具体处理组件逻辑的进程。

⑤ Task：Worker 中每一个 Spout/bolt 的线程称为一个 Task。同一个 Spout/bolt 的 Task 可能会共享一个物理线程，该线程称为 Executor。

3. Storm 编程模型

Storm 的编程模型如图 4.13 所示。

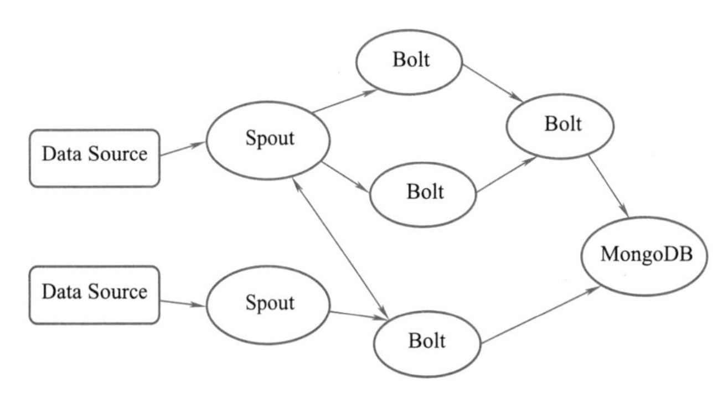

图 4.13　Storm 的编程模型

下面对编程模型的各个组件进行详细的介绍。

（1）消息流（Streams）

Storm 核心的抽象概念是“流”。流是一个分布式并行创建和处理的无界的连续元组（Tuple）。流通过一种模式来定义，该模式是给流元组中字段命名。默认情况下，元组可以包含整型、长整型、短整型、字节、字符串、双精度浮点数、单精度浮点数、布尔型和字节数组。还可以自定义序列化，在元组中使用自定义类型。

而消息流 Streams 是 Storm 里最关键的抽象。一个消息流是一个没有边界的 Tuple 序列，而这些 Tuple 会被以一种分布式的方式并行地创建和处理。对消息流的定义主要是对消息流里面的 Tuple 的定义，可以给 Tuple 里的每个字段一个名字，并且不同 Tuple 的对应字段的类型必须一样。也就是说，两个 Tuple 的第一个字段的类型必须一样，第二个字段的类型必须一样，但是第一个字段和第二个字段可以有不同的类型。在默认的情况下，Tuple 的字段类型可以是 Integer、Long、Short、Byte、String、Double、Float、Boolean 和 Byte array。只要实现对应的序列化器，用户还可以自定义类型。

（2）计算拓扑（Topology）

在 Storm 里，一个实时计算应用程序的处理逻辑封装成一个 Topology 对象，称为计算拓扑。Storm 的 Topology，相当于 Hadoop 里的 MapReduce Job，关键的区别是，MapReduce Job 最终会结束，而一个 Storm 的 Topology 会一直运行，除非管理员关闭该应用。一个 Topology 是由 Spout 和 Bolt 组成拓扑结构，连接 Spout 和 Bolt 的则是数据分发策略（Stream Grouping）。Stream Grouping 负责实现 Spout 和 Bolt 之间的数据交换。

（3）消息源（Spout）

Spout 是 Storm Topology 的数据入口，连接到数据源，将数据转换为一个个 Tuple，并将 Tuple 作为数据流进行发射。一个 Spout 可以供多个 Topology 使用。通常 Spouts 从外部资源读取元组，然后发射元组到拓扑中（例如，Kestrel 队列或 Twitter API）。Spouts 既可以是可靠的，也可以是不可靠的。可靠的 Spout 可以重新执行一个失败元组，但一个不可靠的 Spout 一发射元组就会忘记它。

（4）消息处理者（Bolt）

Bolt 可以理解为计算机程序中的运算或函数，将一个或者多个数据流作为输入，对数据实施运算后，选择性地输出一个或者多个数据流。一个 Bolt 可以订阅（Subscribe）多个由 Spout 或其他 Bolt 发射的数据流。

Topology 中的所有处理都在 Bolts 中完成。Bolt 什么都可以做，如过滤、聚合、连接（合并）、访问数据库等业务功能。

Bolt 可以做简单的流转换。复杂的流转换经常需要多步完成，因此也需要多个 Bolt。例如，转换 Tweets 数据流到流行图片数据流至少需要两步：一个 Bolt 对 Retweets 的图片进行滚动计数，另外的 Bolt 找出 Top X（前几位）的图片（用户可以用更具伸缩性的方式处理这部分流）。

Bolt 可以发射多个流。要发射多个流，使用 OutputFieldDeclarer 的 declareStream 方法声明多个流，并在使用 SpoutOutputCollector 的 Emit 方法时指定流 ID。

当声明一个 Bolt 的输入流时，总是以另一个组件的指定流作为输入。如果想订阅另一个组件的所有流，必须分别订阅每一个流。InputDeclarer 提供了使用默认流 ID 订阅流的语法糖，调用 declarer.shuffleGrouping("1") 订阅组件 1 上的默认流，作用等同于 declarer.shuffleGrouping("1",DEFAULT_STREAM_ID)。

Bolt 的主要方法是 Execute 方法，任务在一个新的元组输入时执行该方法。Bolt 使用 OutputCollector 对象发射新的元组。Bolt 必须对每个处理的元组调用 OutputCollector 的 ack 方法，因此 Storm 知道这个元组完成处理（并且能最终确定 ack 原始元组是安全的）。一般情况下，处理一个输入元组，基于此元组再发射 0 ~ N 个元组，然后 ack 输入元组。Strom 提供了一个 IBasicBolt 接口自动调用 ack 方法。

在 Bolt 中载入新的线程进行异步处理。OutputCollector 是线程安全的，并随时都可调用。

（5）Spout 和 Bolt 之间的数据分发策略

Spout 和 Bolt 之间的数据分发策略称为 Stream Grouping。

（6）元组（Tuple）

Storm 中传输的数据类型是 Tuple，Tuple 是一个类似于列表的东西，存储的每个元素称为 Field（字段）。用 GetString(*i*) 可以获得 Tuple 的第 *i* 个字段，其中的每个字段都可以任意类型的，也可以一个很长的字符串。具体 Tuple 的类型完全取决于自己的程序，取决于 Spout 中 NextTuple( ) 方法中 Emit 发送的类型。Storm 的 Streams 就是一个无限的 Tuple 流，可以把 Storm tuples 当作 CEP（Complex Event Processing）中 Events 来理解。

Spout 可以发射多个流。要发射多个流，可以使用 OutputFieldDeclarer 的 DeclareStream 方法声明多个流，并在使用 SpoutOutputCollector 的 emit 方法时指定流 ID。但是，由于由 Spouts 和 Bolt 组成的单流应用最为普遍，因此，OutputFieldDeclarer 提供便利的方法声明一个不需要指定 ID 的单流，此时，流被分配一个默认 ID 为 default。

Spout 的重要方法是 NextTuple 方法。NextTuple 方法发射一个新的元组到拓扑；如果没有新的元组发射，就直接返回。需要注意的是任务 Spout 的 NextTuple 方法都不要实现成阻塞的，因为 Storm 是在相同的线程中调用 Spout 的方法。

Spout 的另外两个重要方法是 Ack 和 Fail 方法。当 Spout 发射的元组被拓扑成功处理时，调用 Ack 方法；当处理失败时，调用 Fail 方法。Ack 和 Fail 方法仅被可靠 Spout 调用。

（7）工作进程（Worker）

运行具体处理组件逻辑的进程。

（8）任务（Task）

Worker 中每一个 Spout /Bolt 的线程称为一个 Task。在 Storm 0.8 之后，Task 不再与物理线程对应，同一个 Spout /Bolt 的 Task 可能会共享一个物理线程，该线程称为 Executor。

4. Storm 的数据分发策略（Stream Grouping）

Stream Grouping 定义上游的数据流以及 Spout 或者 Bolt 的输出如何发送到下游 Bolt 的各个 Task 上。Storm 提供了多种数据分发策略，开发者可以根据应用程序的处理需要选择这些数据分发策略。

（1）随机分组（Shuffle Grouping）

随机派发 Stream 里面的 Tuple，保证每个 Bolt Task 接收到的 Tuple 数目大致相同。

（2）按字段分组（Fields Grouping）

比如，按 User-id 字段分组，那么具有同样 User-id 的 Tuple 会被分到相同的 Bolt 里的一个 Task，而不同的 User-id 则可能会被分配到不同的 Task。

（3）广播发送（All Grouping）

对于每一个 Tuple，所有的 Bolt 都会收到。

（4）全局分组（Global Grouping）

把 Tuple 分配给 Task id 最低的 Task。

（5）不分组（None Grouping）

不分组是指 Stream 不关心到底怎样分组。目前这种分组和 Shuffle Grouping 是一样的效果。有一点不同的是，Storm 会把使用 None Grouping 的这个 Bolt 放到这个 Bolt 的订阅者同一个线程里面去执行（未来 Storm 如果可能会这样设计）。

（6）指向型分组（Direct Grouping）

这是一种比较特别的分组方法，用这种分组意味着消息（Tuple）的发送者指定由消息接收者的哪个 Task 处理这个消息。只有被声明为 Direct Stream 的消息流可以声明这种分组方法，而且这种消息 Tuple 必须使用 EmitDirect 方法来发射。消息处理者可以通过 TopologyContext 来获取处理它的消息的 Task 的 Id（OutputCollector.emit 方法也会返回 Task 的 Id）。

（7）本地或随机分组（Local or Shuffle Grouping）

如果目标 Bolt 有一个或者多个 Task 与源 Bolt 的 Task 在同一个工作进程中，Tuple 将会被随机发送给这些同进程中的 Task。否则，和普通的 Shuffle Grouping 行为一致。CustomGrouping 自定义，相当于 MapReduce 自己实现 Partition。

（8）部分 Key 分组（Partial Grouping）

类似于 Fields Grouping，上游数据流的 Tuple 按照指定的字段分组，但是在下游两个 Bolt 之间做负载均衡，可以提高资源的利用率，特别是在输入数据分布出现倾斜的情况下。

4.5　大数据的混合处理计算

4.5.1　混合处理计算的概念

一些处理框架可同时处理批量计算和流式计算的工作负载。这些框架可以用相同或相关的组件和 API 处理两种类型的数据，让不同的处理需求得以简化。实现这样的功能重点在于两种不同处理模式如何进行统一，以及要对静态和动态数据集之间的关系进行何种假设。虽然侧重于某一种处理类型的项目会更好地满足具体用例的要求，但混合处理计算意在提供一种数据处理的通用解决方案。这种计算不仅可以提供处理数据所需的方法，而且提供了自己的集成项、库、工具，可胜任图形分析、机器学习、交互式查询等多种任务。

最适合的解决方案主要取决于待处理数据的状态，对处理所需时间的需求以及希望得到的结果。具体是使用全功能解决方案或主要侧重于某种项目的解决方案，需要慎重权衡。随着逐渐成熟并被广泛接受，在评估任何新出现的创新型解决方案时都需要考虑类似的问题。

4.5.2 混合处理计算的软件系统

大数据系统可使用多种处理技术。对于仅需要批量处理的工作负载，如果对时间不敏感，与其他解决方案实现相比，成本更低的 Hadoop 将会是一个好选择。对于仅需要流式计算的工作负载，Storm 可支持更广泛的语言并实现极低延迟的处理，但默认配置可能产生重复结果并且无法保证顺序。Samza 与 YARN 和 Kafka 处理平台紧密集成可提供更大灵活性、更易于团队使用以及更简单的复制和状态管理。对于混合型工作负载，Spark 可提供高速批量处理和微批量处理模式的流式计算，该技术的支持更完善，具备各种集成库和工具，可实现灵活的集成。Flink 提供了真正的流式计算并具备批量处理能力，通过深度优化可运行针对其他平台编写的任务，提供低延迟的处理。

1. Spark 简介

Spark 是一个开源的大数据处理框架，是当前主流的大数据处理框架之一。Spark 是于 2009 年由加州大学伯克利分校 AMP 实验室（Algorithms, Machines and People Lab）开发的通用内存并行计算框架。Spark 在 2013 年 6 月进入 Apache 成为孵化项目，8 个月后成为 Apache 顶级项目。Spark 以其先进的设计理念，迅速成为社区的热门项目，围绕着 Spark 推出了 Spark SQL、Spark Streaming、MLlib 和 GraphX 等组件，也就是 BDAS（伯克利数据分析栈），这些组件逐渐形成大数据处理一站式解决平台。

除了简单的 Map 和 Reduce 操作,Spark 本身提供超过 80 个数据处理的操作原语（Operator Primitive），方便用户编写数据处理程序。Spark 提供了 Java、Scala 以及 Python 语言的应用程序编程接口（API）。用户可以使用这些操作，完成 SQL 查询、数据流式计算、机器学习以及图数据处理，还可以在一个数据处理工作流（Data Processing Workflow）中把这些功能整合起来。

2. Spark 的系统架构

Spark 系统架构包含四个主要部分，分别是 Spark 的核心组件和相关组件、数据存储、应用程序接口和资源管理框架，如图 4.14 所示。

（1）Spark 的核心组件和相关组件包括 Spark Core、Spark SQL、Spark Streaming、MLlib、GraphX、Cluster Managers 等。

① Spark Core：包含 Spark 的主要基本功能。所有和 RDD 有关的 API 都出自 Spark Core。

② Spark SQL：Spark 中用于结构化数据处理的软件包。用户可以在 Spark 环境下用 SQL 语言处理数据。

③ Spark Streaming：Spark 中用来处理流数据的部件。

④ MLlib：Spark 中用来进行机器学习和数学建模的软件包。

⑤ GraphX：Spark 中用来进行图计算（如社交媒体关系）的库函数。

⑥ Cluster Managers：Spark 中用来管理机群或节点的软件平台。这包括 Hadoop YARN、Apache Mesos 和 Standalone Scheduler（Spark 自带的，用于单机系统）。

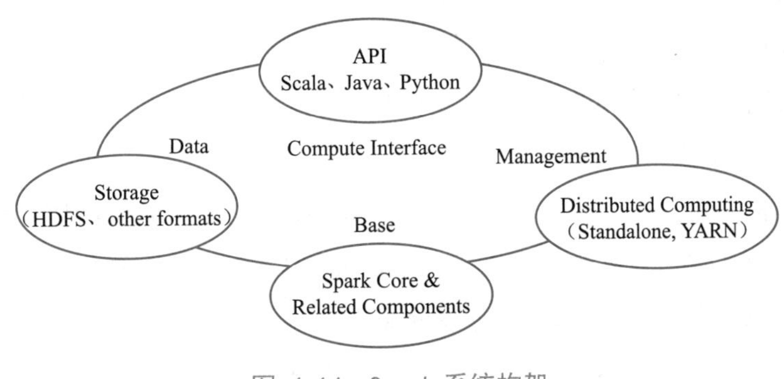

图 4.14 Spark 系统构架

（2）在数据存储方面，Spark 一般使用 HDFS 存储数据，它支持 HBase、Cassandra 等数据源。

（3）Spark 的应用程序接口包括 Scala API、Java API 以及 Python API 等，使得开发人员可以使用 Java、Scala 以及 Python 等语言进行编程。

（4）在资源管理框架方面，Spark 可以独立部署（Standalone Mode），或者部署到 YARN 或者 Mesos 等资源管理框架上。

3. Spark 系统特点

Spark 主要有四个突出的优点：运行快、易用性好、通用性强和随处运行等特点。

（1）运行快

Spark 拥有 DAG（Database Availability Group）执行引擎，支持在内存中对数据进行迭代计算。官方提供的数据表明，如果数据由磁盘读取，速度是 Hadoop MapReduce 的 10 倍以上，如果数据从内存中读取，速度可以高达 100 多倍。

（2）易用性好

Spark 不仅支持 Scala 编写应用程序，而且支持 Java 和 Python 等语言进行编写。Scala 是一种高效、可拓展的语言，能够用简洁的代码处理较为复杂的处理工作。

（3）通用性强

Spark 提供了统一的解决方案，Spark 可以用于批量处理、交互式查询（Spark SQL）、实时流式计算（Spark Streaming）、机器学习（Spark MLIib）和图计算（GraphX），这些不同类型的处理都可以在同一个应用中无缝使用。Spark 统一的解决方案非常具有吸引力，使用统一的平台去处理遇到的问题，减少开发和维护的人力成本和部署平台的物力成本。

（4）随处运行

Spark 具有很强的适应性，能够读取 HDFS、Cassandra、HBase、S3 和 Techyon 为持久层读写原生数据，能够以 Mesos、YARN 和自身携带的 Standalone 作为资源管理器调度 Job，来完成 Spark 应用程序的计算。

4. Spark 与 Hadoop 差异

Spark 是在借鉴了 MapReduce 之上发展而来的，继承了其分布式并行计算的优点，并改进了 MapReduce 明显的缺陷，具体如下：

首先，Spark 把中间数据放到内存中，迭代运算效率高。MapReduce 中计算结果需要落地，保存到磁盘上，这样势必会影响整体速度，而 Spark 支持 DAG 图的分布式并行计算的编程框架，减少了迭代过程中数据的落地，提高了处理效率。

其次，Spark 容错性高。Spark 引进了弹性分布式数据集（Resilient Distributed Dataset，RDD）的抽象，它是分布在一组节点中的只读对象集合，这些集合是弹性的，如果数据集一部分丢失，则可以根据"血统"（即允许基于数据衍生过程）对它们进行重建。另外，在 RDD 计算时可以通过 CheckPoint 来实现容错，而 CheckPoint 有两种方式：CheckPoint Data 和 Logging The Updates，用户可以控制采用哪种方式来实现容错。

最后，Spark 更加通用。不像 Hadoop 只提供了 Map 和 Reduce 两种操作，Spark 提供的数据集操作类型有很多种，大致分为 Transformations 和 Actions 两大类。Transformations 包括 Map、Filter、FlatMap、Sample、GroupByKey、ReduceByKey、Union、join、Cogroup、MapValues、Sort 和 PartionBy 等多种操作类型，同时还提供 Count、Actions，包括 Collect、Reduce、Lookup 和 Save 等操作。另外，各个处理节点之间的通信模型不再像 Hadoop 只有 Shuffle 一种模式，用户可以命名、物化，控制中间结果的存储、分区等。

5. Spark 的生态系统

Spark 生态系统是伯克利分校 APM 实验室打造的，力图在算法（Algorithms）、机器（Machines）、人（People）之间通过大规模集成来展现大数据应用。伯克利分校 AMP 实验室运用大数据、云计算、通信等各种资源以及各种灵活的技术方案，对海量不透明的数据进行甄别并转化为有用的信息，以供人们更好地理解世界。该生态系统涉及机器学习、数据挖掘、数据库、信息检索、自然语言处理和语音识别等多个领域。

Spark 生态系统如图 4.15 所示。

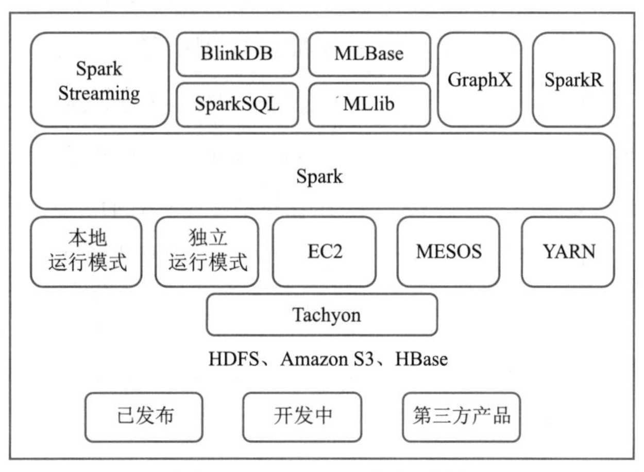

图 4.15 Spark 生态系统

Spark 生态系统以 Spark Core 为核心，从 HDFS、Amazon S3 和 HBase 等持久层读取数据，以 MESOS、YARN 和自身携带的 Standalone 为资源管理器调度 Job 完成 Spark 应用程序的计算。这些应用程序可以来自不同的组件，如 Spark Shell/Spark Submit 的批量处理、Spark Streaming 的实时处理应用、SparkSQL 的即席查询、BlinkDB 的权衡查询、MLlib/MLBase 的机器学习、GraphX 的图处理和 SparkR 的数学计算等。

（1）Spark 核心模块（Spark Core）

Spark Core 提供内存计算框架、SparkStreaming 的实时处理应用、Spark SQL 的即席查询、MLlib 或 MLbase 的机器学习和 GraphX 的图处理，它们都是由 AMP 实验室提供，能够无缝地集成并提供一站式解决平台。Spark Core 提供了有向无环图（DAG）的分布式并行计算框架，并提供 Cache 机制来支持多次迭代计算或者数据共享，大大减少迭代计算之间读取数据库的开销，这对于需要进行多次迭代的数据挖掘和分析性能有很大提升。

① 在 Spark 中引入了 RDD 的抽象，保证了数据的高容错性。

② 移动计算而非移动数据，RDD Partition 可以就近读取分布式文件系统中的数据块到各个节点内存中进行计算。

③ 使用多线程池模型来减少 Task 启动开销。

④ 采用容错的、高可伸缩性的 Akka 作为通信框架。

（2）流数据处理模块（Spark Streaming）

Spark Streaming 是一个对实时数据流进行高通量、容错处理的流式处理系统，可以对多种数据源（如 Kdfka、Flume、Zero 和 TCP 套接字）进行类似 Map、Reduce 和 join 等复杂操作，并将结果保存到外部文件系统、数据库或应用到实时仪表盘。

Spark Streaming 的计算流程如图 4.16 所示。具体来说，Spark Streaming 是将流式计算分解成一系列短小的批量处理作业。这里的批量处理引擎是 Spark Core，也就是把 Spark Streaming 的输入数据按照 batch size（如 1 s）分成一段一段的数据（Discretized Stream），每一段数据都转换成 Spark 中的 RDD，然后将 Spark Streaming 中对 DStream 的 Transformation 操作变为针对 Spark 中对 RDD 的 Transformation 操作，将 RDD 经过操作变成中间结果保存在内存中。整个流式计算根据业务的需求可以对中间的结果进行叠加或者存储到外围设备。

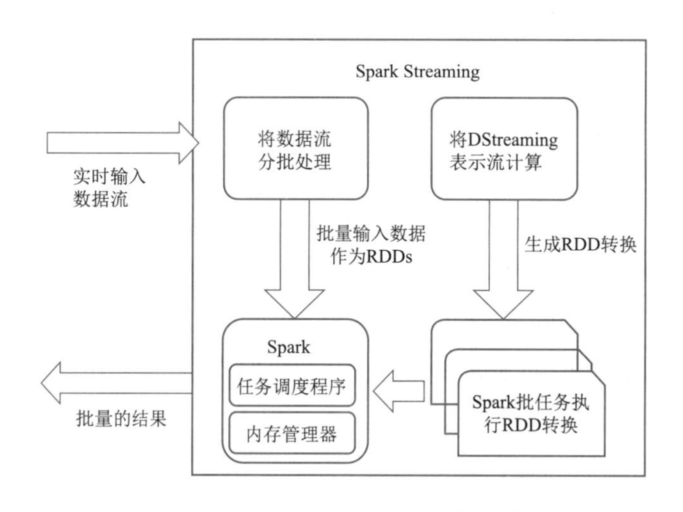

图 4.16 Spark Streaming 的架构

Spark Streaming 具有以下特点：

① 容错性：对于流式计算来说，容错性至关重要。首先要明确一下 Spark 中 RDD 的容错机制。每一个 RDD 都是一个不可变的分布式可重算的数据集，其记录着确定性的操作继承关系（Lineage），所以只要输入数据是可容错的，那么任意一个 RDD 的分区（Partition）出错或不可用，都是可以利用原始输入数据通过转换操作而重新算出的。

② 实时性：对于实时性的讨论，会牵涉流式处理框架的应用场景。Spark Streaming 将流式计算分解成多个 Spark Job，对于每一段数据的处理都会经过 Spark DAG 图分解以及 Spark 的任务集的调度过程。对于目前版本的 Spark Streaming 而言，其最小的 Batch Size 的选取在 0.5~2 s 之间（Storm 目前最小的延迟是 100 ms 左右），所以 Spark Streaming 能够满足除对实时性要求非常高（如高频实时交易）之外的所有流式准实时计算场景。

③ 扩展性与吞吐量：Spark 目前在 EC2 上已能够线性扩展到 100 个节点，其吞吐量也比

流行的 Storm 高 2 ~ 5 倍。

（3）Spark SQL

Shark 是 SparkSQL 的前身，在刚发布时，Hive 是 SQL on Hadoop 的唯一选择，负责将 SQL 编译成可扩展的 MapReduce 作业。鉴于 Hive 的性能以及与 Spark 的兼容，Shark 项目由此而生。

Shark 即 Hive on Spark，本质上是通过 Hive 的 HQL 解析，把 HQL 翻译成 Spark 上的 RDD 操作，然后通过 Hive 的 Metadata 获取数据库里的表信息，实际 HDFS 上的数据和文件，会由 Shark 获取并放到 Spark 上运算。Shark 的最大特性就是快以及与 Hive 的完全兼容，且可以在 Shell 模式下使用 Rdd2sql 这样的 API，把 HQL 得到的结果集，继续在 Scala 环境下运算，支持自己编写简单的机器学习或简单分析处理函数，对 HQL 结果进一步分析计算。

在 2014 年 7 月 1 日的 Spark Summit 上，Databricks 宣布终止对 Shark 的开发，将重点放到 Spark SQL 上。Databricks 表示，Spark SQL 将涵盖 Shark 的所有特性，用户可以从 Shark 0.9 进行无缝升级。Databricks 表示，Shark 更多是对 Hive 的改造，替换了 Hive 的物理执行引擎，因此会有一个很快的速度。然而，不容忽视的是，Shark 继承了大量的 Hive 代码，因此给优化和维护带来了大量的麻烦。随着性能优化和先进分析整合的进一步加深，基于 MapReduce 设计的部分无疑成为整个项目的瓶颈。因此，为了更好地发展，给用户提供一个更好的体验，Databricks 宣布终止 Shark 项目，从而将更多的精力放到 Spark SQL 上。

Spark SQL 允许开发人员直接处理 RDD，也可查询如在 Apache Hive 上存在的外部数据。Spark SQL 的一个重要特点是其能够统一处理关系表和 RDD，使得开发人员可以轻松地使用 SQL 命令进行外部查询，同时进行更复杂的数据分析。除了 Spark SQL 外，Michael 还谈到 Catalyst 优化框架，它允许 Spark SQL 自动修改查询方案，使 SQL 更有效地执行。

Spark SQL 的特点：

① 引入了新的 RDD 类型 SchemaRDD。SchemaRDD 可以像传统数据库定义表一样来定义，且由定义了列数据类型的行对象构成。SchemaRDD 可以从 RDD 转换过来，也可以从 Parquet 文件读入，还可以使用 HiveQL 从 Hive 中获取。

② 内嵌了 Catalyst 查询优化框架。在把 SQL 解析成逻辑执行计划之后，利用 Catalyst 包里的一些类和接口，执行了一些简单的执行计划优化，最后变成 RDD 的计算。

③ 在应用程序中可以混合使用不同来源的数据，如可以将来自 HiveQL 的数据和来自 SQL 的数据进行 join 操作。

Shark 的出现使得 SQL-on-Hadoop 的性能比 Hive 有了 10 ~ 100 倍的提高，摆脱了 Hive 的限制，Spark SQL 的性能虽然没有 Shark 相对于 Hive 那样瞩目的性能提升，但也表现得非常优异，如图 4.17 所示。

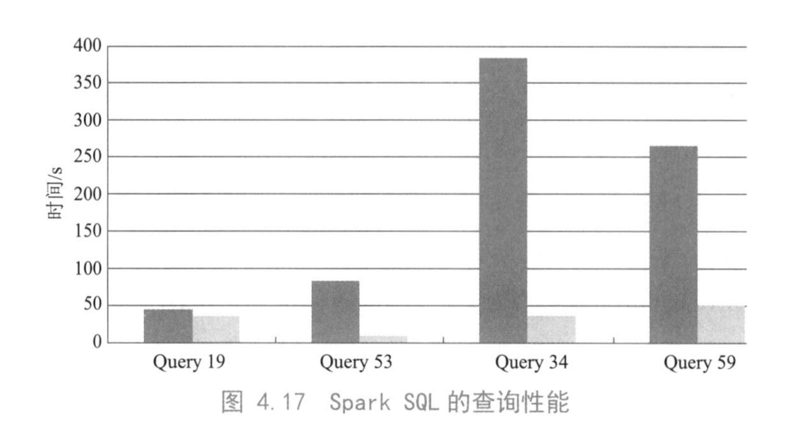

图 4.17　Spark SQL 的查询性能

Spark SQL 的性能提升是因为 Spark SQL 在下面几点做了优化：

① 内存列存储（In-Memory Columnar Storage）。SparkSQL 的表数据在内存中存储不是采用原生态的 JVM 对象存储方式，而是采用内存列存储。

② 字节码生成技术（Bytecode Generation）。Spark 1.1.0 在 Catalyst 模块的 Expressions 增加了 Codegen 模块，使用动态字节码生成技术，对匹配的表达式采用特定的代码动态编译。另外，对 SQL 表达式作了垃圾回收优化，垃圾回收优化的实现主要还是依靠 Scala 2.10 的运行时放射机制（Runtime Reflection）。

③ Scala 代码优化。SparkSQL 在使用 Scala 编写代码的时候，尽量避免低效的、容易引起垃圾回收的代码；尽管增加了编写代码的难度，但对于用户来说接口统一。

（4）BlinkDB

BlinkDB 是一个用于在海量数据上运行交互式 SQL 查询的大规模并行查询引擎，它允许用户通过权衡数据精度来提升查询响应时间，其数据的精度被控制在允许的误差范围内。为了达到这个目标，BlinkDB 使用两个核心思想：

① 一个自适应优化框架，从原始数据随着时间的推移建立并维护一组多维样本。

② 一个动态样本选择策略，选择一个适当大小的示例基于查询的准确性和（或）响应时间需求。

和传统关系型数据库不同，BlinkDB 是一个很有意思的交互式查询系统，就像一个跷跷板，用户需要在查询精度和查询时间上做一权衡；如果用户想更快地获取查询结果，那么将牺牲查询结果的精度；同样的，如果想获取更高精度的查询结果，就需要牺牲查询响应时间。用户可以在查询的时候定义一个失误边界。

（5）MLBase/MLlib

MLBase 是 Spark 生态系统的一部分，它专注于机器学习，让机器学习的门槛更低，让一些可能并不了解机器学习的用户也能方便地使用 MLBase。MLBase 分为四部分：MLlib、MLI、ML Optimizer 和 MLRuntime。

① MLlib 是 Spark 实现一些常见的机器学习算法和实用程序，包括分类、回归、聚类、协同过滤、降维以及底层优化，该算法可以进行可扩充。

② MLI 是一个进行特征抽取和高级 ML 编程抽象的算法实现的 API 或平台。

③ ML Optimizer 会选择它认为最适合的已经在内部实现好了的机器学习算法和相关参数，来处理用户输入的数据，并返回模型或其他帮助分析的结果。

④ MLRuntime 基于 Spark 计算框架，将 Spark 的分布式计算应用到机器学习领域。

总的来说，MLBase 的核心是它的优化器，把声明式的 Task 转化成复杂的学习计划，产出最优的模型和计算结果。与其他机器学习 Weka 和 Mahout 不同的是：

① MLBase 是分布式的，Weka 是一个单机的系统。

② MLBase 是自动化的，Weka 和 Mahout 都需要用户具备机器学习技能，来选择自己想要的算法和参数进行处理。

③ MLBase 提供了不同抽象程度的接口，让算法可以扩充。

④ MLBase 基于 Spark 平台。

（6）GraphX

GraphX 是 Spark 中用于图（如 Web-Graphs and Social Networks）和图并行计算（如 PageRank and Collaborative Filtering）的 API，可以认为是 GraphLab（C++）和 Pregel（C++）在 Spark（Scala）上的重写及优化。与其他分布式图计算框架相比，GraphX 最大的贡献是，在 Spark 之上提供一站式数据解决方案，可以方便且高效地完成图计算的一整套流水作业。GraphX 最先是伯克利分校 AMP 实验室的一个分布式图计算框架项目，后来整合到 Spark 中成为一个核心组件。

GraphX 的核心抽象是 Resilient Distributed Property Graph，一种点和边都带属性的有向多重图。它扩展了 Spark RDD 的抽象，有 Table 和 Graph 两种视图，而只需要一份物理存储。两种视图都有自己独有的操作符，从而获得了灵活操作和执行效率。GraphX 的代码非常简洁。GraphX 的核心代码只有 3 000 多行，而在此之上实现的 Pregel 模型只有短短的 20 多行。GraphX 的架构如图 4.18 所示，其中大部分的实现都是围绕 Partition 的优化进行的。这在某种程度上说明了点分割的存储和相应的计算优化的确是图计算框架的重点和难点。

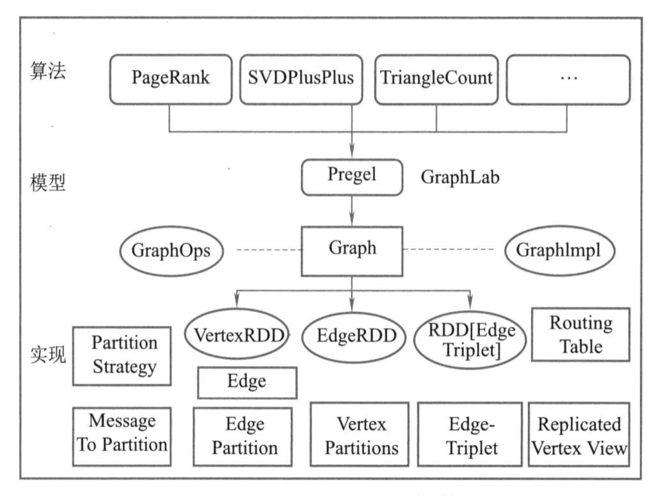

图 4.18 GraphX 的架构

GraphX 的底层设计有以下几个关键点：

① 对 Graph 视图的所有操作，最终都会转换成其关联的 Table 视图的 RDD 操作来完成。这样对一个图的计算，最终在逻辑上，等价于一系列 RDD 的转换过程。因此，Graph 最终具备了 RDD 的三个关键特性：Immutable、Distributed 和 Fault-Tolerant。其中最关键的是 Immutable（不变性）。逻辑上，所有图的转换和操作都产生了一个新图；物理上，GraphX 会有一定程度的不变顶点和边的复用优化，对用户透明。

② 两种视图底层共用的物理数据，由 RDD[Vertex-Partition] 和 RDD[EdgePartition] 这两个 RDD 组成。点和边实际都不是以表 Collection[tuple] 的形式存储的，而是由 Vertex-Partition/EdgePartition 在内部存储一个带索引结构的分片数据块，以加速不同视图下的遍历速度。不变的索引结构在 RDD 转换过程中是共用的，降低了计算和存储开销。

（7）SparkR

SparkR 是 AMP 实验室发布的一个 R 开发包，使得 R 摆脱单机运行的命运，可以作为 Spark 的 Job 运行在集群上，极大地扩展了 R 的数据处理能力，如图 4.19 所示。

SparkR 的几个特性：

① 提供了 Spark 中弹性分布式数据集（RDD）的 API，用户可以在集群上通过 R Shell 交互性地运行 Spark Job。

② 支持序化闭包功能，可以将用户定义函数中所引用到的变量自动序化发送到集群中其他机器上。

③ SparkR 可以很容易地调用 R 开发包，只需要在集群上执行操作前用 IncludePackage 读取 R 开发包即可，当然集群上要安装 R 开发包。

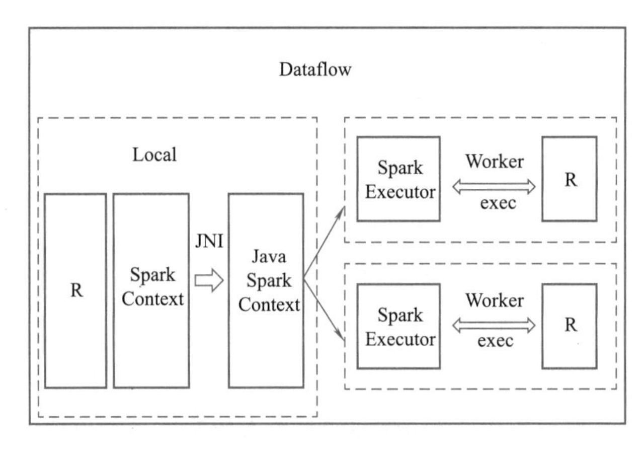

图 4.19 SparkR 的架构

（8）Tachyon

Tachyon 是一个高容错的分布式文件系统，允许文件以内存的速度在集群框架中进行可靠共享，就像 Spark 和 MapReduce 那样。通过利用信息继承、内存侵入，Tachyon 获得了高性能。Tachyon 工作集文件缓存在内存中，并且让不同的 Jobs/Queries 以及框架都能以内存的速度来访问缓存文件。因此，Tachyon 可以减少那些需要经常使用的数据集通过访问磁盘来获得的次数。Tachyon 兼容 Hadoop，现有的 Spark 和 MR 程序不需要任何修改即可运行。

2013 年 4 月，AMP 实验室共享了其 Tachyon 0.2.0 Alpha 版本的 Tachyon，其宣称性能为 HDFS 的 300 倍，继而受到了极大的关注。Tachyon 的几个特性如下：

① 类 Java 的文件 API：Tachyon 提供类似 Java File 类的 API，并提供了 Input Stream 和 Output Stream 接口，还支持内存映射 IO。

② 兼容性：Tachyon 实现了 HDFS 接口，所以 Spark 和 MR 程序不需要任何修改即可运行。

③ 可插拔的底层文件系统：Tachyon 是一个可插拔的底层文件系统，提供容错功能。Tachyon 将内存数据记录在底层文件系统。它有一个通用的接口，使得其可以很容易地插入不同的底层文件系统中。目前支持 HDFS、S3、GlusterFS 和单节点的本地文件系统，以后将支持更多的文件系统。

小　结

大数据处理是对数据采集、存储、检索、加工、变换和传输，也包括数据组织、数据检索、数据统计排序等。数据处理是系统工程和数据价值提取的基本环节。本章重点介绍了大数据处理平台。对于不同的数据类型，人们开发了具有针对性的数据处理平台和混合处理平台。比如，针对批量的静态数据，开发了 Hadoop 等处理平台；针对流式的动态数据，开发了

Storm 等处理平台；针对混合的数据，开发了 Spark 等处理平台。利用大数据处理平台，能够快速、有效地处理和提取大数据的有价值信息。

习　题

1. 数据处理有哪几种类型？
2. 数据处理的平台架构一般包含哪几部分？
3. 数据处理平台的系统软件有哪些？
4. 分布式计算有哪些优势？
5. Hadoop 软件系统的生态系统是由哪些组件构成的？简述它的功能。
6. 对比列举 Hadoop、Storm、Spark 软件系统的功能以及优缺点。

第5章 数据分析

随着大数据时代的到来，产生了多元海量的数据，数据只有经过分析才能从中找出规律，发现价值，数据分析是大数据技术的重要组成部分。本章主要介绍常用的统计数据分析方法、数据挖掘方法和相关工具和电力大数据分析方面的案例。

5.1 数据分析概述

5.1.1 数据分析的概念和作用

数据分析是指用适当的分析方法和相应工具，对所收集到的数据进行研究，提取有用信息并形成结论的过程。其数学基础在 20 世纪早期就已确立，但直到计算机的出现才使得实际操作成为可能，并使得数据分析得以推广。

由数据分析的定义可知数据分析的目的是对所收集到的数据进行提炼，进而发现研究对象的内在规律。因此，仅讨论数据分析作用意义不大，在探讨作用之前需考虑数据分析的受益对象。比如，对个人而言，因为智能运动手表等身体感知设备能够实时监测并数据化个人的运动状态、血压、脉搏等指标，借此可对个人身体和生活状态进行量化分析，进而可为个人日常生活规律的改进提供参考。对于企业而言，数据分析的作用主要为改进优化业务、帮助业务发现机会和创造新的商业价值。改进优化业务是指让业务变得更好。帮助业务发现机会则主要是利用数据查询发现思维盲点，进而发现新的业务机会的过程。创造新的商业价值则主要是在数据价值基础上形成新的商业模式，将数据价值转化为盈利或离盈利更近的过程。例如，腾讯、阿里巴巴等企业借助其拥有大量用户数据的优势，相继成立腾讯征信、芝麻信用等新的业务关联企业，这些征信企业则进一步衍生出相关“刷脸”业务，并将其应用到租车、租房等领域。

数据分析有广义数据分析和狭义数据分析之分。广义数据分析包括狭义数据分析和数据挖掘。狭义数据分析根据分析目的，用合适的统计分析方法及工具，对收集的数据进行处理与分析，提炼有价值的信息，也就是人们通常所说的统计分析方法。它主要实现三大作用：现状分析、原因分析、预测分析（定量）。狭义数据分析的目标明确，先做假设，然后通过数据分析来验证假设是否正确，从而得到相应结论。主要采用描述性统计、相关性分析、回归分析和主成分分析等分析方法。狭义数据分析一般都是得到一个指标统计量结果，比如，总和、平均值等，这些指标数据需要与业务结合进行解读，才能发挥出数据的价值与作用。数据挖掘则是从大量数据中，通过统计学、人工智能、机器学习等方法，挖掘出未知的、有价值的信息和知识的过程。数据挖掘主要侧重解决四类问题，即分类、聚类、关联和预测（定量、定性）。数据挖掘的重点在寻找未知的模式与规律。比如，人们常说的数据挖掘案例：啤酒与尿布、安全套与巧克力等，这就是事先未知的，但又是非常有价值的信息，主要采用决策树、聚类分析、关联规则、神经网络等统计学、人工智能、机器学习等方法进行挖掘。数据挖掘的输出为模型或规则，并且可相应得到模型得分或标签，模型得分如相似度、预测值等，标签如高中低价值用户、流失与非流失、信用优良中差等。狭义数据分析与数据挖掘的本质是一样的，都是从数据里面发现有价值的信息。

5.1.2 数据分析的类型

数据分析可分为描述性数据分析、推断性数据分析及探索性数据分析。

① 描述性数据分析是研究如何根据所收集的数据得出反映研究对象的各种数量特征的分析方法，它包括数据的频数分布、数据的集中趋势分析、数据的离散程度分析等，其是对数据进一步分析的基础。

② 推断性数据分析是研究如何根据样本数据来推断总体样本数量特征，它是在对样本数据进行描述统计分析的基础上,对研究总体的数量特征做出推断。常见的分析方法有假设检验、相关分析、回归分析、时间序列分析等方法。

③ 探索性数据分析主要是通过一些分析方法从大量数据中发现未知且有价值信息的过程，它不受研究假设和分析模型的限制，尽可能地寻找变量之间的关联性。常见的分析方法有聚类分析、因子分析、对应分析等方法。

5.1.3 数据分析的流程

完整的数据分析主要包括六个步骤：分析设计、数据集成、数据预处理、数据分析、数据可视化和报告撰写。

1. 分析设计

首先是明确数据分析目的，当分析目的明确后，需建立分析框架，即把分析目的分解成若干个不同的分析要素。也就是说，要达到这个目的该如何具体开展数据分析？采用哪些分析指标？借助哪些分析方法？运用哪些理论依据？明确数据分析目的以及确定分析思路，是确保数据分析过程有效进行的先决条件，它可为后期工作指引方向。

2. 数据集成

数据集成是按照上一步所建立的数据分析框架，收集相关数据的过程，它为数据分析提供素材和依据。此处的数据既包含一手数据又涉及二手数据。所谓的一手数据主要指可直接获取的数据，如公司内部数据库中的数据等；二手数据主要指经过加工整理后得到的数据，如网络上爬取的数据、公开出版物中的数据等。

3. 数据预处理

数据预处理是指对采集到的数据进行加工整理，形成适合数据分析的结构，保证数据的一致性和有效性，主要包括数据清洗、数据变换、数据抽取、数据规约等处理方法。数据预处理一方面提高了数据质量，另一方面可让数据更好地适应特定的数据挖掘技术或工具。

4. 数据分析

数据分析是指用适当的分析方法及工具，对收集来的数据进行分析，提取有价值的信息，形成有效结论的过程。根据数据分析的目的和数据的结构可建立分类与预测、聚类分析、关联规则、时序模式等模型，并可借助专业的分析软件进行，如数据分析工具 RapidMiner、Weka、Python、R 等。

5. 数据可视化

通过数据分析，可发现隐藏在数据内部的关系和规律，接下来就是如何展现这些关系和规律。一般情况下，通过表格和图形的方式对分析结果进行呈现。常用的数据图表包括饼图、柱形图、条形图、折线图、散点图、雷达图、矩阵图、瀑布图、漏斗图、帕雷托图等。通常能用图说明问题的，就不用表格；能用表格说明问题的，就不用文字。

6. 报告撰写

数据分析报告是对整个数据分析过程的总结。通过报告，把数据分析的起因、过程、结论及建议完整地呈现出来，以便决策者参考。一份优秀的数据分析报告，首先，需要有好的分析框架，并且层次明晰，图文并茂，能够让读者一目了然。其次，需要有明确的结论，没有明确结论的分析称不上分析，同时也失去了报告的意义。最后，要有建议或解决方案，作为决策者，需要的不仅仅是找出问题，更重要的是提出建议或解决方案，以便他们在决策时参考。

5.2 统计数据分析方法

统计分析方法有很多种，包括描述统计、假设检验、信度分析、相关分析、方差分析、回归分析、判别分析、主成分分析、因子分析、结构方程模型分析等。本节主要介绍常用的描述统计、相关分析、回归分析和主成分分析。

5.2.1 描述统计

描述统计是指运用制表、分类、图形以及计算概括性数据来描述数据特征。描述性统计主要包括数据的频数分析、集中趋势分析、离散程度分析、分布分析以及一些基本的统计图形分析。

① 数据的频数分析主要用来计算数据的出现次数和比例。在数据预处理阶段，频数分析可用来进行异常值检测。

② 数据的集中趋势分析用来反映数据的平均水平。常用指标有均值、中位数和众数等。

均值是所有数据的平均值。给定 n 个观测值 $x_1, x_2, \cdots, x_n$，其均值 $\bar{x}$ 的计算公式为

$$\bar{x} = \frac{\sum_{i=1}^{n} x_i}{n} \tag{5.1}$$

中位数是将一组观测值按照从小到大的顺序排列后位于中间位置的数。假设 $x_1, x_2, \cdots, x_n$ 是 n 个从小到大排列的观测值，则中位数 M 的计算公式为

$$M = \begin{cases} x_{\frac{1+n}{2}} & \text{当}n\text{为奇数} \\ \frac{1}{2}\left(x_{\frac{n}{2}} + x_{\frac{n}{2}+1}\right) & \text{当}n\text{为偶数} \end{cases} \tag{5.2}$$

众数是指数据中出现最频繁的数。

③ 数据的离散程度分析主要是用来反映数据之间的差异程度，即个体离开平均水平的程度。常用指标有极差、方差、标准差和变异系数等。

极差是指数据集中最大值和最小值之差，其对数据集中的极端值非常敏感，忽略了位于最大值与最小值之间的数据分布。

标准差 s 和方差 s^2 是最常用的衡量数据偏离均值程度的指标。给定 n 个观测值 $x_1, x_2, \cdots, x_n$，两者的计算公式为

$$\begin{cases} s = \sqrt{\frac{\sum_{i=1}^{n}(x_i - \bar{x})^2}{n}} \\ s^2 = \frac{\sum_{i=1}^{n}(x_i - \bar{x})^2}{n} \end{cases} \tag{5.3}$$

式中，$\bar{x}$ 为 n 个观测值的均值。

变异系数 CV 度量标准差相对于均值的离中趋势，计算公式为

$$\text{CV} = \frac{s}{\bar{x}} \times 100\% \qquad (5.4)$$

式中，s 为标准差；$\bar{x}$ 为均值。

④ 数据分布分析用来解释数据的分布特征和分布类型，显示其分布情况。在统计分析中，通常要假设样本所属总体的分布属于正态分布，一般需用偏度系数和峰度系数两个指标来检查样本数据是否符合正态分布。

偏度系数 SK 描述数据变量取值分布的对称性。给定 n 个观测值 $x_1, x_2, \cdots, x_n$，SK 的计算公式为

$$\text{SK} = \frac{\frac{1}{n}\sum_{i=1}^{n}(x_i - \bar{x})^3}{\left(\sqrt{\frac{1}{n}\sum_{i=1}^{n}(x_i - \bar{x})^2}\right)^3} \qquad (5.5)$$

式中，$\bar{x}$ 为 n 个观测值的均值。

如果 SK 等于 0，则变量符合正态分布；大于 0 为正偏或右偏；小于 0 为负偏或左偏。

峰度系数 K 描述变量所有取值分布形态的陡峭程度。给定 n 个观测值 $x_1, x_2, \cdots, x_n$，K 的计算公式为

$$K = \frac{\frac{1}{n}\sum_{i=1}^{n}(x_i - \bar{x})^4}{\left(\sqrt{\frac{1}{n}\sum_{i=1}^{n}(x_i - \bar{x})^2}\right)^4} - 3 \qquad (5.6)$$

式中，$\bar{x}$ 为 n 个观测值的均值。

如果 K 等于 0，为正态分布；大于 0 为陡峭；小于 0 为平坦。

一般情况下，如果样本的偏度系数接近于 0，而峰度系数接近于 3，就可以判断总体分布接近于正态分布。

⑤ 统计图是利用点、线、面、体等绘制成几何图形，以表示各种数量间的关系及其变动情况的工具。用图形的形式来表达数据，比用文字表达更清晰、更简明。常用的统计图有散点图、直方图、扇形图和箱形图等。

5.2.2 相关分析

相关分析研究对象间是否存在相关关系，如果存在，则研究相关关系的方向及程度。例如，

人的收入和学历之间的相关关系、空气中的相对湿度与降雨量之间的相关关系都是相关分析研究的问题。相关性分析方法主要有绘制散点图、绘制散点图矩阵、计算相关系数等。

判断两个变量是否具有相关关系的最直观方法是绘制散点图，如图 5.1 所示。

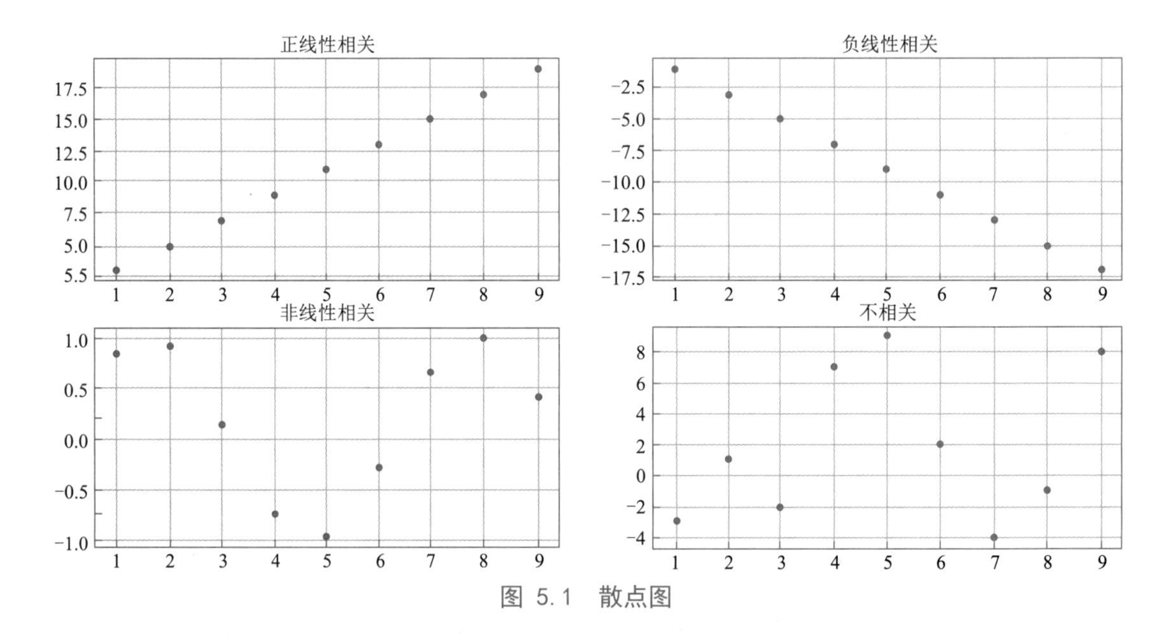

图 5.1 散点图

判断多个变量间相关关系时，若一一绘制两两变量间的散点图比较麻烦，此时通常用散点图矩阵来同时绘制各自变量间的散点图，这样可快速发现多个变量间的主要相关性。四个变量的散点图矩阵图示如图 5.2 所示。

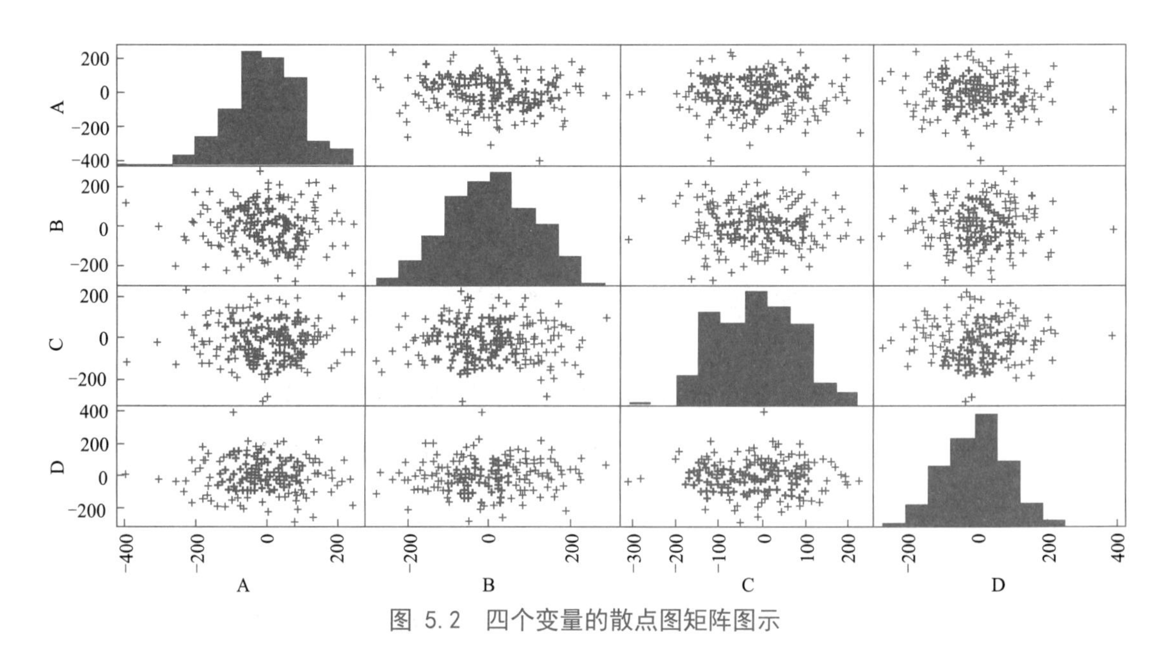

图 5.2 四个变量的散点图矩阵图示

为了更加准确地描述变量之间的线性相关程度，可通过计算相关系数来进行相关分析。在二元变量的相关分析过程中比较常用的相关系数有 Pearson 相关系数、Spearman 秩相关系数。

Pearson 相关系数一般用来分析两个连续性变量(取值服从正态分布)之间的线性相关关系。给定两个变量的两组观测值 $x_1, x_2, \cdots, x_n$ 和 $y_1, y_2, \cdots, y_n$，Pearson 相关系数 r 的计算公式如下

$$r = \frac{\sum_{i=1}^{n}(x_i - \bar{x})(y_i - \bar{y})}{\sqrt{\sum_{i=1}^{n}(x_i - \bar{x})^2 \sum_{i=1}^{n}(y_i - \bar{y})^2}} \quad (5.7)$$

式中，$\bar{x}$ 为 n 个观测值 $x_1, x_2, \cdots, x_n$ 的均值；$\bar{y}$ 为 n 个观测值 $y_1, y_2, \cdots, y_n$ 的均值。由 r 的计算公式易得，其取值范围为 $-1 \leqslant r \leqslant 1$，不同取值的相关含义如下：

$r > 0$ 为正相关，$r < 0$ 为负相关；

$|r|=0$ 表示不存在线性相关关系；

$|r|=1$ 表示完全线性相关关系。

$0 < |r| < 1$ 表示存在不同程度线性相关关系，具体含义如下，

$|r| \leqslant 0.3$ 表示不存在线性相关关系；

$0.3 < |r| \leqslant 0.5$ 表示存在低线性相关关系；

$0.5 < |r| \leqslant 0.8$ 表示存在显著线性相关关系；

$0.8 < |r|$ 表示存在高线性相关关系。

【例 5.1】通过调用 Python 语言 NumPy 库中的 Random.rand( ) 随机生成两个 10 组数，

$x_1, x_2, \cdots, x_{10}$ = 11.325 143, 14.114 027, 20.999 711, 33.787 195, 42.218 892, 43.388 289, 54.268 778, 82.377 823, 87.199 529, 94.720 445

$y_1, y_2, \cdots, y_{10}$ = 8.099 197, 15.512 177, 23.993 223, 24.956 316, 30.249 676, 32.994 713, 43.750 880, 71.873 483, 77.647 859, 89.699 121

将上述两组数代入 Pearson 相关系数的计算公式可得，$r = 0.9869$，该值大于 0.8，所以上述两组数高度线性相关。

Spearman 秩相关系数用于描述分类或等级变量之间、分类或等级变量与连续变量之间的关系。给定两个变量 X 和 Y 的两组观测值 $x_1, x_2, \cdots, x_n$ 和 $y_1, y_2, \cdots, y_n$，Spearman 秩相关系数 r_s 的计算公式如下：

$$r_s = 1 - \frac{6\sum_{i=1}^{n}(R_i - Q_i)^2}{n(n^2 - 1)} \quad (5.8)$$

式中，R_i 为 x_i 中的秩。所谓 x_i 中的秩，是指 x_i 在 $x_1, x_2, \cdots, x_n$ 中按照一定准则的排列次序，在

例 5.2 中将通过例子解释秩的求解方法；Q_i 为 y_i 在 $y_1, y_2, \cdots, y_n$ 中的秩。由 r_s 的计算公式易得，其取值范围为 $-1 \leqslant r_s \leqslant 1$，不同取值的相关含义如下：

$r_s > 0$ 为正相关，$r_s < 0$ 为负相关；

$r_s=0$ 表示不存在线性相关关系；

$r_s=1$ 表示完全正相关关系；

$r_s=-1$ 表示完全负相关关系。

当 $|r_s|$ 越接近 1 时，表示样本之间的相关程度越高；当 $|r_s|$ 越接近 0 时，表示样本之间的相关程度越越低，一般认为 $|r_s| > 0.8$ 时相关程度就很高。

【例 5. 2】已知 10 组变量智商和变量每周看电视小时数的数据，见表 5.1。

表 5.1　变量智商和变量每周看电视小时数的数据

编号	智商	每周看电视小时数
1	104	7
2	80	0
3	100	27
4	101	48
5	99	28
6	103	30
7	97	19
8	112	12
9	112	6
10	111	18

对变量智商所对应的数据求其秩，计算过程见表 5.2。

表 5.2　变量智商求秩的计算过程

编号	智商从小到大排列	智商从小到大排列时的位置	秩 R_i
2	80	1	1
7	97	2	2
5	99	3	3
3	100	4	4

续表

编号	智商从小到大排列	智商从小到大排列时的位置	秩 R_i
4	101	5	5
6	103	6	6
1	104	7	7
10	111	8	8
8	112	9	(9+10)/2=9.5
9	112	10	(9+10)/2=9.5

对变量每周看电视小时数所对应的数据求其秩，计算过程见表 5.3。

表 5.3 变量每周看电视小时数的计算过程

编号	每周看电视小时数从小到大排列	每周看电视小时数从小到大排列时的位置	秩 Q_i
2	0	1	1
9	6	2	2
1	7	3	3
8	12	4	4
10	18	5	5
7	19	6	6
3	27	7	7
5	28	8	8
6	30	9	9
4	48	10	10

将表 5.2 和表 5.3 中的计算结果带入 Spearman 秩相关系数计算公式，可得 $r_s = -0.188\,451$，计算结果表明两变量间的相关性不大。

需要说明的是，上述两种相关系数在实际应用计算中都要对其进行假设检验，通常使用 t 检验方法检验其显著性水平以确定其相关程度。

5.2.3 回归分析

回归分析是研究一个随机变量（因变量）与另外一个或一组随机变量（自变量）间相互

依赖关系的统计分析方法。按照自变量和因变量之间的关系类型，回归分析可分为线性回归分析和非线性回归分析。线性回归通过拟合因变量和自变量之间最佳线性关系来预测因变量，主要有两种类型：一元线性回归和多元线性回归。一元线性回归只使用单一自变量，多元线性回归使用多个自变量。如果回归模型的因变量是自变量之间具有一次以上的函数形式，则称该模型为非线性回归模型。同理，非线性回归也主要有一元非线性回归和多元非线性回归两种类型。这里主要介绍线性回归模型。

一元线性回归模型的表示形式为

$$y = \beta_0 + \beta_1 x + \varepsilon$$

式中，y 为因变量；x 为自变量；β_0 为常数项，是回归直线在纵坐标轴上的截距；β_1 为回归系数，表示自变量对因变量的影响程度；ε 为随机误差，表示随机因素对因变量所产生的影响，其服从均值为 0 的正态分布。

一元线性回归的原理是拟合一条直线，使得实际值与预测值之差的平方和最小，即给定 n 组观测值 $(x_1, y_1), (x_2, y_2), \cdots, (x_n, y_n)$，线性回归的目的是求 β_0 和 β_1 的估计值 $\hat{\beta}_0$ 和 $\hat{\beta}_1$ 使得下式成立

$$\min\sum_{i=1}^{n}(y_i - \hat{y}_i)^2 = \min\sum_{i=1}^{n}(y_i - \hat{\beta}_0 - \hat{\beta}_1 x_i)^2 \tag{5.9}$$

式中，$\hat{y}_i = \hat{\beta}_0 + \hat{\beta}_1 x_i$ 表示线性回归的预测值。对 y 关于 x 求导数并令其为零，可求得使式（5.9）成立的 β_1 和 β_0 的估计值为

$$\begin{cases} \hat{\beta}_1 = \dfrac{\sum\limits_{i=1}^{n}(x_i - \bar{x})(y_i - \bar{y})}{(x_i - \bar{x})^2} \\ \hat{\beta}_0 = \bar{y} - \hat{\beta}_1 \bar{x} \end{cases} \tag{5.10}$$

式中，$\bar{x} = \dfrac{\sum\limits_{i=1}^{n} x_i}{n}$，$\bar{y} = \dfrac{\sum\limits_{i=1}^{n} y_i}{n}$。上述的求解方法称为最小二乘法。

接下来就是如何度量所求得的回归直线对观测值的拟合效果，这里给出决定系数 R^2 作为拟合效果的度量指标，其定义如下

$$R^2 = 1 - \frac{\sum\limits_{i=1}^{n}(y_i - \hat{y}_i)^2}{\sum\limits_{i=1}^{n}(y_i - \bar{y})^2} \tag{5.11}$$

由 R^2 的定义可知 $R^2 \in [0, 1]$。R^2 越接近 1，则说明拟合效果越好；反之亦然。当 $R^2 = 0$ 时，

表示自变量和因变量之间没有线性关系，当 $R^2 = 1$ 时，表示回归直线与样本重合。

【例 5.3】已知 12 个月来某商品的价格与其销量之间的关系见表 5.4。

表 5.4　某商品的价格与其销量之间的关系

价格 / 元	4.5	5.0	5.2	5.4	6.0	7.1	7.3	7.0	7.4	6.7	7.2	7.0
销量 / 件	1 300	1 200	1 150	1 080	1 050	930	890	1 000	850	1 030	900	920

将表 5.4 中数据代入式（5.10）中可求得，$\hat{\beta}_0 = 1\,837.2$，$\hat{\beta}_1 = -128.6$，所得的一元线性回归模型如图 5.3 中实线所示，图 5.3 中点为表 5.4 中数据的散点图。由式（5.11）易求回归模型的决定性系数为 $R^2 = 0.93$，表明模型拟合效果很好。

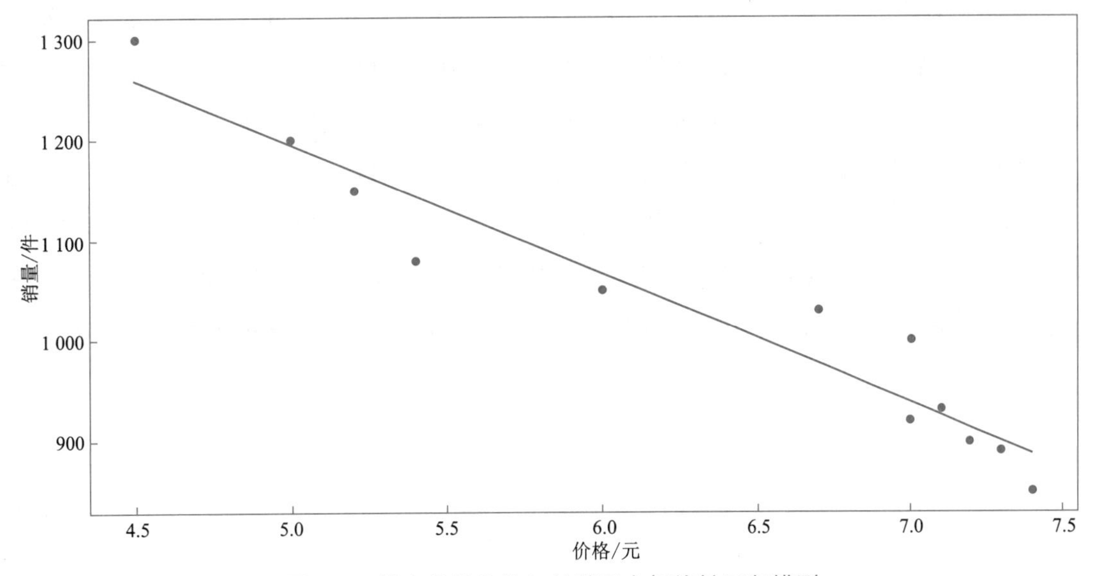

图 5.3　某商品的价格与其销量之间线性回归模型

多元线性回归是在一元线性回归基础上，增加了自变量的个数，其形式为

$$y = \beta_0 + \beta_1 x_1 + \beta_2 x_2 + \cdots + \beta_k x_k + \varepsilon \qquad (5.12)$$

式中，y 表示因变量；$x_1, x_2, \cdots, x_k$ 表示自变量；β_0 是常数项；$\beta_1, \beta_2, \cdots, \beta_k$ 是回归系数；ε 是随机误差，其服从均值为 0 的正态分布。给定 n 组观测值 $(x_1, y_1), (x_2, y_2), \cdots, (x_n, y_n)$，其中 $x_i = (x_{i1}, x_{i2}, \cdots, x_k)$，类似地，可用最小二乘法对 $\beta_0, \beta_1, \beta_2, \cdots, \beta_k$ 进行估计，即最小化

$$\min \sum_{i=1}^{n} \left(y_i - \sum_{j=1}^{k} \beta_j x_{ij} \right)^2 \qquad (5.13)$$

为了讨论方便起见，令 $\boldsymbol{\beta} = (\beta_0, \beta_1, \beta_2, \cdots, \beta_k)^{\mathrm{T}}, \boldsymbol{y} = (y_1, y_2, \cdots, y_n)^{\mathrm{T}}$，

$$X=\begin{bmatrix} x_{11} & x_{12} & \cdots & x_{1k} & 1 \\ x_{21} & x_{22} & \cdots & x_{2k} & 1 \\ \vdots & \vdots & & \vdots & \vdots \\ x_{n1} & x_{n2} & \cdots & x_{nk} & 1 \end{bmatrix}$$

分别对 x_{ij}（i=1, 2, ⋯, k；j=1, 2, ⋯, n）求偏导并令其为零，由式（5.13）可得如下方程

$$\boldsymbol{X}^{\mathrm{T}}\boldsymbol{X}\boldsymbol{\beta}=\boldsymbol{X}^{\mathrm{T}}\boldsymbol{y} \tag{5.14}$$

当 $\boldsymbol{X}^{\mathrm{T}}\boldsymbol{X}$ 为满秩矩阵时，可得

$$\hat{\boldsymbol{\beta}}=(\boldsymbol{X}^{\mathrm{T}}\boldsymbol{X})^{-1}\boldsymbol{X}^{\mathrm{T}}\boldsymbol{y}$$

式中，$(\boldsymbol{X}^{\mathrm{T}}\boldsymbol{X})^{-1}$ 是矩阵 $\boldsymbol{X}^{\mathrm{T}}\boldsymbol{X}$ 的逆矩阵。

然而，现实中 $\boldsymbol{X}^{\mathrm{T}}\boldsymbol{X}$ 不一定为满秩矩阵。比如，在一些任务中变量的个数大于样本数目，此时，$\boldsymbol{X}$ 的列数多于行数，因此，$\boldsymbol{X}^{\mathrm{T}}\boldsymbol{X}$ 不满秩，这样就可能存在多个解，具有选择哪一个解作为输出，将由学习算法的偏好决定，常见的做法是增加扰动，这里不再详细介绍。

对于多元线性回归的拟合效果同样可用决定系数 R^2 进行度量，然而，在实际应用中，如果在回归模型中增加一个自由变量，则得到的 R^2 会变大。这样会产生一种误解：只要增加自由变量，就会使得回归模型的拟合效果变好。但是，现实是回归方程拟合程度与增加自由变量导致的 R^2 增大无关，所以需对 R^2 进行调整，降低自由变量数目对 R^2 的影响。新的 R^2 记做 $\overline{R}^2$，定义为

$$\overline{R}^2=1-\frac{\sum_{i=1}^{n}(y_i-\hat{y}_i)^2 \Big/ (n-k-1)}{\sum_{i=1}^{n}(y_i-\overline{y})^2 \Big/ (n-k)} \tag{5.15}$$

式中，n 为样本数目；k 为自由变量数目。

同样，$\overline{R}^2$ 越大，则回归模型的拟合效果就越好，反之亦然。

【例 5.4】已知 12 个月来某商品的价格、当地人均月生活开支与该商品销量之间的关系见表 5.5。

表 5.5　某商品的销量与当地人均月生活开支和商品价格之间的关系

价格 / 元	4.5	5.0	5.2	5.4	6.0	7.1	7.3	7.0	7.4	6.7	7.2	7.0
人均月生活开支 / 元	500	530	580	610	660	690	720	730	790	820	870	900
销量 / 件	1 400	1 500	1 350	1 480	1 250	1 100	1 155	1 430	1 480	1 600	1 550	1 780

通过多元线性回归分析研究该商品销量与当地人均收入和商品价格之间的关系，将表5.5中数据代入式（5.14）中可求得，$\hat{\beta}_0 = 1\,379.9$，$\hat{\beta}_1 = -271.8$，$\hat{\beta}_2 = 2.5$。由式（5.15）易求回归模型的决定性系数为 $\bar{R}^2 = 0.75$，表明模型拟合效果较好。

5.2.4 主成分分析

在用统计分析方法研究涉及多变量问题时，变量个数太多会增加研究问题的复杂性。人们希望减少变量个数但同时能够获得研究问题的主要信息。在很多情形下，变量之间存在相关关系，当两个变量之间存在相关关系时，可以解释为这两个变量反映此研究问题的信息有一定程度重叠。通过正交变换将原来变量重新组合成一组新的互相无关的几个综合变量，同时根据实际需要从中取出几个较少的综合变量尽可能多地反映原来变量的信息的统计方法称为主成分分析或称主分量分析，是数学上用来降维的一种方法。

视频

主成分分析

下面为主成分分析计算的详细步骤。

① 假设有 n 个样本，每个样本有 p 个变量，构成一个 $n \times p$ 阶的数据矩阵为

$$\boldsymbol{X} = \begin{pmatrix} x_{11} & x_{12} & \cdots & x_{1p} \\ x_{21} & x_{22} & \cdots & x_{2p} \\ \vdots & \vdots & & \vdots \\ x_{n1} & x_{n2} & \cdots & x_{np} \end{pmatrix}$$

② 将数据矩阵进行标准化处理，令

$$x_{ij}^* = \frac{x_{ij} - \bar{x}_j}{\sqrt{\text{var}(x_j)}}, i = 1,2,\cdots,n; j = 1,2,\cdots,p \tag{5.16}$$

式中，$\bar{x}_j = \dfrac{1}{n}\sum_{i=1}^{n} x_j$； $\text{var}(x_j) = \dfrac{1}{n-1}\sum_{i=1}^{n}(x_j - \bar{x}_j)^2 \quad (j = 1,2,\cdots,p)$。

为了方便起见，将标准化后的数据矩阵中的数据 x_{ij}^* 仍然记为 $x_{ij}(i = 1, 2, \cdots, n; j = 1, 2, \cdots, p)$，并将标准化后的数据矩阵中各列依次记为 $\boldsymbol{x}_1, \boldsymbol{x}_2, \cdots, \boldsymbol{x}_p$。

③ $\boldsymbol{x}_1, \boldsymbol{x}_2, \cdots, \boldsymbol{x}_p$ 的相关系数矩阵 $\boldsymbol{R}$ 为

$$\boldsymbol{R} = \begin{pmatrix} r_{11} & r_{12} & \cdots & r_{1p} \\ r_{21} & r_{22} & \cdots & r_{2p} \\ \vdots & \vdots & & \vdots \\ r_{p1} & r_{p2} & \cdots & r_{pp} \end{pmatrix}$$

式中，$r_{ij} = \sum_{k=1}^{n}(x_{ki} - \bar{x}_i)(x_{kj} - \bar{x}_j) \Big/ \sqrt{\sum_{k=1}^{n}(x_{ki} - \bar{x}_i)^2 \sum_{k=1}^{n}(x_{kj} - \bar{x}_j)^2}$，$\bar{x}_i$ 和 $\bar{x}_j$ 分别表示第 i 和第 j 列数据的均值，$i, j = 1, 2, \cdots, p$。

④ 求 R 的特征方程 $\det(\boldsymbol{R}-\lambda\boldsymbol{E})=0$ 的特征根 $\lambda_1 \geqslant \lambda_2 \geqslant \cdots \geqslant \lambda_p \geqslant 0$。

⑤ 确定主成分个数 m：$\sum_{i=1}^{m}\lambda_i \Big/ \sum_{i=1}^{p}\lambda_i \geqslant \alpha$，$\alpha$ 根据实际问题确定，一般取 80%。

⑥ 计算 $\lambda_1,\lambda_2,\cdots,\lambda_m$ 各特征根所对应的单位特征向量

$$\boldsymbol{\beta}_1=\begin{pmatrix}\beta_{11}\\ \beta_{21}\\ \vdots\\ \beta_{p1}\end{pmatrix},\boldsymbol{\beta}_2=\begin{pmatrix}\beta_{12}\\ \beta_{22}\\ \vdots\\ \beta_{p2}\end{pmatrix},\cdots,\boldsymbol{\beta}_m=\begin{pmatrix}\beta_{1m}\\ \beta_{2m}\\ \vdots\\ \beta_{pm}\end{pmatrix},$$

⑦ 计算主成分

$$z_i=\beta_{1i}x_1+\beta_{2i}x_2+\cdots+\beta_{pi}x_p,\quad i=1,2,\cdots,m$$

【例 5.5】表 5.6 为用来评价 15 个企业综合实力的八个指标及其相关数据，但是各指标间的关联关系并不是太明确，且各指标数值的数量级也有差异，为此首先借助主成分分析方法对指标体系进行降维处理，然后根据主成分分析打分结果实现对企业的综合实力排序。

表 5.6　15 个企业综合实力评价的八个指标及其相关数据

ID	净利润率 / %	固定资产利润率 / %	总产值利润率 / %	销售收入利润率 / %	产品成本利润率 / %	物耗利润率 / %	人均利润率 /（千元 / 人）	流动资金利润率 / %
1	40.4	24.7	7.2	6.1	8.3	8.7	2.442	20
2	25	12.7	11.2	11	12.9	20.2	3.542	9.1
3	13.2	3.3	3.9	4.3	4.4	5.5	0.578	3.6
4	22.3	6.7	5.6	3.7	6	7.4	0.176	7.3
5	34.3	11.8	7.1	7.1	8	8.9	1.726	27.5
6	35.6	12.5	16.4	16.7	22.8	29.3	3.017	26.6
7	22	7.8	9.9	10.2	12.6	17.6	0.847	10.6
8	48.4	13.4	10.9	9.9	10.9	13.9	1.772	17.8
9	40.6	19.1	19.8	19	29.7	39.6	2.449	35.8
10	24.8	8	9.8	8.9	11.9	16.2	0.789	13.7
11	12.5	9.7	4.2	4.2	4.6	6.5	0.874	3.9
12	1.8	0.6	0.7	0.7	0.8	1.1	0.056	1
13	32.3	13.9	9.4	8.3	9.8	13.3	2.126	17.1

续表

ID	净利润率 / %	固定资产利润率 / %	总产值利润率 / %	销售收入利润率 / %	产品成本利润率 / %	物耗利润率 / %	人均利润率 / (千元 / 人)	流动资金利润率 / %
14	38.5	9.1	11.3	9.5	12.2	16.4	1.327	11.6
15	26.2	10.1	5.6	15.6	7.7	30.1	0.126	25.9

首先，对表 5.6 中数据进行标准化处理，处理后的结果见表 5.7。

表 5.7　数据标准化结果

ID	净利润率 x_1	固定资产利润率 x_2	总产值利润率 x_3	销售收入利润率 x_4	产品成本利润率 x_5	物耗利润率 x_6	人均利润率 x_7	流动资金利润率 x_8
1	1.00	2.35	−0.34	−0.57	−0.35	−0.66	0.90	0.45
2	−0.23	0.31	0.48	0.39	0.28	0.43	1.91	−0.62
3	−1.17	−1.29	−1.02	−0.92	−0.89	−0.96	−0.80	−1.16
4	−0.44	−0.71	−0.67	−1.04	−0.67	−0.78	−1.17	−0.80
5	0.51	0.15	−0.36	−0.38	−0.39	−0.64	0.25	1.18
6	0.62	0.27	1.54	1.51	1.65	1.29	1.43	1.10
7	−0.47	−0.53	0.21	0.23	0.24	0.18	−0.56	−0.47
8	1.64	0.43	0.42	0.17	0.01	−0.17	0.29	0.23
9	1.02	1.40	2.24	1.968	2.60	2.27	0.91	2.00
10	−0.24	−0.49	0.19	−0.02	0.15	0.05	−0.61	−0.17
11	−1.23	−0.20	−0.95	−0.94	−0.86	−0.87	−0.53	−1.13
12	−2.08	−1.75	−1.67	−1.63	−1.38	−1.38	−1.28	−1.42
13	0.35	0.511	0.11	−0.14	−0.14	−0.22	0.61	0.16
14	0.85	−0.30	0.50	0.10	0.19	0.07	−0.12	−0.38
15	−0.13	−0.13	−0.67	1.29	−0.43	1.37	−1.22	1.03

对标准化后的数据求关系矩阵 $\boldsymbol{R}$，见表 5.8。

表 5.8　标准化后数据的关系矩阵

项　目	净利润率	固定资产利润率	总产值利润率	销售收入利润率	产品成本利润率	物耗利润率	人均利润率	流动资金利润率
净利润率	1	0.76	0.70	0.59	0.60	0.49	0.60	0.73
固定资产利润率	0.76	1	0.55	0.467	0.52	0.42	0.70	0.67
总产值利润率	0.70	0.55	1	0.84	0.98	0.82	0.69	0.68
销售收入利润率	0.59	0.47	0.84	1	0.87	0.98	0.49	0.79
产品成本利润率	0.60	0.52	0.98	0.87	1	0.87	0.63	0.72
物耗利润率	0.49	0.42	0.82	0.98	0.87	1	0.42	0.75
人均利润率	0.60	0.70	0.70	0.49	0.63	0.42	1	0.47
流动资金利润率	0.73	0.67	0.68	0.79	0.72	0.75	0.47	1

对关系矩阵 $\boldsymbol{R}$ 计算可得各特征值依次为 5.74、1.10、5.90×10^{-1}、2.86×10^{-1}、1.46×10^{-1}、1.37×10^{-1}、2.71×10^{-3}、5.99×10^{-3}。易计算前三个特征值的贡献率已到达 90% 以上，故选择选择 m=3。

这三个特征根所对应的单位特征向量为

$$\boldsymbol{\beta}_1=\begin{pmatrix}0.549\,511\,13\\0.220\,599\,47\\0.221\,798\,21\\0.234\,122\,49\\0.323\,859\,69\\0.460\,000\,38\\0.035\,022\,84\\0.477\,130\,54\end{pmatrix},\ \boldsymbol{\beta}_2=\begin{pmatrix}0.679\,390\,38\\0.258\,058\,11\\-0.092\,235\,17\\-0.224\,015\,14\\-0.255\,127\,58\\-0.589\,575\,5\\0.019\,431\,23\\-0.008\,814\,21\end{pmatrix},\ \boldsymbol{\beta}_3=\begin{pmatrix}-0.293\,070\,65\\0.116\,853\,64\\-0.357\,654\,51\\-0.036\,316\,06\\-0.370\,902\,63\\-0.069\,994\,19\\-0.056\,205\,03\\0.790\,943\,9\end{pmatrix}$$

则主成分为

$$\begin{cases}z_1=0.549\,511\,13x_1+0.220\,599\,47x_2+0.221\,798\,21x_3+0.234\,122\,49x_4+\\\quad 0.323\,859\,69x_5+0.460\,000\,38x_6+0.035\,022\,84x_7+0.477\,130\,54x_8\\z_2=0.679\,390\,38x_1+0.258\,058\,11x_2-0.092\,235\,17x_3-0.224\,015\,14x_4-\\\quad 0.255\,127\,58x_5-0.589\,575\,5x_6+0.019\,431\,23x_7-0.008\,814\,21x_8\\z_3=-0.293\,070\,65x_1+0.116\,853\,64x_2-0.357\,654\,51x_3-0.036\,316\,06x_4-\\\quad 0.370\,902\,63x_5-0.069\,994\,19x_6-0.056\,205\,03x_7+0.790\,943\,9x_8\end{cases}$$

5.3 数据挖掘算法

大数据分析的理论核心是数据挖掘，各种数据挖掘的算法只有基于不同的数据类型和格式才能更加科学地呈现出数据本身具备的特点，也正是因为这些被全世界统计学家所公认的各种统计方法才能深入数据内部，挖掘出数据的价值。另外，也是因为有了这些数据挖掘的算法，才能更快速地处理大数据，如果一个算法得用上好几年才能得出结论，那大数据的价值也就无从说起。可视化是给人看的，数据挖掘是给机器看的。集群、分割、孤立点分析还有其他的算法可以使人们深入数据内部，挖掘价值。这些算法不仅能够处理大数据的数据量，也能获得处理大数据的速度。本节主要介绍几类经典的数据挖掘算法，包括分类、聚类、关联分析和神经网络。分类主要介绍决策树方法，包括 ID3、C4.5 和 CART（Classification and Regression Tree，分类回归树）算法；聚类介绍 K–Means 算法；关联分析介绍 Apriori 算法；神经网络主要介绍其常用的激活函数、网络拓扑和训练算法。

5.3.1 决策树

决策树方法在分类、预测、规则提取等领域有着广泛应用，其是一种树状结构，它的每个叶节点对应着一个分类，分支节点（非叶节点）对应着某个属性上的划分，根据样本在该属性上的不同取值将其划分成若干个子集。对于一个决策树的构建，最重要的部分就在于分支节点处如何选择适当的属性对数据集进行划分。不同的属性选择标准产生了不同的决策树算法，接下来，将介绍经典的决策树算法，包括 ID3、C4.5 和 CART 算法。

视频

决策树

1. ID3 算法

ID3 算法是 Ross Quinlan 给出的一种决策树算法，在具体介绍该算法属性选择方法之前，先介绍接下来要用到的熵和信息增益的概念。在信息论和概率统计中，熵（Entropy）是表示随机变量不确定性的度量，用来衡量一个随机变量出现的期望值。信息的不确定性越大，熵的值也就越大，出现的各种情况也就越多。假设随机变量 X 的所有可能取值为 $x_1, \cdots, x_n$，每一个可能取值 x_i 出现概率为 $P(X=x_i)=p_i$，（$i=1, 2, \cdots, n$）则随机变量 X 的信息熵（简称熵）定义如下

$$H(X)=-\sum_{k=1}^{n} p_i \log_2 p_i \tag{5.17}$$

由熵的定义可知，熵只依赖于 X 的分布，而与 X 的取值无关。对于给定的样本集合 D 而言，假设样本有 k 个不同类别，每个类别所对应的样本子集为 C_i（$i=1, 2, \cdots, k$），则每个类别出现的概率是 $\frac{|C_i|}{|D|}$，其中，$|C_i|$ 表示类别 i 的样本个数，$|D|$ 表示样本总数，那么对于样本集合 D 而言，其熵为

$$H(D)=-\sum_{i=1}^{K}\frac{|C_i|}{|D|}\log_2\frac{|C_i|}{|D|} \tag{5.18}$$

假设属性 A 有 v 个可能取值，即通过将属性 A 设置为划分属性能够将样本集 D 划分为 v 个不同子样本集 $\{D_1,\cdots,D_v\}$，则对于样本集 D，以 A 为划分属性的信息增益计算公式如下

$$\text{Gain}(D,A)=E(D)-\sum_{i=}^{v}\frac{|D_i|}{|D|}E(D_i) \tag{5.19}$$

ID3 算法的核心思想就是以信息增益来度量属性的选择，选择划分后信息增益最大的属性进行分裂，ID3 算法流程如下：

① 对当前样本集合，计算所有属性的信息增益。

② 选择信息增益最大的属性作为划分属性，把划分属性取值相同的样本划为同一个子样本集。

③ 若子样本集的类别属性只含有单个属性，则分支为叶子节点，判断其属性值并标上相应的符号，然后返回调用处；否则对子样本集递归调用本算法。

【例 5.6】某公司每年端午节都会组织员工进行龙舟比赛，比赛需要考虑气象状况，涉及四个属性：湿度、天气、温度、风速。湿度有两个属性值：高、低；天气有三个属性值：阴、晴、雨；温度有三个属性值：炎热、适中、寒冷；风速有两个属性值：强、弱。若气象状况糟糕，则取消比赛，否则正常进行，因此最终分类结果有两类：取消、进行。近五年的样本数据见表 5.9。

表 5.9　近五年龙舟比赛的样本数据

编号	湿度	天气	温度	风速	类别
1	高	晴	炎热	强	取消
2	低	阴	适中	弱	进行
3	低	雨	炎热	强	取消
4	低	阴	炎热	弱	进行
5	低	阴	寒冷	强	取消

表 5.9 给出的数据集 D 共包含五个样本，正样本占比$\frac{2}{5}$，负样本占比$\frac{3}{5}$。首先，根据式（5.18）可计算出根节点的信息熵为

$$(D)=-\frac{3}{5}\log_2\frac{3}{5}-\frac{2}{5}\log_2\frac{2}{5}=0.971$$

然后，分别计算当前属性集合{湿度，天气，温度，风速}中每个属性的信息增益。以属性“湿度”为例，它有两个可能取值：高、低。若使用该属性对 D 进行划分，则可得到两个子集，分别为湿度为“高”的样本组成的集合 D_1 和湿度为“低”的样本组成的集合 D_2。子集 D_1 只包含编号为1的1个样本，其中，正样本占比 $p_1=\frac{0}{1}$，负样本占比 $p_2=\frac{1}{1}$；子集 D_2 包含编号为2、3、4、5的4个样例，其中，正样本占比 $p_1=\frac{2}{4}$，负样本占比 $p_2=\frac{2}{4}$。根据式（5.19）可计算出属性年龄对应的信息增益

$$\begin{aligned}\text{Gain}(D,\text{湿度})&=H(D)-\left[\frac{1}{5}H(\text{高})+\frac{4}{5}H(\text{低})\right]\\&=0.97-\left[\frac{1}{5}(-0)+\frac{4}{5}\left(-\frac{2}{4}\log_2\frac{2}{4}-\frac{2}{4}\log_2\frac{2}{4}\right)\right]=0.171\end{aligned}$$

依此类推可得

$$\begin{aligned}\text{Gain}(D,\text{天气})&=H(D)-\left[\frac{1}{5}H(\text{晴})+\frac{3}{5}H(\text{阴})+\frac{1}{5}H(\text{雨})\right]\\&=0.97-\left[\frac{1}{5}(-0)+\frac{3}{5}\left(-\frac{2}{3}\log_2\frac{2}{3}-\frac{3}{3}\log_2\frac{3}{3}\right)+\frac{1}{5}(-0)\right]=0.420\end{aligned}$$

$$\begin{aligned}\text{Gain}(D,\text{温度})&=H(D)-\left[\frac{3}{5}H(\text{炎热})+\frac{1}{5}H(\text{适中})+\frac{1}{5}H(\text{寒冷})\right]\\&=0.97-\left[\frac{3}{5}\left(-\frac{2}{3}\log_2\frac{2}{3}-\frac{1}{3}\log_2\frac{1}{3}\right)+\frac{1}{5}(-0)+\frac{1}{5}(-0)\right]=0.420\end{aligned}$$

$$\begin{aligned}\text{Gain}(D,\text{风速})&=H(D)-\left[\frac{3}{5}H(\text{强})+\frac{2}{5}H(\text{弱})\right]\\&=0.97-\left[\frac{3}{5}(-0)+\frac{2}{5}(-0)\right]=0.971\end{aligned}$$

由此可得，属性“风速”的信息增益最大，所以首先使用“风速”来进行划分，产生两个分支节点，假设第一个分支节点为弱风速的样本子集，则其包含的样本集合有{2，4}两个样本，那么另外一个分支节点为强风速的样本子集，其包含的样本集合有{1，3，5}三个样本。目前剩余可用的属性集合为{湿度，天气，温度}，接下来，ID3算法对这两个分支节点分别计算上述各属性的信息增益，继续划分树节点，直到没有新节点生成为止。

最后需要说明的是，ID3对取值较多的属性有所偏好。属性取值越多意味着确定性越高，信息增益越大。如果将表中的编号也作为一个划分属性，其信息增益为0.971，它将产生五个分支，每个分支节点仅包含一个样本，显然这样划分出来的决策树不具备泛化能力，无法对新样本进行有效预测。因此，C4.5对ID3进行优化，通过引入信息增益率，对取值较多的属性进行惩罚，避免出现过拟合的特性，提升决策树的泛化能力。

2. C4.5 算法

同样，在具体介绍 C4.5 算法之前，先介绍接下来要用到的信息增益率的概念。设 D 为样本集，属性 A 有 v 个可能取值，即通过将属性 A 设置为划分属性能够将样本集 D 划分为 v 个不同子样本集 $\{D_1, \cdots, D_v\}$，则对于样本集 D，以 A 为划分属性的信息增益率计算公式如下

$$\text{Gain\_ratio}(D, A) = \frac{\text{Gain}(D, A)}{H_A(D)} \quad (5.20)$$

其中，

$$H_A(D) = -\sum_{i=1}^{v} \frac{|D_i|}{|D|} \log_2 \frac{|D_i|}{|D|} \quad (5.21)$$

称为数据集 D 关于 A 的取值熵。

C4.5 算法的核心思想就是以信息增益率来度量属性的选择，选择划分后信息增益率最大的属性进行分裂。其算法流程与 ID3 算法流程类似，具体如下：

① 对当前样本集合，计算所有属性的信息增益率。

② 选择信息增益率最大的属性作为划分属性，把划分属性取值相同的样本划为同一个子样本集。

③ 若子样本集的类别属性只含有单个属性，则分支为叶子节点，判断其属性值并标上相应的符号，然后返回调用处；否则对子样本集递归调用本算法。

【例 5.7】仍以表 5.9 中所给的数据集 D 为例来表明 C4.5 算法计算过程。根据式（5.19）求出每个属性的取值熵为

$$H_{湿度}(D) = -\frac{1}{5}\log_2\frac{1}{5} - \frac{4}{5}\log_2\frac{4}{5} = 0.722$$
$$H_{天气}(D) = -\frac{1}{5}\log_2\frac{1}{5} - \frac{3}{5}\log_2\frac{3}{5} - \frac{1}{5}\log_2\frac{1}{5} = 1.371$$
$$H_{温度}(D) = -\frac{3}{5}\log_2\frac{3}{5} - \frac{1}{5}\log_2\frac{1}{5} - \frac{1}{5}\log_2\frac{1}{5} = 1.371$$
$$H_{风速}(D) = -\frac{3}{5}\log_2\frac{3}{5} - \frac{2}{5}\log_2\frac{2}{5} = 0.971$$

根据式（5.20）可计算出各属性的信息增益率为

$$\text{Gain\_ratio}(D, 湿度) = 0.236$$
$$\text{Gain\_ratio}(D, 天气) = 0.402$$
$$\text{Gain\_ratio}(D, 温度) = 0.402$$
$$\text{Gain\_ratio}(D, 风速) = 1$$

信息增益率最大的仍是属性“风速”，但通过信息增益比，属性“湿度”对应的指标上升了，而属性“天气”和属性“温度”却有所下降。其余计算步骤和 ID3 算法中的类似，不再赘述。

3. CART算法

CART 假设决策树是二叉树,分支节点属性的取值为“是”和“否”,左分支是取值为“是”的分支，右分支是取值为“否”的分支。这样的决策树等价于递归地二分每个属性，将输入空间即属性空间划分为有限个单元，并在这些单元上确定预测的概率分布。CART 决策树使用 Gini 指数来选择划分属性，Gini 指数描述的是数据的纯度。对于给定的样本集合 D 而言，假设样本有 k 个不同类别，每个类别所对应的样本子集为 C_i（$i=1, 2, \cdots, k$），则每个类别出现的概率是 $\frac{|C_i|}{|D|}$，其中，$|C_i|$ 表示类别 i 的样本个数，$|D|$ 表示样本总数，那么对于样本集合 D 而言，Gini 指数为

$$\mathrm{Gini}(D)=1-\sum_{i=1}^{k}\left(\frac{|C_i|}{|D|}\right)^2$$

设属性 A 有 v 个可能取值，即通过将属性 A 设置为划分属性能够将样本集 D 划分为 v 个不同子样本集 $\{D_1, \cdots, D_v\}$，则对于样本集 D，以 A 为划分属性的 Gini 指数计算公式如下

$$\mathrm{Gini}(D|A)=\sum_{i=1}^{v}\frac{|D_i|}{|D|}\mathrm{Gini}(D_i) \tag{5.22}$$

CART 算法的核心思想就是以 Gini 指数来度量属性的选择，选择划分后 Gini 指数最小的属性进行分裂。其算法流程与 ID3 算法流程也类似，具体如下：

① 对当前样本集合，计算所有属性的 Gini 指数。

② 选择 Gini 指数最小的属性作为划分属性，把划分属性取值相同的样本划为同一个子样本集。

③ 若子样本集的类别属性只含有单个属性，则分支为叶子节点，判断其属性值并标上相应的符号，然后返回调用处；否则对子样本集递归调用本算法。

【例 5.8】仍以表 5.9 中所给的数据集 D 为例来表明 CART 算法计算过程。使用 CART 分类准则，选取湿度属性，把“高”作为属性标签，那么“低”就被划分到另外一类。湿度为“高”的样本数目为 1 个，只有反例样本，无正例样本；湿度为“低”的样本数目为 4 个，正反例样本各占一半。由 Gini 指数计算式（5.22）可得

$$\mathrm{Gini}(D|湿度=高)=\frac{1}{5}\left[1-\left(\frac{1}{1}\right)^2-\left(\frac{0}{1}\right)^2\right]+\frac{4}{5}\left[1-\left(\frac{2}{4}\right)^2-\left(\frac{2}{4}\right)^2\right]=0.4$$

同理计算可得

$$\mathrm{Gini}(D|湿度=低)=\frac{1}{5}\left[1-\left(\frac{1}{1}\right)^2-\left(\frac{0}{1}\right)^2\right]+\frac{4}{5}\left[1-\left(\frac{2}{4}\right)^2-\left(\frac{2}{4}\right)^2\right]=0.4$$

选取天气属性，把“晴”作为属性标签，那么“阴”和“雨”就被划分到另外一类。天气中“晴”的样本数目为1个，只有反例样本，无正例样本；天气中为“阴”和“雨”的样本数目为4个，正反例样本各占一半。由Gini指数计算式（5.22）可得

$$\text{Gini}(D|\text{天气=晴})=\frac{1}{5}\left[1-\left(\frac{1}{1}\right)^2-\left(\frac{0}{1}\right)^2\right]+\frac{4}{5}\left[1-\left(\frac{2}{4}\right)^2-\left(\frac{2}{4}\right)^2\right]=0.4$$

把“阴”作为属性标签，那么“晴”和“雨”就被划分到另外一类。天气中“阴”的样本数目为3个，2个正例样本，1个反例样本；天气中为“晴”和“雨”的样本数目为2个，只有反例样本，无正例样本。由Gini指数计算式（5.22）可得

$$\text{Gini}(D|\text{天气=阴})=\frac{3}{5}\left[1-\left(\frac{2}{3}\right)^2-\left(\frac{1}{3}\right)^2\right]+\frac{2}{5}\left[1-\left(\frac{0}{2}\right)^2-\left(\frac{2}{2}\right)^2\right]=0.27$$

同理计算可得

$$\text{Gini}(D|\text{天气=雨})=\frac{1}{5}\left[1-\left(\frac{1}{1}\right)^2-\left(\frac{0}{1}\right)^2\right]+\frac{4}{5}\left[1-\left(\frac{2}{4}\right)^2-\left(\frac{2}{4}\right)^2\right]=0.4$$

$$\text{Gini}(D|\text{风速=弱})=0,\quad \text{Gini}(D|\text{风速=强})=0,$$
$$\text{Gini}(D|\text{温度=炎热})=0.47,\quad \text{Gini}(D|\text{温度=适中})=0.3,$$
$$\text{Gini}(D|\text{温度=寒冷})=0.4$$

在四个属性中，风速属性的Gini指数最小为0，因此选择“风速”属性作为最优属性，“风速 = 弱”为最优切分点。按照这种切分，从根节点会直接产生两个叶节点，基尼指数降为0，完成决策树生长。

通过对比三种决策树的构造准则，以及在同一例子上的不同表现，不难总结三者之间的差异。通过比较ID3、C4.5和CART三种决策树的构造准则，在同一个样本集上，表现出不同的划分行为。ID3和C4.5在每个节点上可以产生多个分支，而CART每个节点只会产生两个分支。C4.5通过引入信息增益比，弥补了ID3在特征取值比较多时，由于过拟合造成泛化能力变弱的缺陷。从样本类型的角度，ID3只能处理离散型变量，而C4.5和CART可以处理连续型变量，C4.5处理连续型变量时，通过对数据排序之后找到类别不同的分割线作为切分点，根据切分点把连续属性转换为布尔型，从而将连续型变量转换多个取值区间的离散型变量。而对于CART，由于其构建时每次都会对特征进行二值划分，因此可以很好地适用于连续性变量。从应用角度，ID3和C4.5只能用于分类任务，而CART可以用于分类和回归任务。

5.3.2　随机森林算法

集成学习是将多个性能一般的普通模型进行有效集成，形成一个性能优良的集成模型。随机森林算法就是通过集成学习的思想将多棵树集成的一种算法，它的基本单元是决策树。每棵决策树都是一个分类器（假设现在针对的是分类问题），那么对于一个输入样本，N棵树会有N个分类结果。而随机森林集成了所有的分类投票结果，将投票次数最多的类别指定为

最终的输出。

以构造 ID3 决策树为例，随机森林集成学习中构造单棵决策树算法的具体步骤如下：假设样本集中样本数目为 m，每个样本特征数目为 l。

① 确定要生成决策树的数目 k。

② 对于每棵树而言，随机且有放回地从样本集中抽取 n 个训练样本（$n \leqslant m$），作为该决策树的训练集。

③ 从当前样本数据集的特征集合中随机选择 s（$s \leqslant l$）个特征组成新的特征集合。

④ 针对随机抽取的 n 个训练样本和 s 个特征利用 ID3 构造决策树。

⑤ 重复上述过程直到构造出 k 棵决策树。

⑥ 创建完成后，分别输入预测样本到 k 棵决策树，得到 k 个决策结果，对 k 个决策结果依据少数服从多数原则得到最终预测结果。

这里需要说明的是，为什么要随机抽样训练集？如果不进行随机抽样，每棵树的训练集都一样，那么最终训练出的树分类结果也是完全一样。为什么要有放回地抽样？如果不是有放回抽样，那么每棵树的训练样本都是不同，都是没有交集，这样每棵树训练出来都是有很大差异，而随机森林最后分类取决于多棵树的投票表决，这种表决是“求同”，因此使用完全不同的训练集来训练每棵树对最终分类结果是没有帮助的。

【例 5.9】现有一个由六个样本组成的数据集，每个样本由五个特征进行刻画，分类类别有两类，具体见表 5.10。

表 5.10　随机森林示例样本集

样本编号	特征 1	特征 2	特征 3	特征 4	特征 5	类别
1	1	2	1	2	0	0
2	0	1	0	4	0	0
3	1	0	0	1	0	1
4	0	2	1	2	1	0
5	1	1	1	1	0	0
6	0	0	1	3	1	1

针对表 5.10 所给出的样本，利用 ID3 算法，计算出熵和信息增益，具体见表 5.11。

表 5.11　5 个样本特征的熵和信息增益

特征	特征 1	特征 2	特征 3	特征 4	特征 5
熵	0.92	0	0.87	0.67	0.67
信息增益	0	0.92	0.05	0.25	0.25

建立第一棵决策树。首先，随机选择两个特征，比如特征 2 和特征 3。然后，随机选择几个样本，由于本例中样本数目只有六个，所以选择所有样本。由表 5.11 可知信息增益最大

的是特征 2，选择特征 2 作为决策树的根节点，然后，再选择特征 3 作为分支节点进行决策树的生成，如图 5.4 所示。因此在构造第一颗决策树的时候并没有用到特征 3 特征。

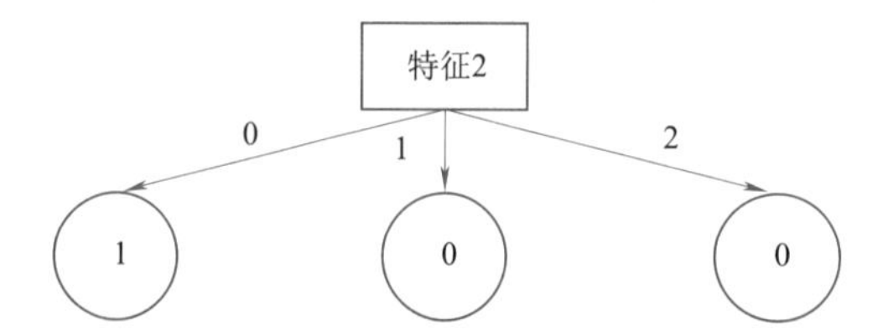

图 5.4　以特征 2 和特征 3 为特征生成的决策树

接下来，按照同样的方法再随机选择两个特征，比如特征 3 和特征 4，选择所有样本。信息增益最大的是特征 4，选择特征 4 作为决策树的根节点，然后再选择特征 3 作为分支节点进行决策树的生成，如图 5.5 所示。

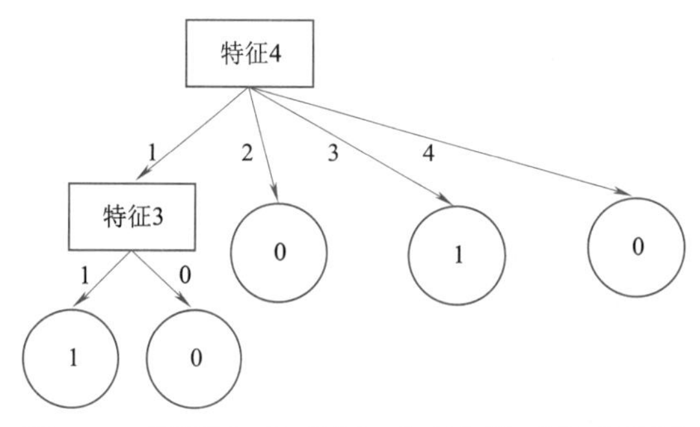

图 5.5　以特征 3 和特征 4 为特征生成的决策树

将表 5.12 中待预测样本分别代入图 5.4 和图 5.5 中的两棵决策树。比如编号为 1 的样本代入第一棵决策树，首先，判断特征 2，因为特征 2 的取值为 1，故预测结果为 0；代入第二棵决策树，首先，判断特征 4，因为特征 4 的取值为 4，故预测结果为 0。其他样本同理计算，最终预测结果见表 5.13，其中，最终预测结果通过少数服从多数得到。

表 5.12　待预测样本

样本编号	特征 1	特征 2	特征 3	特征 4	特征 5
1	0	1	0	4	1
2	1	0	1	2	1
3	0	1	1	1	1

表 5.13　待预测样本的预测结果

样本编号	预测结果 1	预测结果 2	最终预测结果
1	0	0	0
2	1	0	1
3	0	0	0

5.3.3 K-Means 算法

对于监督学习，其训练样本带有标记信息，并且监督学习的目的是对带有标记的数据集进行模型学习，从而便于对新的样本进行分类。而在无监督学习中，训练样本的标记信息是未知的，目标是通过对无标记训练样本的学习来揭示数据的内在性质及规律，为进一步的数据分析提供基础。对于无监督学习，应用最广的便是聚类。聚类算法试图将数据集中的样本划分为若干个通常是不相交的子集，每个子集称为一个簇，通过这样的划分，每个簇可能对应于一些潜在的类别。K-Means 算法又名 K 均值算法，是最经典的聚类算法之一，算法过程如下：

视频

K-Means

① 从 N 个样本数据中随机选取 K 个对象作为初始的聚类中心。

② 分别计算每个样本到各个聚类中心的距离，将对象分配到距离最近的聚类中。

③ 所有对象分配完成后，重新计算 K 个聚类中心。

④ 与前一次计算得到的 K 个聚类中心比较，如果聚类中心发生变化，转②，否则转⑤。

⑤ 当中心不发生变化时停止并输出聚类结果。

由上述的 K-Means 算法流程可知，要实现 K-Means 算法需要解决簇个数 K 的选择、各个样本点到簇中心的距离和簇中心的更新三个问题。

首先，K 值的选择一般是按照实际需求进行决定，或在实现算法时直接给定。

接下来，在未给出常用的距离度量之前，先介绍相关概念：连续属性和离散属性。连续属性在定义域上有无穷多个可能取值，比如人的身高。离散属性在定义域上只有有限或无限可数个值，比如婚姻状态。然而，在讨论距离计算时，属性上是否定义了序关系更为重要，例如，定义域为 {1, 2, 3} 的离散属性与连续属性的性质更接近一些，能直接在属性值上计算距离“1”与“2”比较接近、与“3”比较远，这样的属性称为有序属性；而定义域为 { 飞机，火车，轮船 } 这样的离散属性则不能直接在属性值上计算距离，称为无序属性。距离的度量方法主要分为有序属性距离度量、无序属性距离度量和混合属性距离度量。

给定样本集 $D = \{x^{(1)}, x^{(2)}, \cdots, x^{(m)}\}$ 和聚类簇数 K，其中，$x^{(i)} = (x^{(1)}, x^{(2)}, \cdots, x_n^{(i)}), i = 1, 2, \cdots, m$，$m$ 表示样本数，n 表示属性数。常用的有序属性距离度量为闵可夫斯基距离（Minkowski Distance）$\text{dist}_{\text{mk}}(x^{(i)}, \text{x}^{(j)})$，即

$$\text{dist}_{\text{mk}}(x^{(i)},x^{(j)}) = \left\|x^{(i)} - x^{(j)}\right\|_p = \left(\sum_{l=1}^{n}\left|x_l^{(i)} - x_l^{(j)}\right|^p\right)^{\frac{1}{p}} \tag{5.23}$$

当 $p = 2$ 时闵可夫斯基距离又称为欧氏距离（Euclidean Distance）$\text{dist}_{\text{ed}}(x^{(i)}, x^{(j)})$，即

$$\text{dist}_{\text{ed}}(x^{(i)},x^{(j)}) = \left\|x^{(i)} - x^{(j)}\right\|_2 = \sqrt{\left(\sum_{l=1}^{n}\left|x_l^{(i)} - x_l^{(j)}\right|^2\right)} \tag{5.24}$$

当 $p = 1$ 时闵可夫斯基距离又称为曼哈顿距离（Manhattan Distance）$\text{dist}_{\text{man}}(x^{(i)}, x^{(j)})$，即

$$\text{dist}_{\text{man}}(x^{(i)}, x^{(j)}) = \left\| x^{(i)} - x^{(j)} \right\|_1 = \sum_{l=1}^{n} \left| x_l^{(i)} - x_l^{(j)} \right| \tag{5.25}$$

常用的无序属性距离度量为 VDM（Value Difference Metric），在属性 l 上两个离散值 a 与 b 的 VDM 距离 $\text{VDM}_p(a, b)$ 定义如下

$$\text{VDM}_p(a,b) = \sum_{z=1}^{K} \left| \frac{m_{l,a,z}}{m_{l,a}} - \frac{m_{l,b,z}}{m_{l,b}} \right|^p \tag{5.26}$$

式中，$m_{l,a}$ 表示在属性 l 上取值 a 的样本数，$m_{l,a,z}$ 表示在第 z 个样本簇中属性 l 上取值为 a 的样本数，K 为样本簇数。混合属性距离度量是有序属性距离度量与无序属性距离度量的结合，假设前 n_c 个为有序属性，后 $n - n_c$ 个为无序属性，则

$$\text{MinkovDM}_{\text{p}}(x^{(i)}, x^{(j)}) = \left(\sum_{l=1}^{n_c} \left| x_l^{(i)} - x_l^{(j)} \right|^p + \sum_{l=n_c+1}^{n} \text{VDM}_p(x_l^{(i)}, x_l^{(j)}) \right)^{\frac{1}{p}} \tag{5.27}$$

对于划分好的各个簇 $C = \{C_1, C_2, \cdots, C_k\}$，计算各个簇中的样本点均值 $\mu^{(i)}$，即

$$\mu^{(i)} = \frac{1}{|C_i|} \sum_{x \in C_i} x \tag{5.28}$$

将其均值作为新的簇中心。

K-Means 算法针对聚类所得簇划分 $C = \{C_1, C_2, \cdots, C_k\}$ 满足

$$E = \sum_{i=1}^{k} \sum_{x \in C_i} \text{MinkovDM}_p(x, \mu^{(i)}) \tag{5.29}$$

最小，在上式中通常取 $p = 2$。上式某种程度上描述了簇内样本围绕簇均值向量的紧密程度，E 值越小，则簇内样本相似度越高。

需要说明的一点是，为避免运行时间过长，通常设置一个最大运行轮数或最小调整幅度阈值，若达到最大轮数或调整幅度小于阈值，则停止运行。

【例 5.10】表 5.14 给出了某餐厅部分餐饮客户的消费行为属性数据，其中，R 最近一次消费时间间隔，F 表示消费频率，M 表示消费金额。接下来使用 K-Means 算法根据这些数据将客户分类成不同客户群，以便评价这些客户群的价值。

表 5.14　某餐厅部分餐饮客户的消费行为属性数据

Id	R	F	M	Id	R	F	M
1	27	6	233	5	14	7	1 913
2	3	5	1 507	6	19	6	220
3	4	16	818	7	5	2	616
4	3	11	233	8	26	2	1 060

续表

Id	R	F	M	Id	R	F	M
9	21	9	305	35	13	21	1 276
10	2	21	1 228	36	10	16	334
11	15	2	521	37	5	5	759
12	26	3	438	38	1	1	1 383
13	17	11	1 745	39	24	8	3 281
14	30	16	1 957	40	19	4	155
15	5	7	1 714	41	9	1	501
16	4	21	1 768	42	1	24	1 722
17	93	2	1 016	43	14	1	107
18	16	3	950	44	10	1	973
19	4	1	755	45	10	17	765
20	27	1	294	46	7	6	1 251
21	5	1	195	47	23	11	923
22	17	3	1 845	48	15	1	1 011
23	12	13	1 434	49	1	15	1 848
24	21	3	276	50	3	21	1 669
25	18	5	450	51	10	3	1 758
26	30	21	1 629	52	30	8	1 866
27	4	2	1 795	53	28	8	1 791
28	7	12	1 786	54	4	15	875
29	18	1	679	55	24	5	557
30	60	7	5 319	56	16	2	1 025
31	4	22	874	57	7	2	1 261
32	16	1	655	58	66	4	2 921
33	3	2	230	59	4	2	1 266
34	14	11	1 166	60	21	11	626

采用 K-Means 聚类算法，设定聚类个数 K 为 3，最大迭代次数为 500 次，距离函数取欧氏距离。算法输出的各聚类中心及各聚类类别数目见表 5.15，各样本所属类别见表 5.16，聚类结果可视化如图 5.6 所示。

表 5.15　K-Means 聚类算法输出的聚类中心及各聚类数目

聚类类别		客户群 0	客户群 1	客户群 2
样本数目		4	39	17
聚类中心	R	2.770 779	−0.113 328	−0.391 959
	F	−0.374 253	−0.560 258	1.373 357
	M	2.263 734	−0.325 986	

表 5.16　K-Means 聚类算法输出的各样本所属类别

Id	R	F	M	聚类类别	Id	R	F	M	聚类类别
1	27	6	233	1	31	4	22	874	2
2	3	5	1 507	1	32	16	1	655	1
3	4	16	818	2	33	3	2	230	1
4	3	11	233	1	34	14	11	1 166	2
5	14	7	1 913	1	35	13	21	1 276	2
6	19	6	220	1	36	10	16	334	2
7	5	2	616	1	37	5	5	759	1
8	26	2	1 060	1	38	1	1	1 383	1
9	21	9	305	1	39	24	8	3 281	0
10	2	21	1 228	2	40	19	4	155	1
11	15	2	521	1	41	9	1	501	1
12	26	3	438	1	42	1	24	1 722	2
13	17	11	1 745	2	43	14	1	107	1
14	30	16	1 957	2	44	10	1	973	1
15	5	7	1 714	1	45	10	17	765	2
16	4	21	1 768	2	46	7	6	1251	1
17	93	2	1 016	0	47	23	11	923	1
18	16	3	950	1	48	15	1	1 011	1
19	4	1	755	1	49	1	15	1 848	2
20	27	1	294	1	50	3	21	1 669	2
21	5	1	195	1	51	10	3	1 758	1
22	17	3	1 845	1	52	30	8	1 866	1
23	12	13	1 434	2	53	28	8	1 791	1
24	21	3	276	1	54	4	15	875	2
25	18	5	450	1	55	24	5	557	1
26	30	21	1 629	2	56	16	2	1 025	1
27	4	2	1 795	1	57	7	2	1 261	1
28	7	12	1 786	2	58	66	4	2 921	0
29	18	1	679	1	59	4	2	1 266	1
30	60	7	5 319	0	60	21	11	626	1

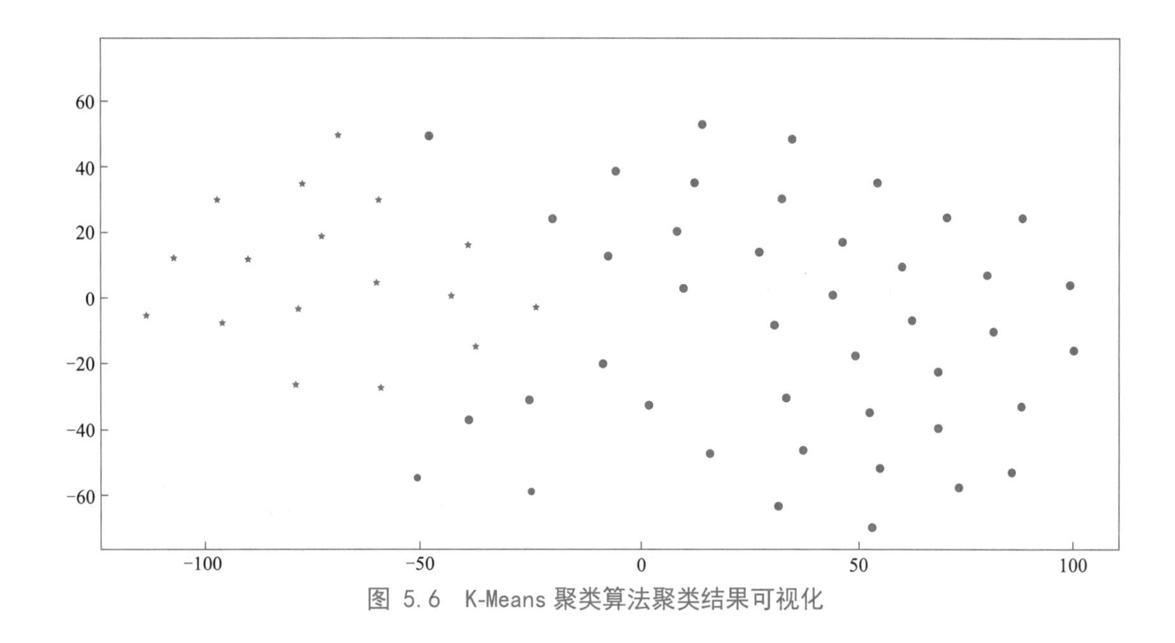

图 5.6 K-Means 聚类算法聚类结果可视化

5.3.4 Apriori 算法

关联规则分析也称为购物篮分析，最早是为了发现超市销售数据库中不同的商品之间的关联关系。例如，一个超市的经理想要更多地了解顾客的购物习惯，比如"哪组商品可能会在一次购物中同时购买"，或者"某顾客购买了个人计算机，那么该顾客三个月后购买数码相机的概率有多大"，他可能会发现购买了面包的顾客非常有可能会购买牛奶，这就导出了一条关联规则"面包 ⇒ 牛奶"，其中面包称为规则的前项，而牛奶称为后项。通过对面包降低售价进行促销，而适当提高牛奶的售价，关联销售出的牛奶就有可能增加超市整体的利润。关联规则分析是数据挖掘中最活跃的研究方法之一，目的是在一个数据集中找出各项之间的关联关系，而这种关系并没有在数据中直接表示出来。Apriori 算法是一种最有影响的挖掘布尔关联规则频繁项集的算法。其主要思想是找出存在于事务数据集中的最大的频繁项集，再利用得到的最大频繁项集与预先设定的最小置信度阈值生成强关联规则。在未介绍具体算法之前，先给出几个要用到的概念。

视 频

Apriori算法

1. 项集与事务

设 $I=\{I_1, I_2, \cdots, I_m\}$ 是 m 个不同项目组成的集合，则 I 称为项目集合，简称为项集；I 中元素个数称为项集的长度。长度为 k 的项集称为 k- 项集。每个事物（又称交易）T 是项集 I 上的一个子集，即 $T \subseteq I$，每一个交易有一个唯一的标识——事务号，记作 TID。事务的全体构成了事务数据库 D，事务集 D 中包含事务的个数记为 $|D|$。

2. 关联规则

关联规则是形如 $X \Rightarrow Y$ 的蕴含式，其中，X 称为规则前件，Y 称为规则后件，X 和 Y 满足 X 和 Y 都是 I 的真子集，且 $X \cap Y = \varnothing$。

3. 支持度

设项集 $X\subseteq I$，项集 X 的支持度 support(X) 定义如下：

$$\text{support}(X)=\frac{\text{count}(X)}{|D|} \quad (5.30)$$

式中，count(X) 表示包含项集 X 所有事务的个数，称为项集 X 的支持数。项集的支持度表示在所有事务中同时出现 X 的概率，反映了项集在交易集中的重要性。

关联规则 $X\subseteq Y$ 支持度 support($X\Rightarrow Y$) 定义如下

$$\text{support}(X\Rightarrow Y)=\frac{\text{count}(X\cup Y)}{|D|} \quad (5.31)$$

式中，count($X\cup Y$) 表示同时包含项集 X 和 Y 所有事务的个数。关联规则的支持度表示在所有事务中 X 和 Y 同时出现的概率。如果 X 和 Y 同时出现的概率小，则说明两者关系不大；如果 X 和 Y 同时出现的概率大，则说明两者相关。其反映了项集在交易集中的重要性。

项集的最小支持度和关联规则的最小支持度是用户或专家定义的衡量支持度的阈值，表示项集和关联规则在统计意义上的最低重要性。因为关联规则的支持度本质上还是项集的支持度，所以在实际应用中只给出项集的最小支持度。

4. 置信度

关联规则 $X\Rightarrow Y$ 置信度 confidence($X\Rightarrow Y$) 定义如下

$$\text{confidence}\,(X\Rightarrow Y)=\frac{\text{support}\,(X\cup Y)}{\text{support}\,(X)} \quad (5.32)$$

置信度揭示了 X 出现时，Y 也出现的可能性的大小。如果置信度为 1，则说明 X 和 Y 完全相关，如果置信度过低，则说明 X 出现与 Y 是否出现的关系不大。

最小置信度是用户或专家定义的衡量置信度的一个阈值，表示关联规则的最低可靠性。

5. 频繁项集

支持度大于或等于最小支持度阈值的项集称为频繁项集，简称频繁集，反之则称为非频繁集。通常 k- 项集如果满足最小支持度阈值，称为 k- 频繁集，记作 L_k。

6. 强关联规则

如果关联规则 $X\Rightarrow Y$ 同时满足下面两个条件

$$\begin{cases}\text{support}(X\Rightarrow Y)\geqslant \text{最小支持度}\\ \text{confidence}\,(X\Rightarrow Y)\geqslant \text{最小置信度}\end{cases}$$

则称该关联规则为强关联规则。

Apriori 算法实现的两个过程如下：

过程一：找出所有的频繁项集 L_k，在这个过程中连接步和剪枝步互相融合。连接具体过程如下：

① 对给定的最小支持度阈值，分别对 1 项候选集 C_1，剔除小于最小支持度的项集得到 1 项频繁集 L_1。

② 由 L_1 自身连接产生 2 项候选集 C_2，保留 C_2 中满足约束条件的项集得到 2 项频繁集，记为 L_2。

③ 由 L_2 与 L_2 连接产生 3 项候选集 C_3，连接时只能将只差最后一个项目不同的项集进行连接，保留 C_3 中满足约束条件的项集得到 3 项频繁集，记为 L_3。

④ 循环下去，得到最大频繁项集 L_k。

剪枝目的是在产生候选项 C_k 的过程中减小搜索空间。由于 C_k 是 L_{k-1} 与 L_{k-1} 连接产生的，根据 Apriori 的性质，频繁项集的所有非空子集也必须是频繁项集，所以，不满足该性质的项集将不会存在于 C_k，该过程就是剪枝。

过程二：由频繁项集产生强关联规则。由过程一可知未超过给定的最小支持度阈值的项集已被剔除，如果剩下这些规则又满足了预定的最小置信度阈值，那么就挖掘出了强关联规则。在得到所有频繁项目集后，可以按照下面的步骤生成关联规则：

① 对于每一个频繁项目集 L，生成其所有的非空子集。

② 对于 L 的每一个非空子集 X，如果 $\frac{\text{support}(L)}{\text{support}(X)} \geqslant$ 最小置信度，那么 $X \Rightarrow L - X$ 成立。

需要说明的是，Apriori 算法可能产生大量的候选集以及可能需要重复扫描数据库，这是 Apriori 算法的两大缺点。

【例 5. 11】表 5.17 所示为一个事务数据库 D，共包含四条事务，假设最小支持度为 50%，最小置信度为 70%，利用 Aprior 算法求事务数据库中的频繁关联规则。

表 5.17　事务数据库 D

TID	项目集
1	面包，牛奶，啤酒，尿布
2	面包，牛奶，啤酒
3	啤酒，尿布
4	面包，牛奶，花生

首先利用 Apriori 算法生成所有的频繁项目集。

① 生成候选频繁 1- 项目集

$$C_1 = \{\{面包\},\{牛奶\},\{啤酒\},\{花生\},\{尿布\}\}$$

扫描事务数据库 D，计算 C_1 中每个项目集在 D 中的支持度。从事务数据库 D 中可以得出包含 { 面包 } 的事物有 3 个，包含 { 牛奶 } 的事物有 3 个，包含 { 啤酒 } 的事物有 3 个，包含 { 花生 } 的事物有 1 个，包含 { 尿布 } 的事物有 2 个，从而上述各项目集的支持数依次为 3、3、3、1、2。事务数据库 D 的项目集总数为 4，因此可得出 C_1 中每个项目集的支持度分别为

support({ 面包 }) = 75%，support({ 牛奶 }) = 75%

support({ 啤酒 }) = 75%，support({ 花生 }) = 25%

support({ 尿布 }) = 50%

根据最小支持度为 50%，可以得出频繁 1- 项目集为

$$L_1 = \{\{面包\},\{牛奶\},\{啤酒\},\{尿布\}\}$$

② L_1 自身进行连接，连接时只能将只差最后一个项目的不同项集进行连接。因为 L_1 中的每个元素都是单元集，所以，各不同项集最后一个项目均不相同，据此可生成候选频繁 2- 项目集为

$$C_2 = \{\{面包,牛奶\},\{面包,啤酒\},\{面包,尿布\},\{牛奶,啤酒\},\{牛奶,尿布\},\{啤酒,尿布\}\}$$

扫描事务数据库 D，计算 C_2 中每个项目集在 D 中的支持度。从事务数据库 D 中可以得出每个项目集的支持数分别为 3、2、1、2、1、2，事务数据库 D 的项目集总数为 4，因此可得出 C2 中每个项目集的支持度分别为 75%、50%、25%、50%、25%、50%。

support({ 面包 , 牛奶 }) = 75%，support({ 面包 , 啤酒 }) = 50%

support({ 面包 , 尿布 }) = 25%，support({ 牛奶 , 啤酒 }) = 50%

support({ 牛奶 , 尿布 }) = 25%，support({ 啤酒 , 尿布 }) = 50%

根据最小支持度为 50%，可以得出频繁 2- 项目集为

$$L_2 = \{\{面包,牛奶\},\{面包,啤酒\},\{牛奶,啤酒\},\{啤酒,尿布\}\}$$

③ L_2 自身进行连接，连接时只能将只差最后一个项目不同的项集进行连接，只有 { 面包，牛奶 } 和 { 面包，啤酒 } 满足条件，自连接后的集合为 { 面包，牛奶，啤酒 }。生成候选频繁 3- 项目集为

$$C_3 = \{\{面包,牛奶,啤酒\}\}$$

扫描事务数据库 D，计算 C_3 中每个项目集在 D 中的支持度。从事务数据库 D 中可以得出每个项目集的支持数分别为 2，事务数据库 D 的项目集总数为 4，因此可得出 C_3 中每个项目集的支持度分别为

support({{ 面包 , 牛奶 , 啤酒 }}) = 50%

根据最小支持度为 50%，可以得出频繁 3- 项目集为

$$L_3 = \{\{面包, 牛奶, 啤酒\}\}$$

因为 L_3 是单元集，无须再与自身连接，故 L_3 已是最大频繁项集。

④ 所有的频繁项集为

$$L = L_1 \cup L_2 \cup L_3 = \{\{面包\},\{牛奶\},\{啤酒\},\{尿布\},\{面包, 牛奶\},\{面包, 啤酒\},$$
$$\{牛奶, 啤酒\},\{啤酒, 尿布\},\{面包, 牛奶, 啤酒\}\}$$

接下来利用 Apriori 算法生成所有的强关联规则。

只考虑 L 中项目集长度大于 1 的项目集。例如，{ 面包，牛奶，啤酒 }，它的所有非真子集为 { 面包 }，{ 牛奶 }，{ 啤酒 }，{ 面包，牛奶 }，{ 面包，啤酒 }，{ 牛奶，啤酒 }，对每个非空真子集分别计算相应关联规则的置信度，计算结果如下：

$$\begin{aligned}
&\text{support}(\{面包\} \Rightarrow \{牛奶,啤酒\}) = 67\%, \quad \text{support}(\{牛奶\} \Rightarrow \{面包,啤酒\}) = 67\%,\\
&\text{support}(\{啤酒\} \Rightarrow \{面包,牛奶\}) = 67\%, \quad \text{support}(\{面包,牛奶\} \Rightarrow \{啤酒\}) = 67\%,\\
&\text{support}(\{面包,啤酒\} \Rightarrow \{牛奶\}) = 100\%, \quad \text{support}(\{牛奶,啤酒\} \Rightarrow \{面包\}) = 100\%
\end{aligned}$$

由于最小置信度为 70%，可得，{ 面包，啤酒 } → { 牛奶 }，{ 牛奶，啤酒 } → { 面包 } 为强关联规则。也就是说，买面包和啤酒的同时肯定会买牛奶，买牛奶和啤酒的同时也会买面包。对于 L 中其他项目集长度大于 1 的项目集，同理可求所对应的强关联规则，不再赘述。

5.3.5 神经网络

人工神经网络对一组输入信号和一组输出信号之间关系进行建模，是模拟生物神经网络进行信息处理的一种数学模型。神经网络中最基本的成分是神经元模型，如图 5.7 所示，其接收到来自 n 个其他神经元传递过来的输入信号 $x_1, x_2, \cdots, x_n$，根据输入信号重要性 $\omega_1, \omega_2, \cdots, \omega_n$ 对它们加权求和，将求和结果与神经元阈值 θ 进行比较，然后通过激活函数 f 处理产生神经元的输出 y。

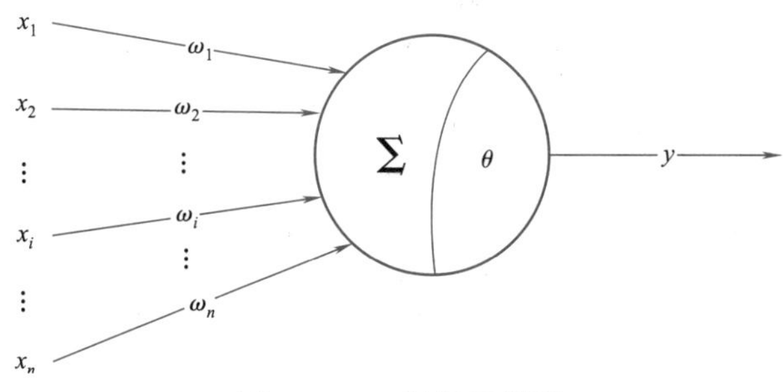

图 5.7 MP 神经元模型

一个典型的 n 个输入的神经元可以用如下公式来表示

$$y = f\left(\sum_{i=1}^{n} \omega_i x_i - \theta\right)$$

虽然有很多种不同的神经网络，但每一种都可以通过下面的特征来定义：

① 激活函数，将神经元的输入信号转换成单一输出信号。

② 网络拓扑，刻画模型中神经元数量、层数和它们连接方式。

③ 训练算法，制定如何设置连接权重，以便抑制或者增加神经元在输入信号中的比重。

（1）激活函数

激活函数是人工神经元处理信息并将信息传递到整个网络的机制。在生物神经网络中每个神经元存在多个神经元与之相连，当与之相连的神经元“兴奋”时，就会向其发送化学物质，从而改变该神经元内的电位，如果其电位超过了一个“阈值”，那么它就会被激活，即“兴奋”起来。因此，理想激活函数是阶跃函数，如式（5.33）所示，0 表示抑制神经元，1 表示激活神经元，阶跃函数的图形如图 5.8 中虚线所示。

$$\operatorname{sgn}(x) = \begin{cases} 1, & 当\ x \geqslant 0 \\ 0, & 当\ x < 0 \end{cases} \tag{5.33}$$

阶跃函数具有不连续、不光滑等不好的性质，常用的是 sigmoid 激活函数，简称 S 型激活函数，如式（5.34）所示，图形如图 5.8 中实线所示。尽管 sigmoid 激活函数和阶跃函数形状类似，但是其输出信号不再是二元的，输出值落在（0, 1），且其可微，这意味着它很可能计算出遍及整个输入范围的导数。同一个网络中可能使用多种不同的激活函数，也可能在输出层不使用激活函数。

$$\operatorname{sigmoid}(x) = \frac{1}{1 + \mathrm{e}^{-x}} \tag{5.34}$$

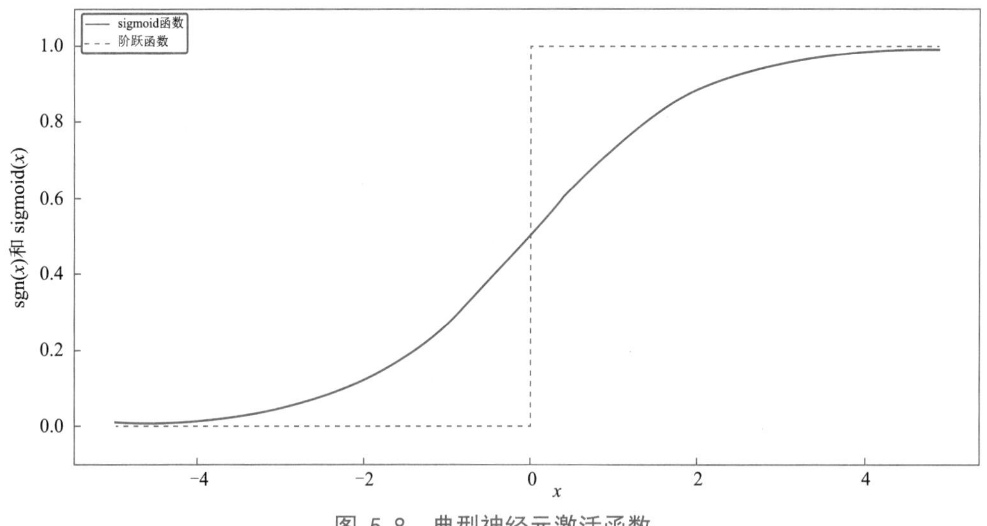

图 5.8　典型神经元激活函数

（2）网络拓扑

神经网络的学习能力源于它的拓扑结构，即神经元相互连接的模式与结构。虽然有很多网络结构形式，但它们可通过三个要素进行区分：层的数目、每层中节点数和网络中信息的传播方向。

常见神经网络拓扑结构如图 5.9 所示，其每一层包含若干个神经元，同层神经元间没有互相连接，每层神经元与下层神经元全互连，不存在跨层连接，层间信息的传送只沿一个方向进行。第一层称为输入层，最后一层为输出层，中间为隐含层，隐含层可以是一层，也可以是多层，这样的神经网络结构通常称为多层前馈神经网络。前馈神经网络中无反馈，可用一个有向无环图表示。反馈神经网络则允许信号使用循环在两个方向上传播，每个神经元同时将自身的输出信号作为输入信号反馈给其他神经元，它需要工作一段时间才能达到稳定。

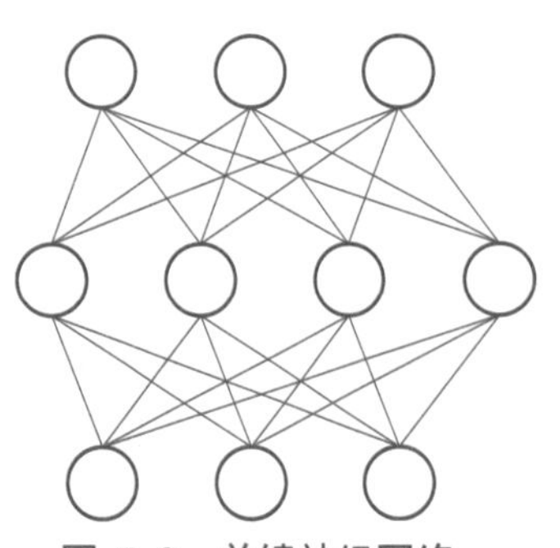

图 5.9 前馈神经网络

此外，可改变神经网络每一层中节点数目，输入节点的数目由输入数据特征的数量预先确定，输出节点的数目需要根据建模目标预先确定，对于以分类为目的的建模，输出节点的数目就是分类类别的个数。不过，对于隐含层中神经元的个数尚无通用方法来确定，合适的数目取决于输入节点的个数、训练数据的数量、噪声数据的数量等。通常做法是基于验证数据集，使用较少的节点产生适用的性能。在大多数情况下，即使只有少量的隐藏节点，神经网络也可以提供很好的学习能力。

（3）训练算法

对于神经网络的训练，误差逆传播（Error BackPropagation，BP）算法是迄今最成功的神经网络学习算法。BP 算法不仅可用于多层前馈神经网络，还可用于其他类型的神经网络，比如多层反馈神经网络。BP 算法先将输入数据提供给输入层神经元，然后逐层将信号前传，直到产生输出层的结果；然后计算输出结果与训练数据真实值间的误差，再将误差逆向传播至隐层神经元；最后根据隐层神经元的误差来对连接权和阈值进行调整，该迭代过程循环进行，直到达到某些停止条件位置。

5.4 数据分析工具

数据分析工具是使用统计分析或者数据挖掘技术从大型数据集中发现并识别模式的计算机软件。本节主要介绍几个流行的数据分析工具。

1. RapidMiner

RapidMiner 是最受欢迎的免费开源数据挖掘工具之一，基于 Java 语言开发，提供一些具有可扩展性的数据挖掘算法实现，能帮助开发人员更加方便快捷地创建自己的应用程序。其最大优势在于用户无须写任何代码，它是作为一个服务提供，而不是一款本地软件。除数据挖掘，RapidMiner 拥有诸如数据预处理、可视化等功能，同时还兼容来自 Weka 和 R 脚本的学习方案、模型和算法。RapidMiner 还提供一些很有用的扩展包，可用来搭建推荐系统和评论挖掘系统。

2. R

R 是用于统计分析和图形化的计算机语言及分析工具，为了提高性能，其核心计算模块采用 C、C++ 和 Fortran 开发。同时，它提供一种脚本语言（即 R 语言）以便于使用。R 支持多种标准数据挖掘任务，包括统计检验、预测建模、数据可视化等。R 软件的首选界面是命令行界面，通过编写脚本来调用分析功能。如果编程能力不足，也可使用图形界面，比如使用 R Commander 或 Rattle。

3. Weka

Weka 支持一系列分析技术，包括数据收集、预处理、分类、回归分析、可视化等。高级用户可通过 Java 编程和命令行调用其分析组件，普通用户可通过图形化界面调用其分析组件。和 R 相比，Weka 在统计分析方面较弱，但在机器学习方面强很多。与 RapidMiner 相比优势在于，它在 GNU 通用公共许可证下免费，用户可根据自己喜好自定义。在 Weka 论坛可找到诸如文本挖掘、可视化、网格计算等扩展包，且很多其他开源数据挖掘软件支持调用 Weka 的分析功能。

4. Python

Python 由荷兰数学和计算机科学研究学会的 Guido van Rossum 于 20 世纪 90 年代初设计，作为 ABC 语言的替代品。Python 是一种免费且开源的解释型语言，支持面向对象和动态数据类型，具有简洁性、易读性以及可扩展性，如今已被业界认为是最好的编程语言之一。与 R 相比，Python 的学习要快很多，只要熟悉变量、数据类型、函数、条件和循环等基本编程概念，就可以在几分钟内完成极其复杂的数据分析。同时，Python 有非常庞大的库，它可以帮助用户处理各种工作，包括正则表达式、文档生成、单元测试、线程、数据库、网页浏览器、GUI（图形用户界面），以及其他与系统有关的操作等。

5. KNIME

KNIME 是使用 Java 语言基于 Eclipse 开发环境开发的一款数据挖掘工具，其可扩展使用 Weka 中的挖掘算法。采用类似数据流的方式来建立数据挖掘流程。挖掘流程由多个功能节点组成，每个功能节点有输入 / 输出端口，用于接收数据或模型、导出结果。

6. Tanagra

Tanagra 是为学术和研究目的开发的免费数据挖掘软件。它使用图形界面，采用树状结构来组织分析组件。Tanagra 的强项是统计分析，提供了众多的有参和无参检验方法，同时提供聚类、因子分析、关联规则分析、特征选择和构建等方法，但缺乏高级可视化功能。

5.5 电力大数据分析

5.5.1 基于电力大数据分析的反窃电预测方法

近年来，电力与经济的发展变得密不可分，社会对电能的依赖程度越来越高，但是个别企业存在窃电行为，使国家承受着损失。当前用户窃电行为的主要特点是窃电过程隐蔽化、窃电手段高科技化、窃电数量大额化，除此之外，由于窃电导致的各种事故所造成的间接损失更加巨大。

长期以来，我国在反窃电方面取得了一些成就，当前常见的反窃电手段较为传统，主要集中在规范电能表计量方式、接线方式、封闭计量装置、提升电能表性能等方面，或者对电力数据进行挖掘分析，选择正常用电客户的数据建立正常用电模型，之后对系统里的用户数据进行比对分析，筛选出和正常用电模型偏差较多的用户，视为异常用电户，再对其进行现场的嫌疑排查。这些方式都可以取得一些成效，在一定程度上起到遏制用户窃电行为的发生。但是，这些手段要么有些耗时，浪费了大量的人力、物力，要么有些片面，仅对采集系统中的数据进行预处理，之后直接进行模型构建，没有把异常事件和线损等因素考虑在内，可能会遗漏很多有利的信息，导致模型准确率不高。

当前电力系统建设的不完善导致采集系统数据结构复杂，数据类型很多，如果将异常规则分析、异常事件数据、线损数据和电压、电流等数据结合起来进行反窃电模型的构建，将会更加全面地覆盖到更多的异常情况。

下面介绍一种基于电力大数据分析的反窃电预测方法。该方法将异常识别规则和机器学习算法结合起来，引入线损率增长率进行综合分析，能比较高效地识别出窃电用户。

基于电力大数据的反窃电预测方法设计思路如图 5.10 所示，具体分为以下三个步骤。

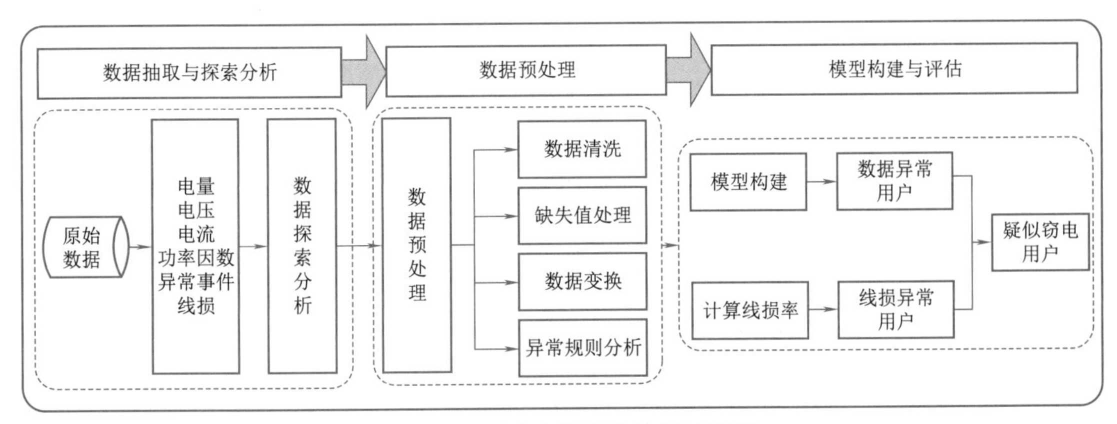

图 5.10 反窃电预测方法设计思路

步骤 1：数据抽取与探索分析。从某省份 24 万高压用户提取与反窃电预测相关数据，并进行探索分析。

步骤 2：数据预处理。对数据进行预处理，包括数据清洗、缺失值处理和数据变换和异常规则分析。

步骤 3：模型构建与评估。使用多种分类算法对数据进行训练，分别从算法角度和数据角度对训练所得模型进行评估，将两方面均占优的模型作为最终反窃电预测模型。

1．数据抽取与探索分析

电力公司常见的数据有用户每天电量数据、电压数据、电流数据、功率因数数据、异常事件数据、线损数据和窃电用户档案数据等。对已查实窃电用户的日用电量做探索分析，发现用户窃电前后日用电量不一定会呈现出特定规律。图 5.11 所示是用户甲和用户乙窃电查实日期前后每日用电量的波动曲线，其中横轴表示用户的用电日期（单位：星期），纵轴表示用户的用电量（单位：kW · h），“×”标注的地方是用户窃电查实日期。

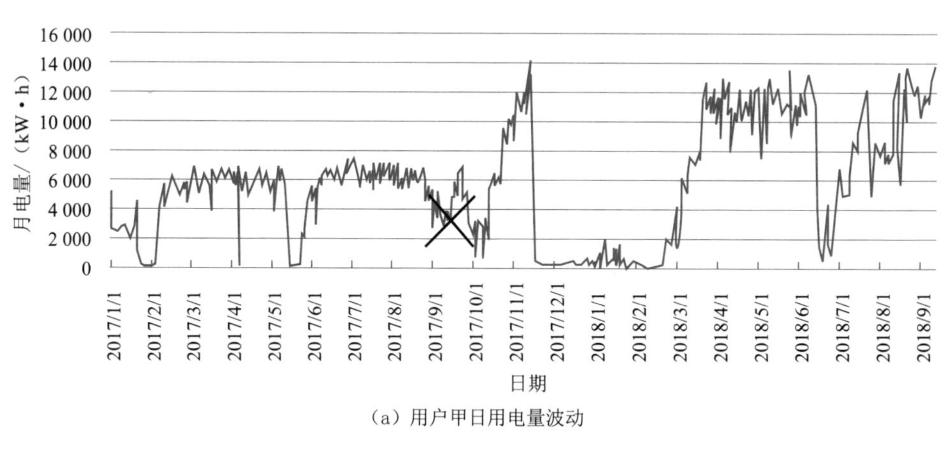

（a）用户甲日用电量波动

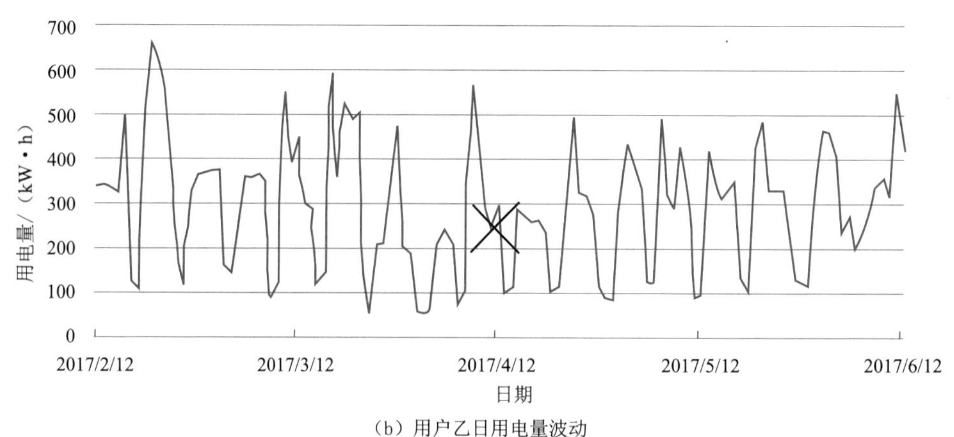

（b）用户乙日用电量波动

图 5.11　用户日用电量波动曲线

如果用户被查到存在窃电行为，现场排场人员会对其电表进行整改，通常经过整改并恢复正常用电后，用户日用电量比之前应该是增加的，在一段时间内会呈现特定的变化趋势。从图 5.11 中可以看到用户甲的窃电查实日期是 2017 年 9 月 14 日，但是在这之后日用电量只经过一次短暂的增长，接着就是起伏不定的状态，没有规律可循。用户乙的窃电查实日期是 2017 年 4 月 12 日。从图 5.11 中很容易看到用户乙在恢复正常用电前后日用电量的波动形态保持一致，并未出现特殊的变化。因此针对本数据集只使用日用电量数据来进行反窃电预测模型构建不足。

对真实窃电案例进行探索分析时发现窃电方式是多样化的，且不同数据呈现不同变化规律，比如功率因数数据异常时，电流和电压数据不一定出现异常。因此，为了训练数据的完备性，构建模型所抽取的数据包括用户电压数据、电流数据、功率因数数据、线损数据、异常事件数据和窃电用户档案数据。

电流、电压和功率因数数据每 15 min 采集一次，因此一天中共有 96 个数据点。三类数据表格式相似，仅以电压数据举例说明，电压数据表格中的内容描述见表 5.18。

表 5.18　电压数据格式描述

数据类别	特征个数	数据描述
电压数据	109	用户每天都有 96 个点的数据，即对应 96 个特征，外加一部分时间信息和档案型信息，一共 109 个特征。此外，用户每天有三条或者四条数据，分别对应接线方式为三相三线或者三相四线的用户。比如三相三线，用户每天的电压数据有三条，共 3×96 个数据点

异常事件是指由于用户私自打开电表表盖、电能表计量异常事件、电能表停走等异常事件引发的终端报警记录。这些异常事件在构建模型时是不可忽视的重要指标。比如，分析用户停电记录时发现停电记录共有 4 301 条数据，分析停电原因可知，由于用户窃电导致的停电记录有 4 299 条，由于用户私自增容导致的停电记录有 1 条，由于用户拖欠电费导致的停电记录有 1 条，并未发现有因为政策需要或者其他不属于用户本身原因而停电的记录，说明对高压用户而言，停电更大的可能是因为高压用户本身在用电中出现违规违约等行为。

窃电用户档案数据记录了过去时间里被查实发生了窃电行为的用户的档案信息，包括电能表编号、用户编号、所属地区、违约类别等。为了更好地了解窃电用户特征，探索分析窃电用户档案数据。经过分析发现每个月查出的窃电用户数量是呈现逐渐增长的趋势，如图 5.12 所示。

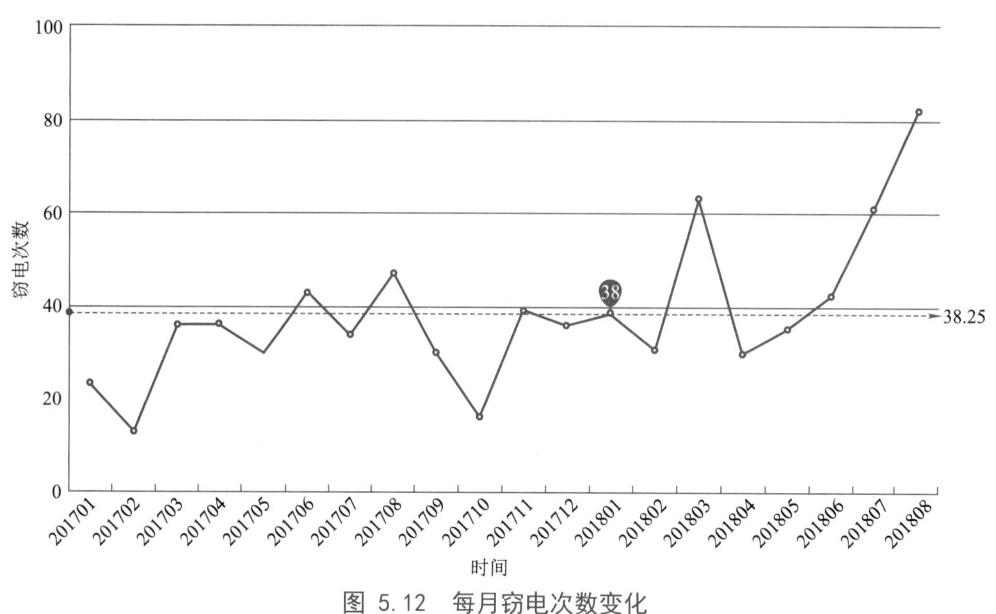

图 5.12　每月窃电次数变化

再来分析窃电类型，如图 5.13 所示，可以看到排名前三的窃电类型分别是“擅超合同约定容量用电”、“擅改用电类别”和“擅自使用已暂停的电力设备”，分析数据可知这三种窃电方式占到了总窃电数量的 70% 以上，因此这三类窃电类型需要重点关注，在对用电客户进行窃电分析的时候也需要以这三类为主。

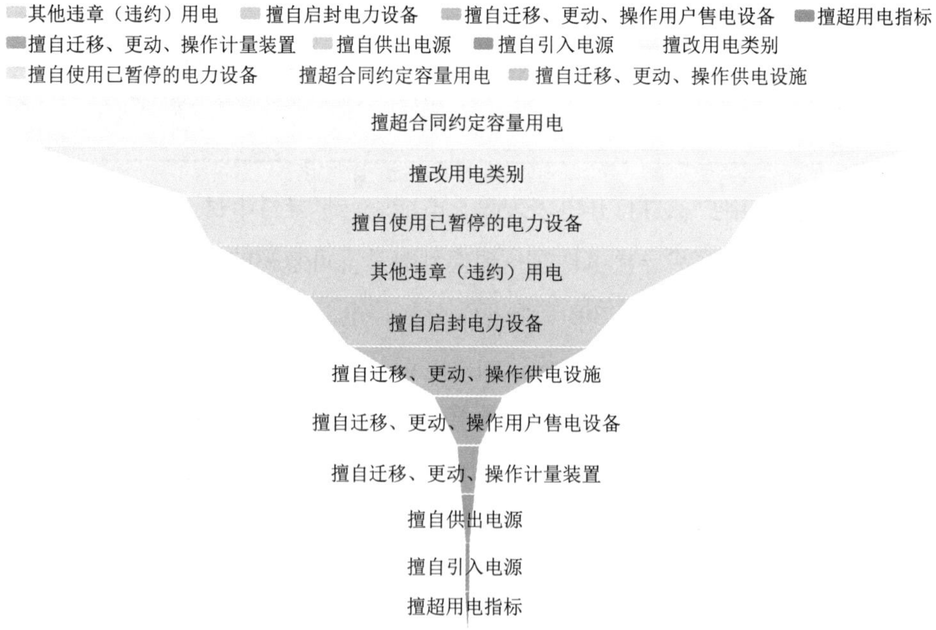

图 5.13　不同窃电类型分布

2. 数据预处理

所使用的数据是某市高压用户的电压数据、电流数据、功率因数数据以及线损数据。其中，电流数据共 12 455 147 条，对应 19 049 个用户；电压数据共 10 525 026 条，对应 19 048 个用户；功率因数数据共 13 269 943 条，对应 19 042 个用户；线损数据共 3 328 392 条数据，对应 16 946 个线路的线损数据。电压数据、电流数据和功率因数数据格式一致，里面指标之间关系较为复杂，需要对数据做二次处理。以电流数据为例，数据格式见表 5.19。

表 5.19 电流数据格式

METER_ID	USR_NO	DATA_DATE	PHASE_FLAG	I1	I2	......	I96
215******	699*****	20170101	A	3.559	3.044	......	2.208
215******	699*****	20170101	B	0	0	......	0
215******	699*****	20170101	C	3.313	2.782	......	1.919
215******	699*****	20170102	A	2.822	2.355	......	2.824
215******	699*****	20170102	B	0	0	......	0
215******	699*****	20170102	C	2.524	1.786	......	2.559

表 5.19 中“METER_ID”是电能表编号，“USR_NO”是用户编号，“DATA_DATE”是日期，“PHASE_FLAG”这列数据中“A”“B”“C”分别代表“A 相”“B 相”“C 相”。电能表每隔 15 min 记录一次数据，因此，一天中每个电能表的每一相都有 96 点数据，表中“I1–I96”依次对应着每天的 96 个时刻。在实际的反窃电工作中，发现窃电用户一旦开始实施窃电，该行为一般都会维持至少数个小时，因此，只需要分析每天的 24 个整点时刻就足够，即进行数据降维，将 96 个时刻采集数据按小时进行合并，降维为 24 个整点时刻数据。已有数据中，每个电能表每天有三条数据，通过计算三相不平衡率将每天的三条数据合并成一条，这样可以降低数据复杂度，并提高程序运算效率。

通过统计分析用户编号和电能表编号，发现存在一个用户拥有多个电能表的情况，每个电能表数据不一样，因此，以电能表编号作为标识进行建模，模型结果中只要某个电能表出现窃电情况，即认为使用此电能表的用户存在窃电嫌疑。

电流数据、电压数据和功率因数数据是连续的，有时候会因采集终端故障或者人为原因导致数据不完整，存在缺失值，对于这类存在缺失值的数据不能简单删除，可能会丢失信息，影响后期模型训练效果，采用拉格朗日插值法对缺失值进行填充。

电网线损率可直接反映出供电线路中的电能损耗，与电力企业的经济效益息息相关。虽然线损在电路输电过程中是无法避免的，但是线损率一般都会控制在合理范围内，如果线损率异常，即可视为该线路可能存在窃电用户。线损受外界影响因素比较多，这使企业的线损监控工作也变得比较复杂。线损计算的科学性、规范性对电力资源的节约有很大帮助。常用的线损率 t_l 计算公式如下：

$$t_l=\frac{s_l-f_l}{s_l}\times 100\% \tag{5.35}$$

式中，s_l 是第 l 天某线路总供电量；f_l 是该线路上用户第 l 天的用电量之和，也就是所有用户第 l 天的总用电量。一般情况下，用户一旦发生窃电行为，为了防止线损率异常，通常用采取手段降低所在线路的线损率，防止被窃电排查人员察觉到。但是，由于用户每天用电量不会完全一样，这导致线路线损率也存在一定范围内的波动，因此单纯地以当天线损率的下降作为是否窃电的评判标准并不合适。计算当天之前几天的线损率平均值和之后几天的线损率平均值，并判断两个线损率平均值的增长率是否大于 1%，如果前后线损率平均值增长率大于 1%，就认为该线路上可能存在窃电用户。线损率增长率计算公式如下：

$$\text{increase\_rate}=\frac{V_i^1-V_i^2}{V_i^2}\times 100\% \tag{5.36}$$

式中，V_i^1 为当天之前 5 天线损率平均值，V_i^2 为当天之后 5 天线损率平均值，此处设置线损率平均值的统计窗口期为 5 天，模型构建过程可根据需要进行调整。

构建反窃电预测模型需要正、负两类样本。其中正样本是指正常用电数据，从没有窃电记录的用户数据中获得；负样本是指窃电数据。但是，由于采集系统中无法直接根据窃电起始日期截取窃电数据，因此使用几种常见的异常规则对数据进行分析，获取窃电数据。所谓的异常规则分析是指根据电能表中的电流数据、电压数据、功率因数数据对用电客户的用电情况进行检测分析。在实际应用中，如果用户的用电数据符合相应的异常规则，那么就认为该用户符合窃电的异常情况。反窃电预测方法中所用到的异常规则包括电压断相异常、电压越限异常、三相不平衡异常。

在判断用户是否存在电压断相异常之前，需要先确定用户是否属于专变用户，然后再判断用户的接线方式。在电力营销系统中，高压用户电能表的接线方式通常有两种：三相三线制和三相四线制。对于不同的接线方式，判断原则也不同，电压断相异常规则如图 5.14 所示。

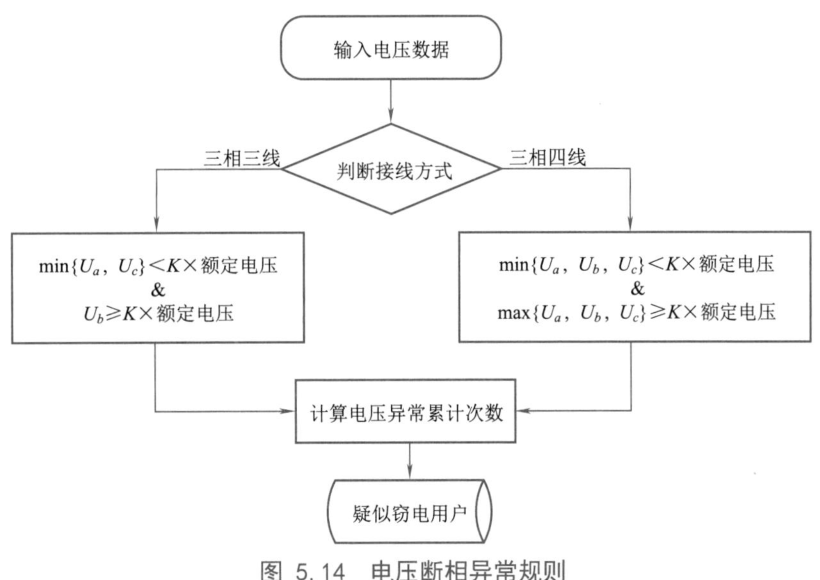

图 5.14　电压断相异常规则

①如果用户电能表的接线方式是三相三线制，需要检测用户电能表的 A、B、C 三相电压，当 A、C 两相中任一相电压< K× 额定电压，且同时满足 B 相电压≥ K× 额定电压，那么该数据点就符合电压断相异常。

②如果用户电能表的接线方式是三相四线制，需要检测用户电能表的 A、B、C 三相电压，当 A、B、C 三相中任一相电压< K× 额定电压，且同时满足另外两相电压中任一相电压≥ K× 额定电压，那么该数据点就符合电压断相异常。

其中，K 的取值范围是 50%~70%。一天内如果有连续多个（比如三个）以上数据点出现断相异常且连续多天（比如三天）如此，即可确定该用户为异常用电。

由于电能表计量方式和接线方式的不同，额定电压取值也有所不同，其取值见表 5.20。

表 5.20　额定电压的取值

计量方式	接线方式	U'/V
高供高计	三相三线	100
高供高计	三相四线	57.7
高供低计	三相四线	220

判断用户是否存在电压越限异常时，也需要先判断用户的接线方式，电压越限异常规则如图 5.15 所示。

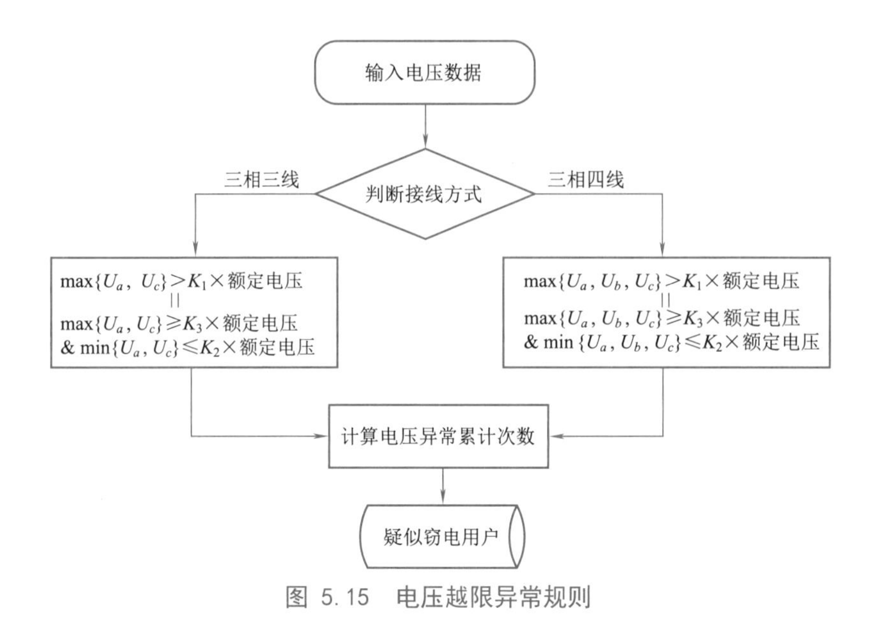

图 5.15　电压越限异常规则

图 5.16 中，K_1 取值为 110%，K_2 取值为 90%，K_3 取值为 60%。如果一天内有连续多个（比如三个）以上的数据点符合越限异常且连续多天（比如三天）如此，即可确定该用户为异常用电。

①对于接线方式为三相三线制的用户，检测用户电能表的 A、C 两相电压数据，如果任一相的电压数据值> K_1× 额定电压，或任一相的电压数据值< K_2× 额定电压 & A、C 两相中的最大值≥ K_3× 额定电压，那么该数据点就符合电压越限异常。

②对于接线方式为三相四线制的用户，检测用户电能表 A、B、C 三相电压数据，如果任一相的电压数据值> K_1× 额定电压，或任一相的电压数据值< K_2× 额定电压 & A、B、C 三相中的最大值≥ K_3× 额定电压，那么该数据点就符合电压越限异常。

三相不平衡指的是在电力系统中的三相电流（或电压）幅值不一致而且幅值差超过了规定的范围，是电能质量的一个指标。虽然影响电力系统的因素有很多，但是，不平衡的情况大多是因为线路参数、负荷或者三相原件不对称，如果电路的三相不平衡超过配电网可以承受的范围，那么电力系统整体安全运行也会因此受到影响。因此，需要计算电压、电流和功率因数数据中的三相不平衡率，查看数据中三相不平衡率是否在正常范围内。由于电压、电流和功率因数的三相不平衡率计算方式一样，因此此处在描述时仅以电流数据为例，具体如图 5.16 所示。

为了获取到三相不平衡异常数据，先分别计算不同接线方式下用户电压数据、电流数据和功率因数数据的三相不平衡率，之后再根据计算出的结果进行异常判断。如果某数据点的三相不平衡率超出了阈值 T，就认为该数据点为异常。其中，T 的取值需要根据具体数据而定。

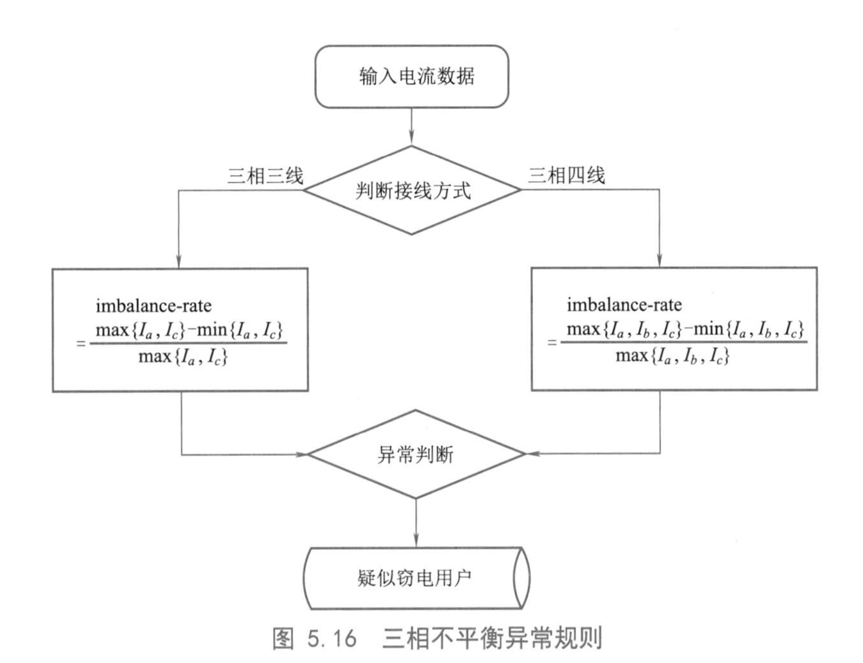

图 5.16　三相不平衡异常规则

将上述异常规则描述总结见表 5.21，其中，U' 为额定电压，规则中 K 的取值范围是 50%~70%，K_1=110%，K_2=90%，K_3=60%。表 5.21 中 m、n、i 是需要调节的阈值，根据实验结果分析调整取值，直到达到较好的预测效果。其中，m、n、i 为整型，调整时步长均为 1。m 的取值范围是 1~24，对应一天中的 24 小时；n 的取值范围是 1~10，n 值过大会遗漏掉一些短期窃电用户，因此实验时最大调整到 10 即可。i 的取值范围是 1~100。本小节使用的实验数据对应的最佳阈值为：m=n=3，i=80。

最后，使用独热编码（One-Hot）对非数值特征中的数据格式进行转换，使之变成数值型数据。

表 5.21　异常规则描述

规则名称	规则描述	备注
电压断相	三相三线：$\min\{U_a, U_c\} < K\times U' \& U_b \geqslant K\times U'$ 三相四线：$\min\{U_a, U_b, U_c\} < K\times U'$ & $\max\{U_a, U_b, U_c\} \geqslant K\times U'$	如果一天内有连续 m 个以上的数据点出现断相异常，且该状态持续 n 天，即可确定该用户为异常用电
电压越限	三相三线：$\max\{U_a, U_c\} > K_1\times U'$ || $\max\{U_a, U_c\} \geqslant K_3\times U'$ & $\min\{U_a, U_c\} \leqslant K_2\times U'$ 三相四线：$\max\{U_a, U_b, U_c\} > K_1\times U'$ || $\max\{U_a, U_b, U_c\} \geqslant K_3\times U'$ & $\min\{U_a, U_b, U_c\} \leqslant K_2\times U'$	如果一天内有连续 m 个以上的数据点符合越限异常，且该状态持续 n 天，即可确定该用户为异常用电

续表

规则名称	规则描述	备注
三相不平衡	三相三线：imbalance_rate $=\dfrac{\max\{I_a, I_c\}-\min\{I_a, I_c\}}{\max\{I_a, I_c\}}$ 三相四线：imbalance_rate $=\dfrac{\max\{I_a, I_b, I_c\}-\min\{I_a, I_b, I_c\}}{\max\{I_a, I_b, I_c\}}$	imbalance_rate $> i\%$ 即为异常点，如果一天内的异常点大于 m 个，且该状态持续 n 天，那么该用户的用电情况就被视为异常

3. 模型构建与评估

因为在模型的构建过程中涉及模型评价，所以首先给出此处所用的模型评价指标，具体如下：召回率（recall）表示正确识别窃电用户的能力，召回率越高，代表预测正确的窃电用户数量在真实窃电用户中所占的比例越高。精准率（precision）表示预测到的窃电用户是否真实窃电，精准率越高，代表预测窃电用户的准确性越高。召回率和精准率的公式分别为

$$\begin{aligned}\text{召回率}&=n_{\text{pre\_real}}/n_{\text{real}}\\ \text{精准率}&=n_{\text{pre\_real}}/n_{\text{pre}}\end{aligned} \tag{5.37}$$

式中，n_{real} 是真实窃电用户的个数；n_{pre} 是模型预测的窃电用户个数；$n_{\text{pre\_real}}$ 是 n_{real} 和 n_{pre} 的交集，即预测结果与实际相符的窃电用户个数。当召回率和精准率无法同时兼顾时，以度量值（F_1）来衡量模型的优劣，F_1 是召回率和精准率的调和平均数，取值范围为 0~100%，公式为

$$F_1 = 2\times\frac{\text{召回率}\times\text{精准率}}{\text{召回率}+\text{精准率}} \tag{5.38}$$

为了更全面地分析大数据技术在反窃电方面的应用，构建出更有效的窃电用户识别模型，使用逻辑回归、随机森林、决策树和支持向量机四种分类算法构建分类模型。将这四种算法模型分别应用在电流、电压、功率因数三种不同的数据集上，同时计算各个线路前后几天的线损率平均值，并计算两个平均值的增长率。如果前后的线损率平均值增长率过大，即可认为该线路上的用户存在窃电嫌疑，有可能发生窃电行为。综合考虑算法模型输出的异常用户和线损异常的用户，找出同时存在两种异常的用户，输出最终的疑似窃电用户清单。

逻辑回归、随机森林、决策树和支持向量机四种算法模型在引入线损率增长率情况下应用在电流、电压、功率因数三种不同数据集上的表现不同，为了更清晰地看到不同数据集上

各个分类模型的结果对比，具体如图 5.17~ 图 5.19 所示。

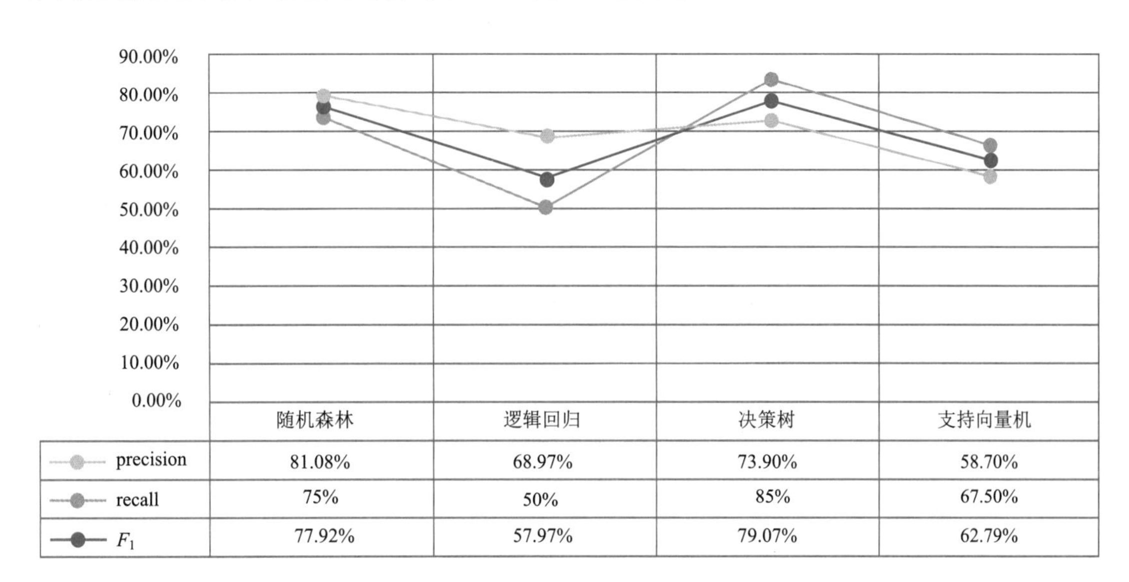

	随机森林	逻辑回归	决策树	支持向量机
precision	81.08%	68.97%	73.90%	58.70%
recall	75%	50%	85%	67.50%
F_1	77.92%	57.97%	79.07%	62.79%

图 5.17　基于电流数据的多个分类模型结果

图 5.17 是使用电流数据进行实验的结果。由图 5.17 易知，决策树分类模型表现最好，F_1 度量值达到了 79.07%，召回率也是几个模型中最高的，达到了 85%，意味着该模型可以找到 85% 的窃电用户。逻辑回归分类模型表现最差，F_1 度量值只有 57.9%，召回率也是几个模型中最低的，只有 50%，意味着只能够找到一半的窃电用户。综合分析，在使用电流数据建模时，相对于其他三类算法模型而言，使用决策树分类算法来训练数据，构建的反窃电模型的效果是最好的。

图 5.18 是使用电压数据进行实验来构建反窃电模型，由图 5.18 可知，几个模型的 F_1 度量值差距不大，均在 70% 左右。其中又以随机森林分类模型表现最好，F_1 度量值为 72%，且召回率和精准率也都能达到 70% 以上，三个度量指标比较集中稳定。逻辑回归和支持向量机实验结果是一致的，效果最差。因此，在使用电压数据进行反窃电模型的构建时，采用随机森林算法对数据进行训练构建的模型效果是最好的。

图 5.19 是使用功率因数数据进行实验，容易看出四种算法模型的效果均不理想，F_1 度量值都在 70% 以下。其中，支持向量机模型相对于另外三个稍占优势，F_1 度量值为 68.6%，虽然该模型的精准率只有 52.2%，但是其召回率可以达到 100%，因此综合考量三个度量指标，仍可以认为在使用功率因数数据进行反窃电模型构建的时候，支持向量机模型比着其余三个模型更占优势。

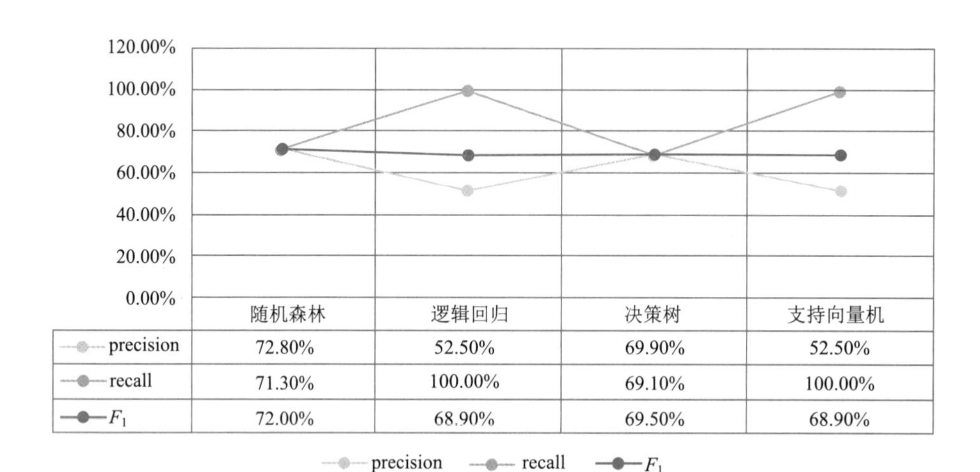

图 5.18　基于电压数据的多个分类模型结果

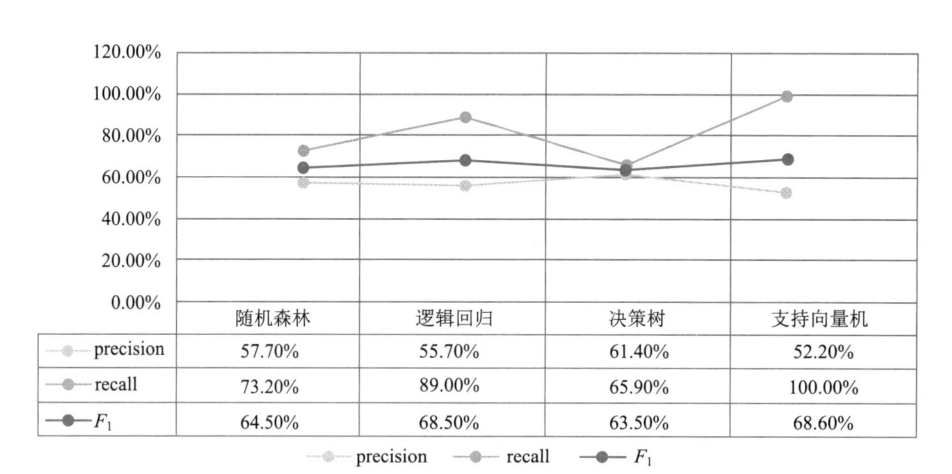

图 5.19　基于功率因数数据的多个分类模型结果

对比引入线损率增长率前后的各模型 F_1 值，实验结果见表 5.22~ 表 5.24。可以看出引用线损率增长率之后，F_1 均有不同幅度的增加，这也进一步说明引用线损率增长率有助于提高疑似窃电用户识别的准确率。

表 5.22　基于电流数据引用线损率增长率多个算法模型评估结果

模型所用算法	精准率		召回率		F_1	
	引入线损率增长率前	引入线损率增长率后	引入线损率增长率前	引入线损率增长率后	引入线损率增长率前	引入线损率增长率后
随机森林	69.55	81.08	78.38	75.00	73.70	77.92
逻辑回归	52.98	68.97	60.04	50.00	56.29	57.97
决策树	72.33	73.90	85.67	85.00	78.44	79.07
支持向量机	43.45	58.70	78.77	67.50	56.01	62.79

分析表5.22中引入线损率增长率之后的各个评估指标，可以看出决策树分类模型表现最好，前面提到，当召回率和精准率无法同时兼顾时，以F_1度量值来衡量模型的优劣，因此决策树分类模型里精准率虽然不是最高的，但是其F_1度量值和召回率都达到最高值，分别为79.07%和85%，意味着该模型可以找到85%的窃电用户。逻辑回归分类模型表现最差，F_1度量值和召回率最低，只有57.9%和50%，意味着该模型只能够找到一半的窃电用户。因此，引用线损率增长率前后使用电流数据建模时，均使用决策树分类算法来训练数据，构建的反窃电模型最为有效。

表5.23 基于电压数据引用线损率增长率多个算法模型评估结果

模型所用算法	精准率		召回率		F_1	
	引入线损率增长率前	引入线损率增长率后	引入线损率增长率前	引入线损率增长率后	引入线损率增长率前	引入线损率增长率后
随机森林	59.66	72.80	75.23	71.30	66.55	72.00
逻辑回归	49.07	52.50	100	100.00	65.83	68.90
决策树	52.33	69.90	76.47	69.10	62.14	69.50
支持向量机	51.32	52.50	100	100.00	67.83	68.90

由表5.23可知，引入线损率增长率后，四种模型的F_1度量值差距不大，均在70%左右，说明使用电压数据进行模型构建，结果相对稳定。其中，引用线损率增长率后随机森林分类模型表现最好F_1度量值为72%，且召回率和精准率也都能达到70%以上，三个度量指标比较集中稳定；逻辑回归分类模型和支持向量机分类模型效果最差。在引用线损率增长率前后使用电压数据建模时，采用随机森林算法进行建模效果均为最好。

表5.24 基于功率因数数据引用线损率增长率多个算法模型评估结果

模型所用算法	精准率		召回率		F_1	
	引入线损率增长率前	引入线损率增长率后	引入线损率增长率前	引入线损率增长率后	引入线损率增长率前	引入线损率增长率后
随机森林	53.73	57.70	74.04	73.20	62.27	64.50
逻辑回归	35.02	55.70	92.06	89.00	50.74	68.50
决策树	57.01	61.40	66.34	65.90	61.32	63.50
支持向量机	43.02	52.20	100.00	100.00	60.16	68.60

由表 5.24 可知，四种算法模型的 F_1 度量值都低于 70%，说明使用功率因数数据进行窃电用户识别的模型构建并不理想。对比引入线损率增长率后这四种算法的表现，支持向量机模型相对于另外三种稍占优势，F_1 度量值为 68.6%，虽然该模型的精准率只有 52.2%，但是其召回率可以达到 100%。因此在实际应用中，如果需要尽可能覆盖所有窃电用户的情况下，可以考虑使用支持向量机进行模型的构建。

从算法角度综合考量，分别计算四个分类模型在引入线损率增长率情况下不同数据集上的各指标的平均值。如表 5.25 所示，可以看到随机森林算法在三个数据集上的精准率平均值达到了 70.53%，是四个模型里最高的，召回率达到 73.17%，F_1 度量值也是最高的，达到了 71.47%，因此可以认为在使用这四种常见的分类算法进行反窃电模型构建中，随机森林是最为合适的分类算法。

表 5.25　算法角度分析

分类模型	精准率	召回率	F_1
随机森林	70.53%	73.17%	71.47%
逻辑回归	59.06%	79.67%	65.12%
决策树	68.40%	73.33%	70.69%
支持向量机	54.47%	89.17%	66.76%

用来训练的数据集主要是电流数据、电压数据和功率因数数据。为了对数据有进一步的了解，分析了使用哪个数据集和大数据技术结合进行模型构建可以更加准确有效地找到窃电用户。因此，需要从数据集的角度来分析，分别计算三个不同数据集上各个指标的平均值，见表 5.26。

表 5.26　数据集角度分析

数据集	精准率	召回率	F_1
电流	70.66%	69.38%	69.44%
电压	61.93%	85.10%	69.83%
功率因数	56.75%	82.03%	66.28%

观察表 5.26 中不同数据集上的 F_1 度量值容易发现，相对于电流数据和功率因数数据而言，使用电压数据可以更加高效地找到窃电用户，精准率为 61.93%，召回率可以达到 82.03%，

F_1 度量值为69.83%，而使用功率因数数据进行建模分析效果是最差的，精准率只有56.75%，F_1 只有66.28%。综合分析，如果只使用电流、电压和功率因数中单个特征所对应的数据进行反窃电模型训练时，可以认为使用电压数据在进行反窃电模型的构建时，模型的准确率是最高的。

最后，无论是从算法角度分析不同机器学习模型综合表现，还是从数据角度对比不同数据进行模型训练的实验结果，三个衡量指标的值均可以达到70%左右，因此可以认为所构建的基于电力大数据的反窃电预测方法在疑似窃电用户识别方面是可行的。

5.5.2 基于电力大数据分析的电费风险预警模型构建方法

电费回收工作是一项庞大的系统工程。电费回收的结果与供电企业经营成果息息相关，一直以来，电费回收都是电力营销的重点内容。供电企业拥有十分庞大的客户数量，但是，每个用户的资信程度存在着很大的差别，用户的资信程度严重影响着其电费的缴纳状况。部分用电客户为了追求眼前的经济利益，存在故意拖欠电费、占用供电企业资金的情况，严重影响电力企业电费资金回收及其下一步的发展。

现阶段电费回收的风险评价主要由人工来进行评估。有经验的电费回收人员会根据用电用户的历史缴费情况，利用一些统计工具进行分析，从而判断该用户是否存在拖欠电费的可能性。这种方法要求电费回收人员具有一定的背景经验，同时要熟悉不同用户的详细情况，需要一个较长时间的积累才能相对准确地判断用户拖欠电费的风险情况。因而，难以大规模推广。随着用电用户的增加，以及用户用电环境的日益复杂，传统的方法已经无法应对当前局面，急需一种客观、自动化的电费回收风险评估方法，该方法能够根据用电用户的历史信息自动评价其拖欠电费的风险情况，并对风险超过一定阈值的用户进行预警。

基于电力大数据的电费风险模型构建方法设计思路如图5.20所示，具体分为以下四个步骤：

步骤1：数据抽取与探索分析。从某省24万高压用户每个月的交费记录及用电信息提取与电费风险预警相关数据，并进行探索分析，删除无风险用户的用电数据。

步骤2：数据预处理。对数据进行预处理，包括数据清洗、缺失值处理和数据变换。

步骤3：特征扩充。在业务人员提供的基础特征集基础上扩充与历史欠费行为相关特征，并加入部分特征数据的最大值、最小值、均值、方差和标准差特征。

步骤4：模型构建与评价评估。使用多种分类算法对数据进行训练，并选择最优模型构建电费风险模型，最后，将输出结果进行等级划分，以此预警可能欠费用户。

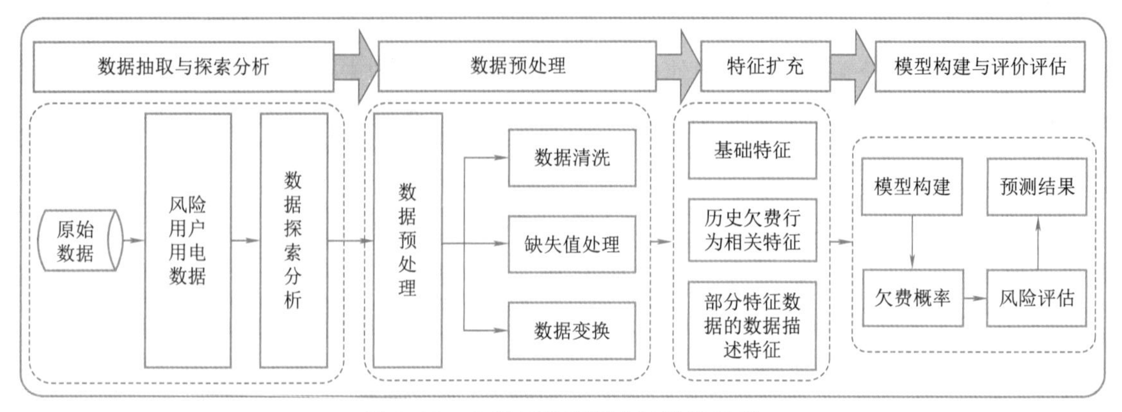

图 5.20　电费风险预警方法设计思路

1. 数据抽取与探索分析

本小节的数据源是某省24万高压用户每个月的交费记录及用电信息。对数据做探索分析，每月欠费用户数量只占全部用户的0.6%左右，可见样本数据极不平衡。且过去两年内有过欠费记录的用户只占7.4%，即92.6%的用户在过去两年内从未发生过欠费行为。因此构建模型前，需先将用户分为风险用户和无风险用户，构建模型时只需着重关注有过欠费记录的风险用户。

为了更清晰地了解用户欠费情况，分析2016—2017年每月欠费用户数量的波动，如图5.21所示。从图5.23可知2016年该省高压窃电用户数量呈下降趋势，但是从2017年开始又重新呈现上升趋势，这可能与不同时期的管理策略变化或者不同技术实施有关。

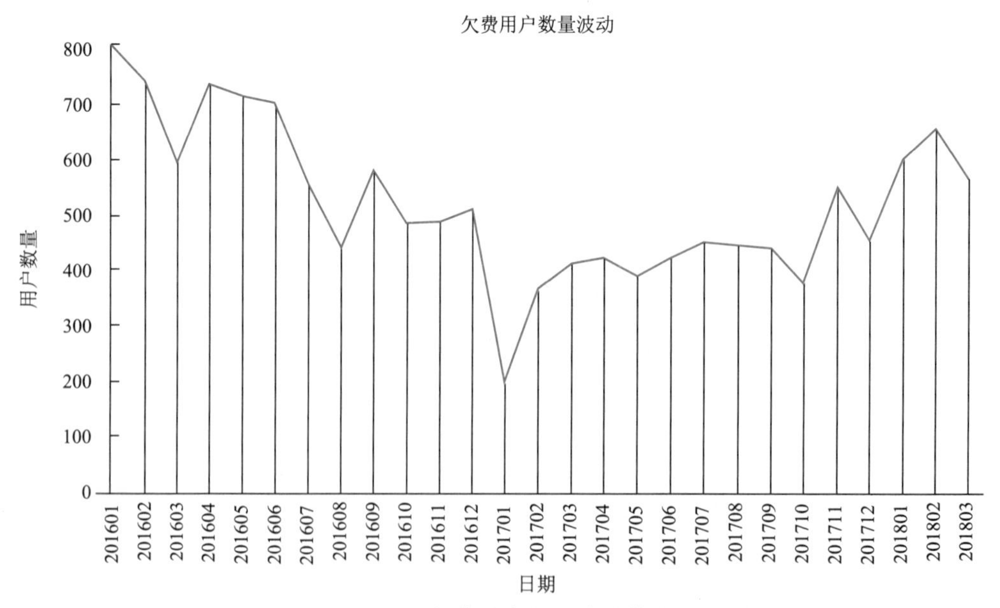

图 5.21　欠费用户数量波动曲线

2. 数据预处理

（1）特征数据清洗

计算每个特征所对应数据的最大值和最小值，分析每个特征数据是否在正常范围内，并判断出特征数据的异常值和缺失值。异常值为特征数据远远超出正常范围的特征数据，缺失值为特征数据为空的特征数据。对特征数据的异常值进行处理的方法为：根据业务意义将异常值替换。比如“jfjsl（缴费及时率）”这一特征数据中，当特征数据值是“999999”时，不符合业务要求，此时可以用拉格朗日插值进行异常值的替换，为了简单起见，统一用数值“1”替换异常值。对特征数据的缺失值用数值“0”进行填充。

（2）数据格式转换

将数据中存在的文本型数据转换成数值型数据，并对类别型数据进行类别编码。

3. 特征扩充

电力采集系统中的原始特征很多，许多特征与电费回收没有关系，首先需要业务人员筛选相关基础特征。业务人员筛选的基础特征有 34 个，分为两类：一类是描述用户当月用电行为的特征（如缴费及时率），共 26 个；另一类是档案型特征（如用户编号等），共 8 个，具体见表 5.27。

表 5.27　基础特征列表

序号	特征名称	特征含义	备注
1	cons_no	用户编码	档案型信息
2	rcvbl_ym	日期	
3	cons_sort_code	用户分类编码	
4	trade_code	行业分类编码	
5	elec_type_code	用电类别编码	
6	volt_code	电压等级编码	
7	lode_attr_code	负荷性质编码	
8	urban_rural_flag	乡村类别	
9	sfyq	是否欠费	当月用电行为
10	yszb	预收冲抵占比	
11	ysnumzb	预收结转次数占比	
12	jfjsl	交费及时率	
13	cashchk_day_num	解款时长	
14	last_day_charge	是否月底最后一天销账	

续表

序号	特征名称	特征含义	备注
15	dispose_day_num	到账时长	当月用电行为
16	hksc	回款时长	
17	settle_num	累计交费次数	
18	rcvbl_amt	电费	
19	rcvbl_amt_sum	合计电费（含退补）	
20	t_pq	电量	
21	t_pq_sum	合计电量（含退补）	
22	settlemode_cdnum	承兑汇票支付次数	
23	settlemode_tpnum	支票退票次数	
24	settlemode_zznum	使用支票支付次数	
25	release_day	发行日	
26	charge_day	收费日	
27	end_day1	交费截止日 1	
28	end_day2	交费截止日 2	
29	remain_daynum1	剩余期限 1	
30	remain_daynum2	剩余期限 2	
31	all_daynum1	交费期限 1	
32	all_daynum2	交费期限 2	
33	release_before15	发行日在 15 号及之前	
34	release_after25	发行日在 25 号及之后	

欠费情况与历史缴费情况密切相关，而表 5.27 中缺少描述用户历史用电行为特征，因此需对基础特征集进行扩充。对用电用户的欠费情况与历史缴费情况做相关性分析，即针对同一用电用户，计算每个月份之间的皮尔森相关系数。如图 5.21 所示，图中分析了用电客户 20 个月的历史数据，相关系数的取值范围为 0~1 之间，1 表示相关性最高，0 表示相关性最低，数值越接近 1 说明两者之间的相关性越高。由图 5.22 可知用电用户当月是否会产生欠费行为与其最近几个月用电行为是有相关性的，且随着时间间隔的增加，皮尔森系数变小，相关性呈现逐渐递减的规律。将用户数据的前六个月特征加入当月的数据中，以 jfjsl（缴费及时率）的扩充为例，具体实现方法见表 5.28。

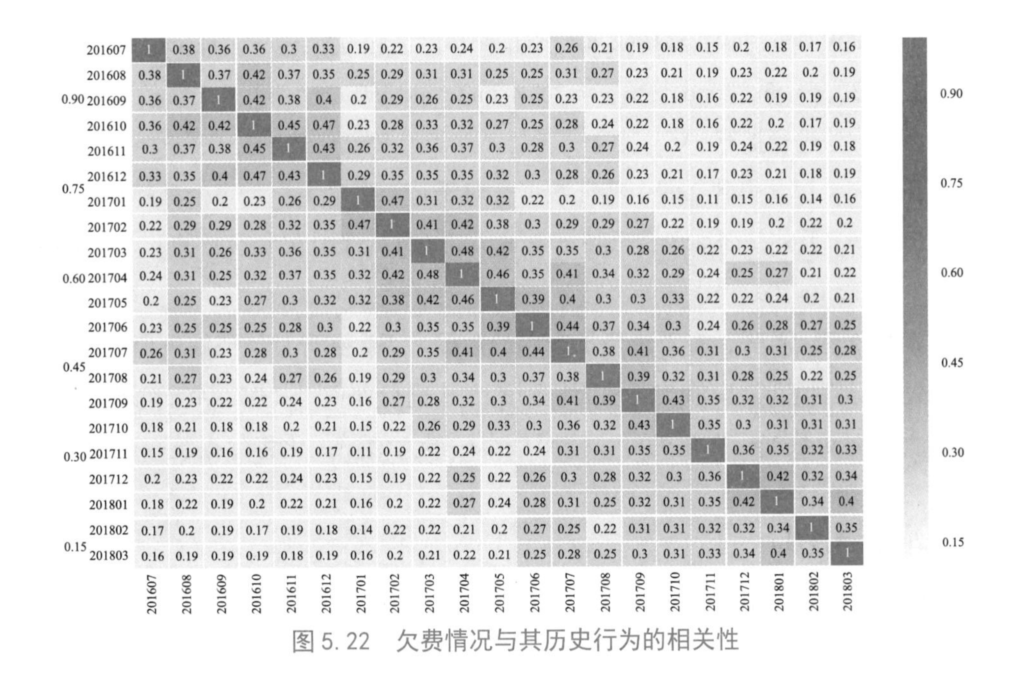

图 5.22　欠费情况与其历史行为的相关性

表 5.28　根据历史欠费行为相关性进行扩充

特征名称	扩充后名称	扩充特征含义	备注
jfjsl（缴费及时率）	jfjsl_1	预测月前第一个月的 jfjsl	描述当月用电行为的 24 个特征均以此方法进行扩充
	jfjsl_2	预测月前第二个月的 jfjsl	
	jfjsl_3	预测月前第三个月的 jfjsl	
	jfjsl_4	预测月前第四个月的 jfjsl	
	jfjsl_5	预测月前第五个月的 jfjsl	
	jfjsl_6	预测月前第六个月的 jfjsl	

再对当月用电行为的 24 个特征的 14 个做进一步扩充，包括特征数据的最大值、最小值、均值、方差和标准差。以“jfjsl”（缴费及时率）的扩充为例，具体实现方法见表 5.29。

表 5.29　根据特征相关性进行扩充

特征名称	扩充后名称	扩充特征含义	备注
jfjsl（缴费及时率）	jfjsl_min	前六个月 jfjsl 的最小值	共有 14 个特征以此方法进行扩充
	jfjsl_max	前六个月 jfjsl 的最大值	
	jfjsl_mean	前六个月 jfjsl 的平均值	
	jfjsl_var	前六个月 jfjsl 的方差	
	jfjsl_med	前六个月 jfjsl 的中位数	
	jfjsl_std	前六个月 jfjsl 的标准差	

14 个特征分别为 yszb、jfjsl、cashchk_day_num、hksc、t_pq、t_pq_sum、release_day、charge_day、end_day、end_day2、remain_daynum、remain_daynum2、all_daynum 和 all_daynum2。这些特征均按照表 5.29 所述方法进行扩充。

经过特征扩充，一共得到 236 个特征数据。对于每个用电用户，每个月都有一个是否欠费的标签，即 sfyq，另外又增加了一个特征 sfyq_sum（前六个月欠费次数的和），因此最终一共得到 238 个特征。

特征扩充结束后，首先，查看特征扩充后的数据是否存在异常值或缺失值；若有异常值或缺失值，先对异常值和缺失值按照前面提到的方法进行处理。其次，由于每个数据的取值范围不一样，需要对数据标准化处理，按照最小—最大值归一化将数据统一映射到 [0,1] 区间上。

4. 模型的构建及评估

因为在模型构建过程中涉及模型评价，所以首先给出此处所用的模型评价指标，具体如下：

召回率 recall：预测正确的欠费用户占真实欠费用户比例。

$$\text{recall}=\frac{\text{TP}}{\text{TP+FN}}\times 100\% \tag{5.39}$$

精准率 precision：预测正确的欠费个数占所有预测为欠费的用户的比例。

$$\text{precision}=\frac{\text{TP}}{\text{TP+FP}}\times 100\% \tag{5.40}$$

度量值 F_1：召回率 recall 和精准率 precision 的调和平均数。

$$F_1=\frac{2\times\text{recall}\times\text{precision}}{(\text{recall+precision})}\times 100\% \tag{5.41}$$

式中，TP 为真实欠费且预测结果也为欠费的个数；TN 为真实不欠费且预测结果也为不欠费的个数；FN 为真实欠费但是预测结果为不欠费的个数；FP 为真实不欠费但是预测结果为欠费的个数。

在前面的探索分析提到，样本数据中有近 93% 的用电用户从未有过欠费记录，只有 7% 多的用电用户有过欠费记录，而且每个月欠费的用户只占 0.6% 左右，这是一个分布极不平衡的数据集。为了提高预测的准确性，将无欠费记录的用电用户视为无风险用户，删除无风险用户，将有欠费记录的用户视为风险用户。

依次选择风险用户 3 个月、6 个月、12 个月的用电数据作为训练集进行实验，经过实验发现，选择用户 12 个月的风险用户用电数据作为训练集时，实验结果最好。故将 12 个月的风险用户用电数据作为样本数据集。

利用时间序列算法、神经网络算法、支持向量机算法、随机森林算法和逻辑回归算法对样本数据进行训练比较，确定最后的电费风险模型。具体过程如下：

步骤1：将样本数据集分为两组，分别为训练集和测试集。

步骤2：选择其中一种算法，对训练集数据做训练，得到训练好的模型，再将模型应用到测试集上来预测用户是否会欠费。

步骤3：将测试集上用户的真实缴费情况与预测结果对比，得到召回率recall、精准率precision和F_1度量值。

步骤4：调节上述电费风险模型的参数，经过多次实验，可以得到多组召回率recall、精准率precision和F_1度量值，从多组实验结果中选择最优的一组召回率recall、精准率precision和F_1度量值保存到该算法对应的存储空间中。

步骤5：依次选择算法重复步骤2~步骤4直至构建五个模型，并得到五组召回率recall、精准率precision和F_1度量值。

对这五组召回率recall、精准率precision和F_1度量值进行对比分析，经过多次实验，逻辑回归算法构建电费风险模型的测试结果最好，将逻辑回归算法构建的模型作为最终的电费风险模型。

下面给出逻辑回归算法的具体实现方法。

假设样本是$\{\boldsymbol{x}, y\}$，y的取值为0或1，y=0表示“不欠费，即用户及时缴纳了电费”，y=1表示“欠费，即用户未能及时交纳电费”，$\boldsymbol{x}$为n维样本特征向量，$\boldsymbol{x}=(x_1, x_2, \cdots, x_n)^{\mathrm{T}}$，假设样本$\boldsymbol{x}$属于负类，则欠费的概率为

$$\hat{y}(y=1|\boldsymbol{x};\boldsymbol{\theta})=\frac{1}{1+\exp(-g(x))} \tag{5.42}$$

式中，$g(\boldsymbol{x})=\theta_0+\theta_1x_1+\theta_2x_2+\cdots+\theta_nx_n$，$\boldsymbol{\theta}$为回归系数，$\boldsymbol{\theta}=(\theta_1, \theta_2, \cdots, \theta_n)^{\mathrm{T}}$。

回归系数$\boldsymbol{\theta}$的取值为：

步骤1：初始化回归系数$\boldsymbol{\theta}$的值。

步骤2：将回归系数$\boldsymbol{\theta}$代入式（5.42）得到电费风险模型的输出值$\hat{y}$。

步骤3：根据式（5.43）计算模型的输出值$\hat{y}$与数据实际值y之间的误差。

$$\mathrm{Loss}(y,\hat{y})=-y\log_a\hat{y}-(1-y)\log_a(1-\hat{y}) \tag{5.43}$$

步骤4：根据式（5.44）对回归系数θ_i进行更新。

$$\theta_i = \theta_i - \alpha \frac{\partial \text{Loss}(y, \hat{y})}{\partial \theta_i} \tag{5.44}$$

式中，$i=1, 2, 3, \cdots, n$，α 为常数系数，$\alpha=0.01$。

步骤 5：设定阈值 $t=0.000\ 1$，判断 $\text{Loss}(y, \hat{y}) < t$ 是否成立。如果成立执行步骤 6，否则执行步骤 2。

步骤 6：输出回归系数 θ_i 的值，根据回归系数 θ_i 确定逻辑回归模型。

基于逻辑回归构造的电费风险模型，其输出结果是每个风险用户发生欠费行为的概率，设置不同的阈值 I 将风险用户分为高风险用户、中风险用户和低风险用户，见表 5.30。

表 5.30　风险等级划分原则

欠费概率要求	风险等级
欠费概率≥ 0.7	高风险用户
0.4 ≤欠费概率< 0.7	中风险用户
0 <欠费概率< 0.4	低风险用户

在风险等级划分中只是将用电用户做了一个风险等级的判断，并没有预测该用电用户是否欠费，因此设置合适的阈值将同等级的用户分成欠费和不欠费的两类作为最终的预测结果。

对于同一风险等级的用户，设置一个阈值Ⅱ，将用户分为欠费用户和不欠费用户；欠费概率大于或等于阈值Ⅱ的用户即判断该用户在预测月份将会欠费，欠费概率小于阈值Ⅱ的用户即判断该用户在预测月份将不会欠费，判定是否欠费时设置的阈值Ⅱ如下：

高风险用户：0.7（即欠费概率> 0.7 时，判定高风险用户下个月将会欠费，否则不欠费）。

中风险用户：0.426 7（即欠费概率> 0.426 7 时，判定中风险用户下个月将会欠费，否则不欠费）。

低风险用户：0.25（即欠费概率> 0.25 时，判定低风险用户下个月将会欠费，否则不欠费）。

以高风险用户为例，阈值Ⅱ的选择方法为：

步骤 1：阈值Ⅱ在 0.7~1 之间循环多次，步长为 0.01，每次循环都计算一次高风险用户的召回率 recall、精准率 precision 和 F_1 度量值，选择效果最好的一次，即可得到高风险用户的阈值Ⅱ。比如，第一次循环的时候取阈值Ⅱ =0.7，将高风险用户中欠费概率> 0.7 的用户视为欠费，将高风险用户中欠费概率≤ 0.7 的用户视为不欠费，计算此时高风险用户的召回率 recall、精准率 precision 和 F_1 度量值。之后依次取阈值Ⅱ =0.71, 0.72, 0.73, …, 1，多次循环后，可以得到多组召回率 recall、精准率 precision 和 F_1 度量值，选择结果最好的一次循环对应的阈值Ⅱ。

步骤 2：做三次实验，即分别预测三个月，每个月的高风险用户都可得到一个判定阈值。

步骤 3：对高风险用户的三个判定阈值进行求平均计算得到平均判定阈值，即为所求的高风险用户对应的阈值Ⅱ，也就是 0.7。

中风险用户和低风险用户的判定阈值均可采用步骤 1~ 步骤 3 操作方法求得。

最后，根据电费风险模型的输出结果和用户真实缴费情况对电费风险模型进行验证，并根据验证结果优化逻辑回归算法的正则项和惩罚因子 C 以提高召回率 recall、精准率 precision 和 F_1 度量值，即可确定一个最佳的电费风险模型，然后利用最佳的电费风险模型对用电用户多个月份的欠费情况进行预测证明模型的稳定性。

小　结

本章概要介绍了大数据分析的概念、作用、类型和流程。着重介绍了统计分析方法，包括描述统计、相关分析、回归分析和主成分分析；经典的数据挖掘算法，包括 ID3 算法、C4.5 算法、CART 算法、K-Means 算法、Apriori 算法和神经网络及常用训练算法。同时给出了电力大数据分析在反窃电预测和电费风险防控方面的应用。

习　题

1. 利用 K-Means 方法，把表 5.31 中数据分成两个簇。初始随机点指定为 $M_1(20,60)$，$M_2(80,80)$。列出每一次聚类结果及每一个簇中心点。

表 5.31　待聚类数据

编号	X	Y	编号	X	Y
1	2.273	68.367	7	75.735	62.761
2	27.89	83.127	8	24.344	43.816
3	30.519	61.07	9	17.667	86.765
4	62.049	69.343	10	68.816	76.874
5	29.263	68.748	11	69.076	57.829
6	62.657	90.094	12	85.691	88.114

2．给定表 5.32 所示训练数据，分别用 ID3 算法和 C4.5 算法生成决策树。

表 5.32　训练数据

属性	Outlook	Temperature	Humidity	Windy	类
1	Overcast	Hot	High	Not	No
2	Overcast	Hot	High	Very	No
3	Overcast	Hot	High	Medium	No
4	Sunny	Hot	High	Not	Yes
5	Sunny	Hot	High	Medium	Yes
6	Rain	Mild	High	Not	No
7	Rain	Mild	High	Medium	No
8	Rain	Hot	Normal	Not	Yes
9	Rain	Cool	Normal	Medium	No
10	Rain	Hot	Normal	Very	No
11	Sunny	Cool	Normal	Very	Yes
12	Sunny	Cool	Normal	Medium	Yes
13	Overcast	Mild	High	Not	No
14	Overcast	Mild	High	Medium	No
15	Overcast	Cool	Normal	Not	Yes
16	Overcast	Cool	Normal	Medium	Yes
17	Rain	Mild	Normal	Not	No
18	Rain	Mild	Normal	Medium	No
19	Overcast	Mild	Normal	Medium	Yes
20	Overcast	Mild	Normal	Very	Yes
21	Sunny	Mild	High	Very	Yes
22	Sunny	Mild	High	Medium	Yes
23	Sunny	Hot	Normal	Not	Yes
24	Rain	Mild	High	Very	No

3. 已知有表5.33所示的事务数据库，共包含10条事务，假设最小支持度为20%，最小置信度为50%，利用Aprior算法求事务数据库中的频繁关联规则。

表5.33 事务数据库

TID	购买的商品	TID	购买的商品
1	a，c，e	6	b，c
2	b，d	7	a，b
3	b，c	8	a，b，c，e
4	a，b，c，d	9	a，b，c
5	a，b	10	a，c，e

第 6 章 数据可视化

随着大数据时代的到来，数据挖掘和分析的发展已具有相当重要的现实意义。随着用户对数据进行分析的需求增长，数据可视化的要求也变得愈发强烈。能有效呈现出用户需要的数据，并易于理解进而帮助用户做出决策的数据可视化技术将在当前及未来大有作为。鉴于此，本章将对数据可视化基础、数据可视化方法及数据可视化常用与工具进行介绍。

6.1 数据可视化概述

数据可视化是关于数据视觉表示形式的研究，是指将数据集中的数据用图形化方法表示，能更直观地向用户传达明确、有效的信息，并且挖掘出数据内部的未知信息。相比起海量数据的乏味与枯燥，良好的图形化表示更能分析出数据潜在的信息。

6.1.1 数据可视化的概念

在当今这个信息化时代，随着物联网、大数据、人工智能的兴起，人们每天都要面对海量的数据。数据不仅仅是数字，它是能传递给人们信息的一种载体。但是，通过数据人们很难直观地发现一些规律，这时就需要一种工具来帮助分析数据，数据可视化应运而生。数据可视化主要旨在借助图形化手段，清晰有效地传达与沟通信息。它与信息图形、科学可视化以及统计图形密切相关。图 6.1 所示为数据可视化的领域模型。领域模型是对领域内的概念类或现实世界中对象的可视化表示，又称概念模型、领域对象模型、分析对象模型。它专注于分析问题领域本身，发掘重要的业务领域概念，并建立业务领域概念之间的关系。

目前，数据可视化并没有一个准确的定义或规则的说明。在计算机视觉领域，数据可视化是对数据的一种直观的描述，从多维角度观察数据，从而得到更有价值的信息。比如，人们在面对大量数据时会觉得无从下手，而借助可视化方法，将数据变为用户可以直观感受到的图形化形式，能够加深用户的理解和记忆。

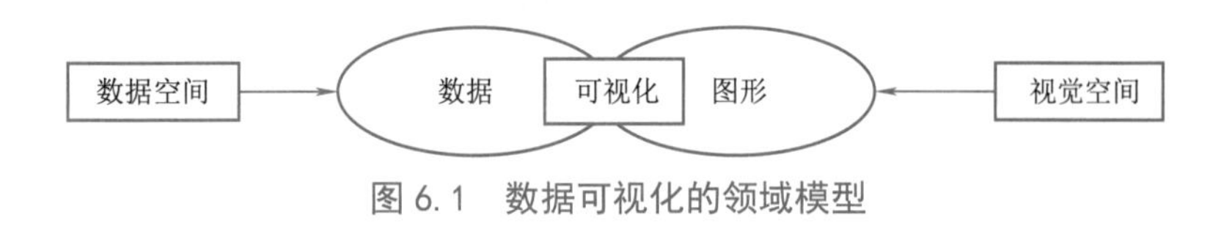

图 6.1　数据可视化的领域模型

数据可视化主要包含以下几个概念：

① 数据空间：是由具有属性和元素的数据集构成的多维信息空间。

② 数据开发：是指利用算法和工具对数据进行定量的推演和计算。

③ 数据分析：指对多维数据进行切片、块、旋转等动作剖析数据，从而能多角度、多侧面观察数据。

④ 数据可视化：是指将数据集中的数据以图形图像形式表示，并利用数据分析和开发工具发现其中未知信息的处理过程。

数据可视化的基本思想是将数据库中的每一个数据作为单个图元元素表示，大量的数据集构成数据图像，同时将数据的各个属性值以多维数据的形式表示，可以从不同维度观察数据，从而对数据进行深入的观察和分析。

6.1.2　数据可视化的作用

一个良好的数据可视化方法不仅能将数据直观地表示出来，更能挖掘其内部的数据关联，预测数据的走向。数据可视化是将科学技术与艺术上的美学结合在一起，借助图形化手段，清晰地表达与沟通信息。按照宏观的角度看，数据可视化的三个作用包括信息记录、信息推理和分析、信息传播与协同等。

1. 信息记录

信息记录是指将海量信息保存为文字或者图形，一方面利于信息存储持久化，另一方面便于通过观察可视化图形激发智力和洞察力，帮助验证科学假设。

2. 信息推理和分析

数据可视化通过将数据分析的结果以可视化方法呈现给用户，极大地降低了数据理解的复杂性，显著提高了数据分析的效率，帮助人们更快地分析和推理出有效信息。英国医生John Snow 绘制了一张描述 1854 年伦敦暴发霍乱分布的街区地图，如图 6.2 所示。该图分析了霍乱患者分布与水井分布之间的联系，依据一口井的供水范围内患者明显偏多的情况找到了霍乱暴发的根源。

3. 信息传播与协同

人主要通过视觉去感知外界信息，因此数据可视化提供给人一种感性的认知方式去分析和理解大量的数据。数据的存在给予了可视化的价值，而可视化又增加了数据的灵活性，两者相辅相成。数据可视化使得抽象的数据能够被形象化的图形表示出来，并且可以和其他用户协作，对数据进行修改和共享。使得用户之间可以共享信息，实现信息的传播和协同。

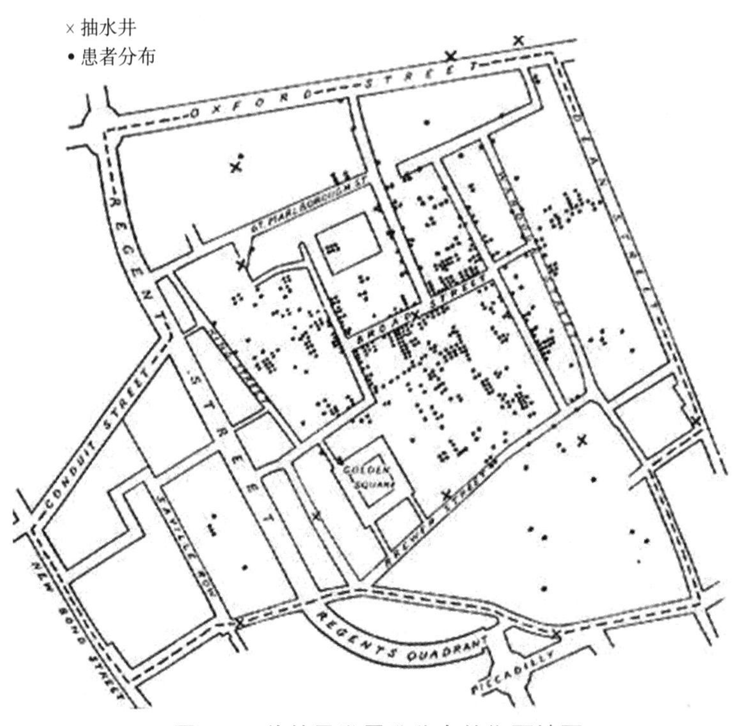

图 6.2　伦敦暴发霍乱分布的街区地图

6.1.3　数据可视化的一般过程

数据可视化是一个系统的流程，分为四个步骤：数据采集、数据处理、可视化映射和用户感知。数据可视化流程如图 6.3 所示。

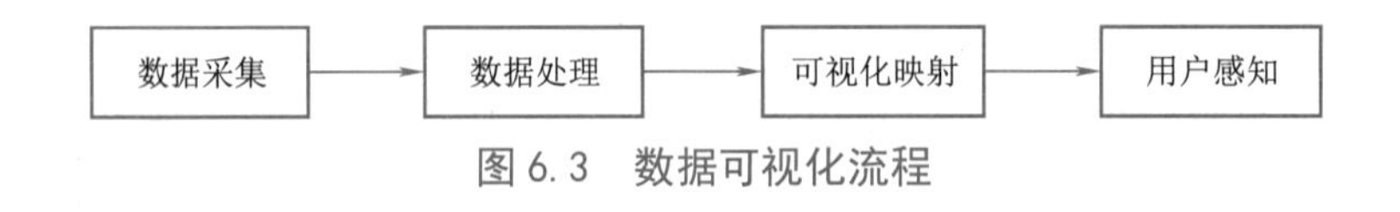

图 6.3　数据可视化流程

1. 数据采集

数据可视化的操作对象是数据，显然，数据的采集是决定可视化优劣的关键。数据采集是指对现实世界中的数据进行收集，提供给计算机处理的过程。它直接决定了数据的格式、维度、分辨率等属性。

目前数据采集主要分为主动和被动两种方式。

主动采集是指有明确的采集目标，利用数据采集设备主动地收集所需要的数据，比如利用传感器等物联网设备采集的数据。

被动采集主要指由数据平台的运营者所提供的数据，例如网络论坛数据。被动采集可通过爬虫技术进行爬取。

2. 数据处理

采集来的数据不可避免会存在噪声和误差，还会有一些数据被特意隐藏。这些都会导致数据的缺失和不一致性等问题，降低数据质量。所以，需用数据处理技术对所采集数据进行处理，剔除错误数据，补全缺失数据等，提高数据质量。数据处理是数据可视化的必要前提工作，只有在对数据进行处理后，才能保证可视化的准确性。它包括数据清洗、数据集成、数据转换和数据规约等步骤。数据清洗是对数据的重新审核和校验，目的包括重复数据删除、错误数据纠正、缺失数据补全等。数据集成是把不同来源的数据在逻辑上或物理上有机地集中并存放在一个一致的数据存储（如数据仓库）中。数据集成需着重考虑实体识别和属性冗余问题。在数据集成中，需要对不同来源数据进行“适当”变换，进行数据格式和单位等的统一，以适应建模任务和算法的需要。常用的数据变换包括简单函数变换、归一化等。通常原始数据数量较大，且结构复杂，直接在原始数据集上进行数据分析和可视化会耗费很长时间。数据规约的目的是产生更小但保持原数据信息相对完整性的新数据集。数据归约常用方法包括属性规约、主成分分析等。数据清洗、数据集成、数据转换和数据规约相关内容具体可参见本书第2章。

3. 可视化映射

可视化映射是数据可视化的核心环节，用于将数据以及数据间的联系映射为可视化通道的不同元素，如标记的位置、大小、形状、色调等，为用户提供一个简洁直观的表示方法，帮助理解数据并且挖掘数据背后的潜在关系。

4. 用户感知

在数据的可视化映射后，用户可以通过可视化结果获得感知，从结果中对信息进行提炼，从而获得新的知识并产生灵感。用户可以发掘数据背后的规律并预测未来趋势。这个步骤是可视化与用户进行交互的环节，具有很重要的作用。

6.1.4 数据可视化的原则

随着现在科学技术的提升，数据采集、处理和计算都已经不是问题，用户越来越追求数据可视化的体验感，希望能通过简约明了的图形化界面来展示数据背后的规律。这就要求在可视化设计上遵循以下几个原则。

1. 面向用户设计可视化产品

针对不同用户的需求设计不同的可视化图形，包括颜色、形状等。

2. 作品内容分类

可视化界面的内容应当按照一定的顺序排列，比如相关联的内容应该放在位置比较靠近的地方,不相关的内容应当稍微拉开距离,保证它们的相互独立性。这样符合用户的阅读习惯，方便理解可视化视图的层次结构。

3. 版式元素对齐

在可视化的内容中，每个元素的排版也十分重要，应使元素排列位置对齐，这样整体看起来比较美观，而且符合用户审美标准。

4. 视觉要素的重复与统一

在追求可视化视图完美时，人们本能地喜欢同种类型的元素，保证视图的一致性，不会产生突兀。这就要求重复出现的元素保持统一。

5. 内容的对比与强调

在可视化设计时，旨在传递数据背后的重要信息，让用户能明白数据背后的规律与潜在关联。所以，在设计时应当分清主次，强调重要信息，弱化次要信息。切记不可把所有信息都同样强调，以免用户不能从可视化作品中获取关键信息。

6. 表述的简洁与精准

最后一个原则是表述的简洁与准确。在设计可视化图表时，应当尽可能简化图表的复杂性，为用户提供良好的可解释性。并且要能准确表达数据背后的信息，不产生模棱两可的情况。

6.1.5 数据可视化的挑战和趋势

1. 挑战

数据可视化发展到今天，还面临着众多挑战，主要有：

（1）多源、异构数据的集成与处理

数据可视化依赖的基础是数据，而大数据时代的数据来源众多，且多来自异构环境。即使获得数据源，得到的数据的完整性、一致性、准确性也难以保证。数据质量的不确定问题将直接影响可视分析的科学性和准确性。使数据有正确格式、过滤不正确数据、标准化属性值和处理丢失数据是数据可视化的重要挑战。

（2）可扩展性问题

大数据的数据规模呈爆炸式增长，很多数据可视化工具或仅能处理成千上万条数据，或当处理更大量数据时难以保持实时交互性。然而，大数据可视分析系统应具有很好的可扩展性，即感知扩展性和交互扩展性只取决于可视化的精度而不依赖数据规模的大小，以支持实时的可视化与交互操作。因此，如何对超高维数据进行降维以降低数据规模，如何结合大规模并行处理方法与超级计算机，将是未来最严峻的挑战。

（3）数据可视化的普遍可用性

随着数据存在的普遍性，政府的政策制定、经济与社会的发展、企业的生存与竞争以及个人日常生活的衣食住行无不与大数据有关。因此，未来任何领域的普通个人均存在大数据分析的需求。当可视化工具打算被公众使用时，必须使该工具可被多种多样的用户使用，而与他们的生活背景、工作背景、学习背景或技术背景无关，但这仍是对设计人员的巨大挑战。

除了上面所提到的挑战外，当然还包括其他很多挑战。比如，视觉噪声：数据集中多数对象之间具有强关联性，用户难以将它们作为独立对象展示出来；视觉表示与文本标签的结合：视觉表示是强有力的，但有意义的文本标签起到很重要的作用，标签应该是可见的，不应遮盖显示或使用户困惑。

2. 趋势

数据可视化及分析与数据处理生命周期的各个环节结合越发紧密。数据可视化和可视分析呈现下面主要趋势。

（1）数据可视化对象正从传统的单一数据源扩展到多源、多维度、多尺度数据

工业界目前关注解决海量数据存储和数据并行计算等问题，克服数据尺寸大的挑战。为解决数据来源的多样性、数据异构性、数据的不确定性，需重新设计符合大数据特性的可视化方法和新技术，提高已有方法在新型数据上的效能。

（2）用户正从少数专家用户扩展到广泛的不特定的群体

在大数据时代，分析和理解数据的需求越发广泛，从传统的科学研究者和商业用户，扩展到每个信息消费者。可视化的普遍和易用性是新的挑战。特别地，在Web、移动端、互联网甚至物联网等新型环境下，开发便于普通用户使用和操作的可视化方法，以及便于实现各类可视化方法的编程语言和开发环境，是当务之急。可视化方法需强调可扩展性、使用和开发的简捷性。

（3）可视化和可视分析在数据科学框架下开展

可视化包含数据变换、数据呈现和数据交互等。从数据处理的流程看，数据可视化是数据分析软件中暴露给用户与数据打交道的接口。可视化之外存在其他环节，如数据整合、数据搜索、数据挖掘、知识管理、多用户协作、Web化、网络传输、移动化等。面向大数据的可视化需将可视化和可视分析贯穿整个数据处理的生命周期，实现符合数据特性的可视化和分析。

此外，传统的显示技术已经很难满足需求大数据时代的4V挑战，而高清大屏幕拼接的可视化技术正是为解决这样的问题应运而生的。它具有超大画面、高亮度、高分辨率等显示优势。结合数据实时渲染技术、GIS空间数据可视化技术，实现数据实时图形可视化、场景化以及实时交互，让用户能够更加方便地进行数据的理解和空间知识的呈现，这也是未来的发展方向之一。

6.1.6 常用数据可视化的图类型

数据可视化常用的统计图包括直方图、折线图、条形图、饼图、散点图、箱形图、密度图等。接下来对这些常见统计图进行简单介绍。

视频

常用数据可视化的图类型

1. 直方图

直方图又称质量分布图，通过高度不等的纵向条纹或线段表示数据分布情况。一般用横轴表示数据类型，纵轴表示分布情况。图6.4所示为某市19 049个高压用户从2018年8月至2019年3月之间不同月份窃电用户个数的直方图，其中横轴为月份，纵轴为窃电用户数量。

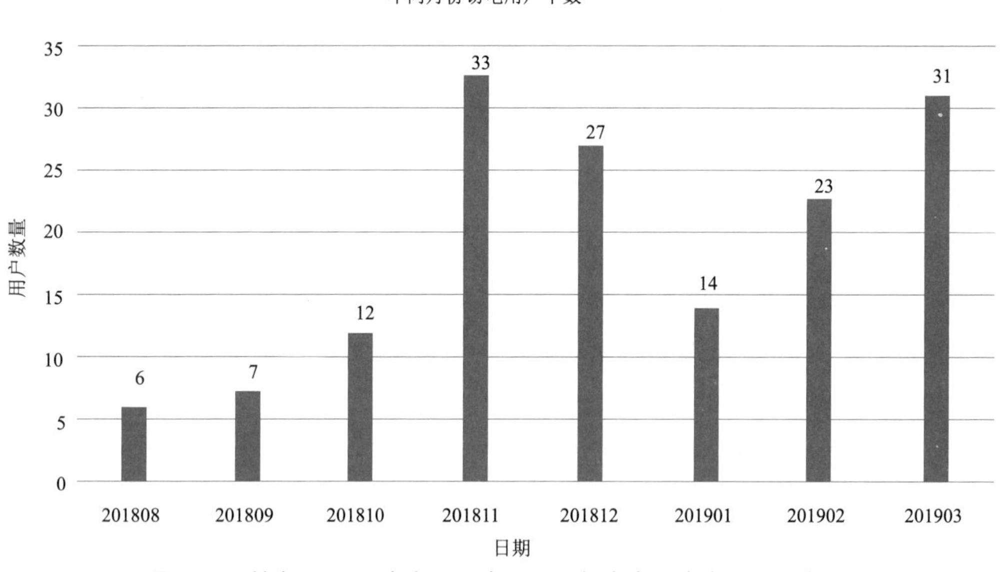

图 6.4 某市19 049个高压用户不同月份窃电用户个数的直方图

2. 折线图

折线图通过直线段将数据连接起来组成图形，通常用于显示数据随时间或有序类别变化的趋势，非常适用于显示在相等时间间隔下数据的趋势。图6.5所示为某市高压用户连续27个月逾期用户数量波动折线图，其中横轴为月份，纵轴为逾期用户数量。

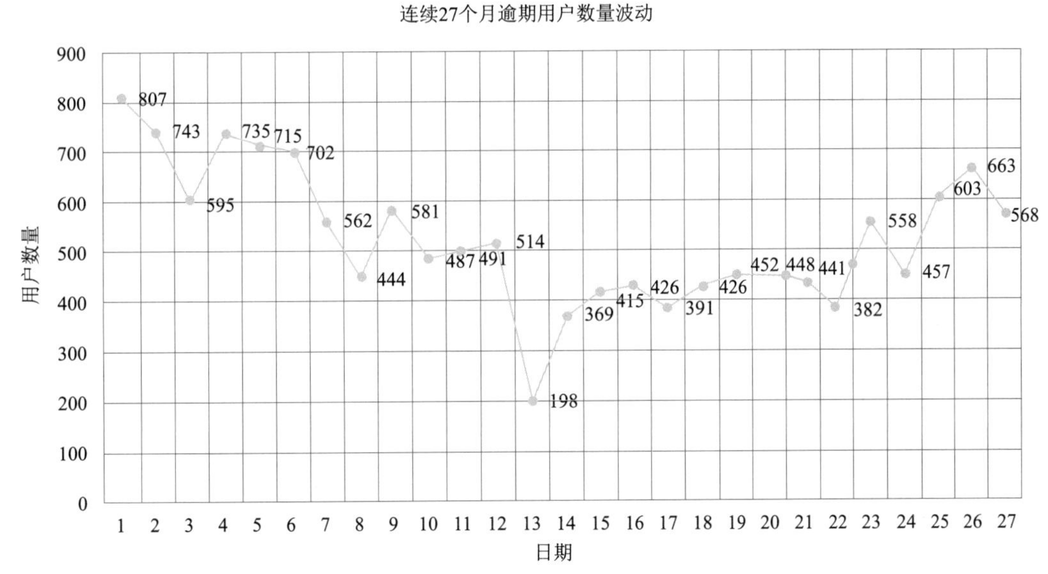

图 6.5 某市高压用户连续 27 个月逾期用户数量波动折线图

3. 条形图

条形图是用宽度相同的条形的高度或长短来表示数据多少的图形，可以横置或纵置。纵置时也称为柱形图。

4. 饼图

饼图显示一个数据系列中各项的大小与各项总和的比例。饼图中的数据点显示为整个饼图的百分比。图 6.6 所示为某样本数据中欠费用户所占比例的饼状图。

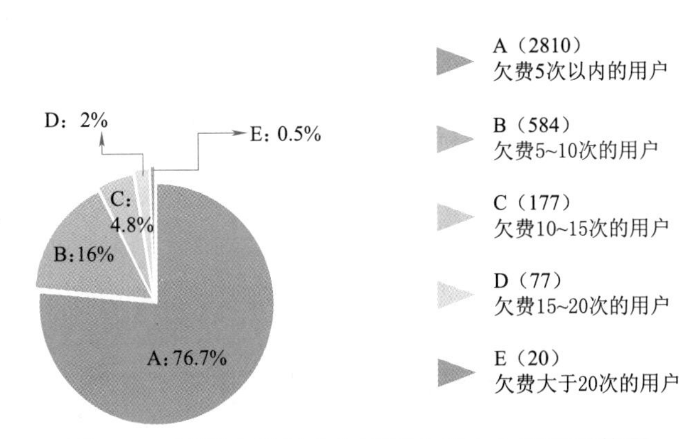

图 6.6 某样本数据中欠费用户所占比例的饼状图

5. 散点图

散点图是指在回归分析中，数据点在直角坐标系平面上的分布图，散点图表示因变量随自变量而变化的大致趋势，据此可以选择合适的函数对数据点进行拟合。图 6.7 所示为散点图示例。

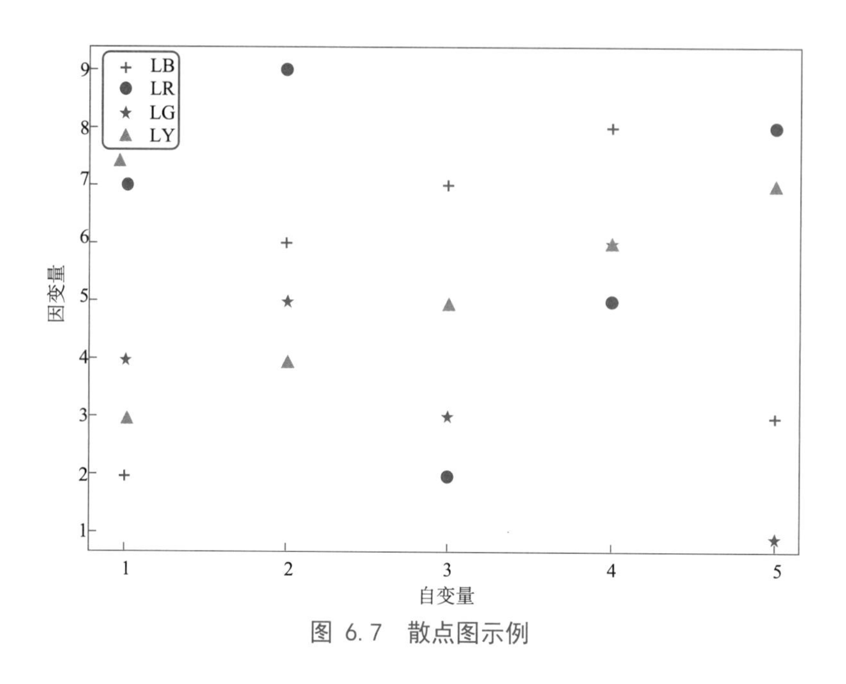

图 6.7　散点图示例

6. 箱形图

箱形图又称为盒须图、盒式图或箱线图，是一种用作显示一组数据分散情况的统计图，在识别异常值方面有一定的优越性，因形状如箱子而得名。箱形图依据实际数据绘制，不需要事先假定数据服从特定的分布形式，没有对数据作任何限制性要求，它只是真实直观地表现数据分布的本来面貌。箱形图判断异常值的标准以四分位数和四分位距为基础，四分位数具有一定的健壮性：多达 25% 的数据可以变得任意远而不会很大地扰动四分位数，所以，异常值不能对这个标准施加影响，箱形图识别异常值的结果比较客观。箱形图的绘制方法是：先找出一组数据的上界、下界、中位数和两个四分位数；然后，连接两个四分位数画出箱体；再将上界和下界与箱体相连接，中位数在箱体中。箱形图示例如图 6.8 所示。

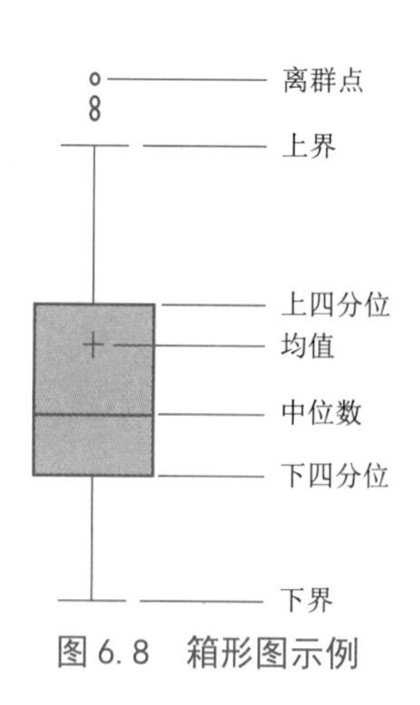

图 6.8　箱形图示例

7. 密度图

密度图是与直方图密切相关的概念，它用一条连续的曲线表示变量的分布，可以理解为直方图的“平滑版本”。密度图示例如图 6.9 所示。

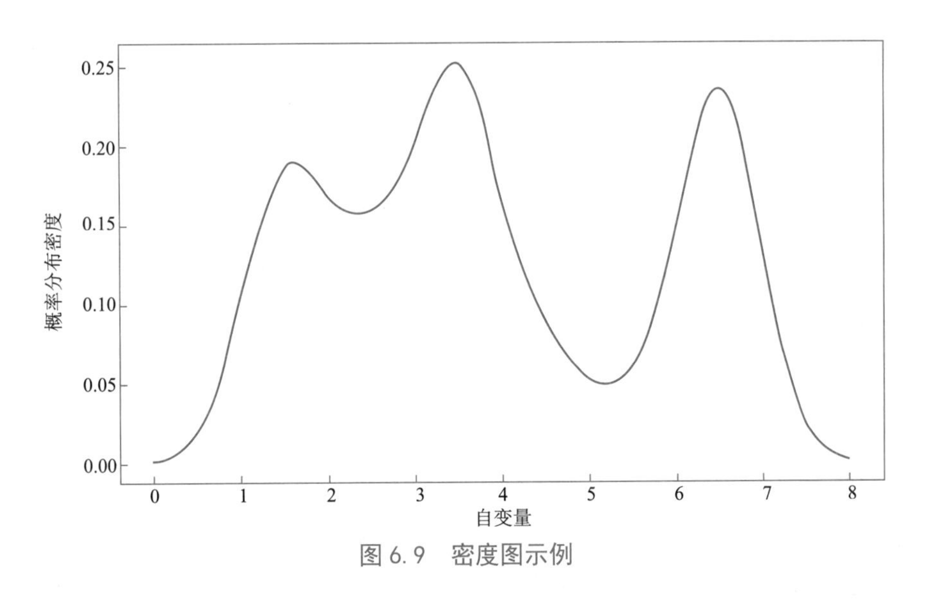

图 6.9　密度图示例

对上面常用的统计图做如下总结：

直方图：适合于数据之间多少的比较。

折线图：反映一组数据的变化趋势。

条形图：显示各个项目之间的比较情况，和直方图有类似作用。

散点图：显示若干数据系列中各数值间的关系，判断变量之间是否存在某种联系。

箱型图：识别异常值。

密度图：显示变量的分布。

6.2　数据可视化方法

6.2.1　文本可视化

文字是传递信息最常用的载体。随着信息技术蓬勃发展，人们接收信息的速度已经小于信息产生的速度，尤其是文本信息。当长篇大段的文字摆在面前，已经很少有人耐心认真地把它阅读完，这一方面说明人们对图形的接受程度比枯燥的文字要高很多，另一方面说明人们急需一种更高效的信息接收方式，文本可视化技术应运而生。老话说得好“一图胜千言”，从幼儿开始人们接收的知识主要都是通过图片

视　频

文本可视化

来获取，比如看图识字、辨认家里的东西等。文本可视化将文本中复杂的或者难以通过文字表达的内容和规律以视觉符号的形式表达出来，为人们更好地理解文本和发现知识提供了新的有效途径。

1. 文本可视化流程

文本可视化流程指从原始数据到最后呈现在用户面前的图像的一系列操作。主要涵盖对原始文本信息的挖掘、视图的绘制、人机交互等操作，如图 6.10 所示。

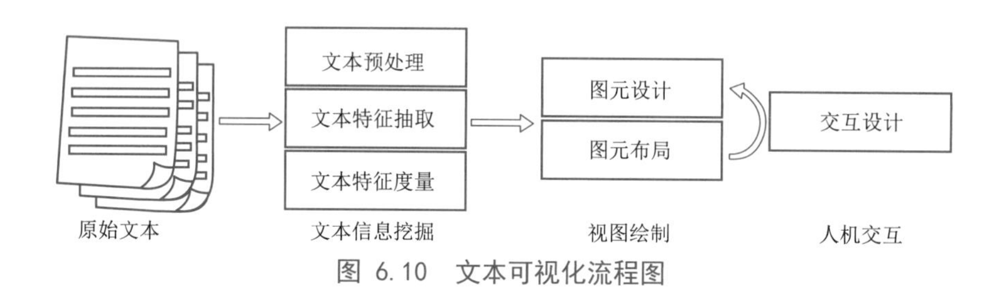

图 6.10　文本可视化流程图

（1）文本信息挖掘

文本信息挖掘主要包含文本预处理、文本特征抽取和文本特征度量。挖掘信息依赖自然语言处理，因此词袋模型、命名实体识别、关键词抽取等是比较常用的挖掘信息技术。通过分词、抽取、归一化等操作提取文本词汇及相关内容，达到挖掘重要信息的目的，为后面的操作做准备。

（2）视图绘制

视图绘制主要包含图元设计和图元布局，是将文本分析后的数据用视觉编码的形式来处理。文本内容的视觉编码涉及尺寸、颜色、形状、方位、纹理等，文本间关系的视觉编码有网络图、维恩图、树状图、坐标轴等。最后，通过合理的布局展现出美观效果。

（3）人机交互

为了使用户能更好地理解文本可视化背后的信息，通常为文本可视化添加与用户交互相关的功能，比如高亮、缩放、动态转换、关联更新等，为用户提供良好的交互体验。

2. 文本可视化类型

文本可视化类型，除了包含常规的图表类如漏斗图、饼图、折线图等表现形式之外，文本领域使用较多的可视化类型主要有基于文本内容的可视化、基于文本关系的可视化和基于多层面信息的可视化。

（1）基于文本内容的可视化

基于文本内容的可视化关注如何快速获取文本内容重要信息，按照关注重点的不同可分为词频可视化与词汇分布可视化。常用的可视化形式有词云、分布图等。图 6.11 所示为词云展示效果图。

（2）基于文本关系的可视化

基于文本关系的可视化关注文本的内在联系，帮助用户理解和挖掘文本背后深层次的关联并探寻规律。常用的可视化形式有树状图、节点连接的网络图、力导向图以及 Word Tree 等。图 6.12 所示为 D3.js 实现的力导向图示例。

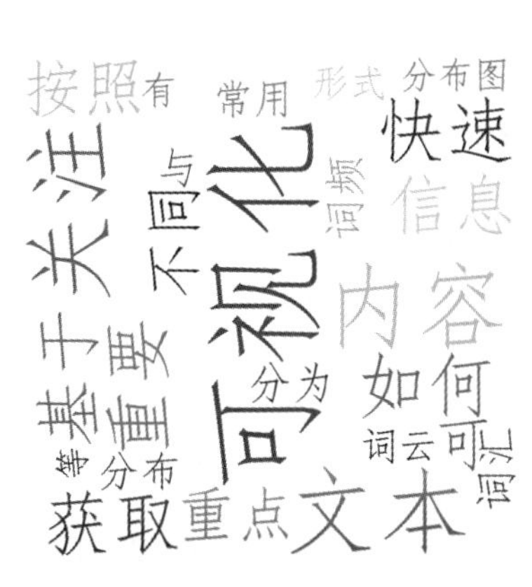

图 6.11　词云展示效果图

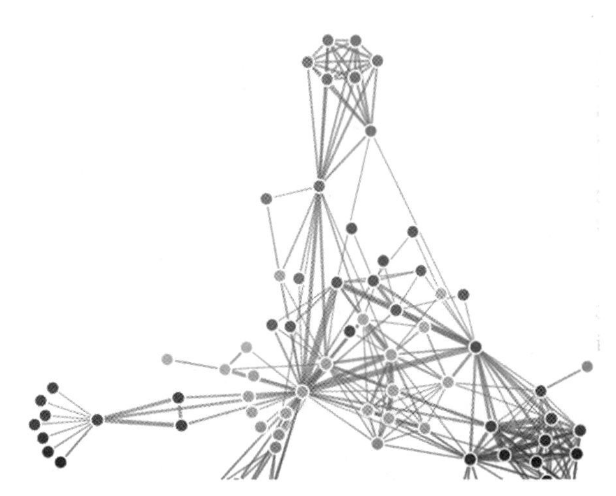

图 6.12　力导向图示例

（3）基于多层面信息的可视化

基于多层面信息的可视化研究如何结合信息的多个方面从多维角度理解文本数据背后的规律。其中，包含时间信息和地理坐标的文本可视化越来越受到关注。常用的可视化形式有地理热力图、ThemeRiver、SparkClouds、TextFlow 和基于矩阵视图的情感分析可视化等。

6.2.2　网络可视化

信息技术在不同领域的大规模应用使用户能够获取的网络结构数据越来越多，如社交网络、生物食物链网络、学术论文互引网络等。图 6.13 所示为用 Python 绘制的简单社交网络图。但是，随着网络节点和边的增加，仅用数据表格 + 文字展现网络结构的方式已很难满足用户分析、管理及处理网络结构数据的需求。如何高效浏览、理解、挖掘、操作、导航大量的网络结构数据，成为信息领域一个迫切需要解决的问题。

网络可视化将数据在网络中的关联关系以图形化方式展示出来，用于描绘互相连接的实体，一方面可以辅助用户快速高效地认识网络的内部结构，另一方面有助于挖掘隐藏在网络内部的有价值信息。当前网络可视化研究主要集中在两个方面：一是制定美学标准，使绘制出的网络结构能得到最佳感知，从而能更好地被用户理解；另一方面是根据任务主题，建立

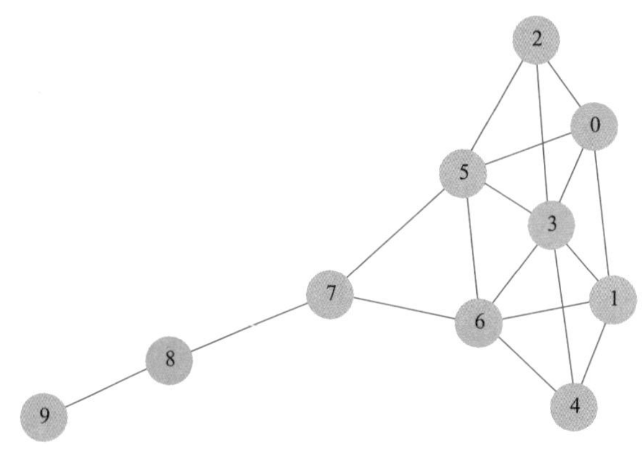

图 6.13　Python 绘制的简单社交网络图

不同的可视化系统，帮助用户高效地挖掘和分析网络结构数据。按照网络节点的布局方法可将网络可视化技术分为下面几类：

（1）基于力导引布局的网络可视化技术

力导引布局最早由 Peter Eades 在 1984 年的“启发式画图算法”一文中提出，目的是减少布局中边的交叉，尽量保持边的长度一致。此方法借用弹簧模型模拟布局过程：用弹簧模拟两个点间的关系，受到弹力作用后，过近的点会被弹开，而过远的点会被拉近；通过不断地迭代，整个布局达到动态平衡，趋于稳定。力导引布局方法能够产生相当优美的网络布局，并充分展现网络的整体结构及其自同构特征，在有关网络节点布局技术研究中占据了主导地位。其示例图形式与图 6.12 相似，这里不再给出。

（2）基于地图布局的网络可视化技术

地图布局以世界（大洲、国家、省或市）地图为背景，根据地理坐标在背景图上绘制网络节点，根据节点间的连接关系绘制网络边。优点是符合人类视觉思维，可直观展现网络节点的地理分布，且能准确定位网络节点；缺点是网络节点在背景图上位置固定，节点交叠、边交叉问题严重，不利于可视化节点、边数量较多的网络结构。

（3）基于圆形布局的网络可视化技术

圆形布局画图时需明确各节点顺序，指定优先度最高的节点为根节点并将其放置在圆心，与其相关联的节点排列在最近的同心圆周上，逐步迭代直到将所有节点排列完毕；也可按照优先度顺序将不同节点排列在同一圆周上。圆形布局能体现网络节点间的层次关系，布局清晰，中心突出，但要求节点存在一定顺序，通用性不强，且在突出网络层次结构特征的同时，降低了对其他网络拓扑结构特征的表现力度。其示例如图 6.14 所示。

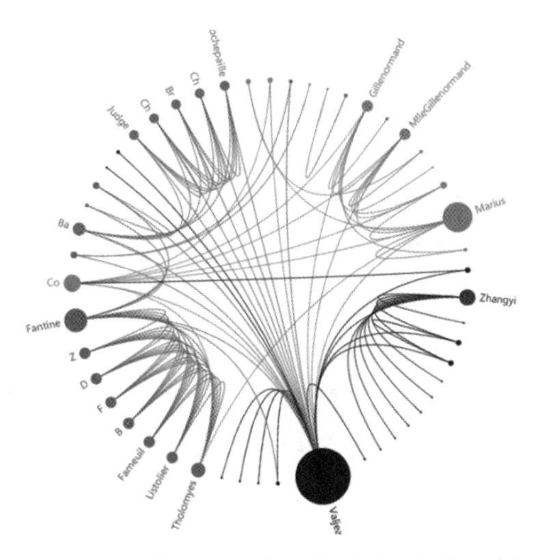

图 6.14　基于圆形布局的网络可视化示例

（4）基于聚类布局的网络可视化技术

聚类布局根据节点的属性及相互间的连接关系，通过聚类算法分组网络节点。聚类布局有助于用户发现网络结构中存在的关系信息、模式信息及聚类信息等隐性知识，一般多与其他布局方法结合使用。示例如图 6.15 所示。

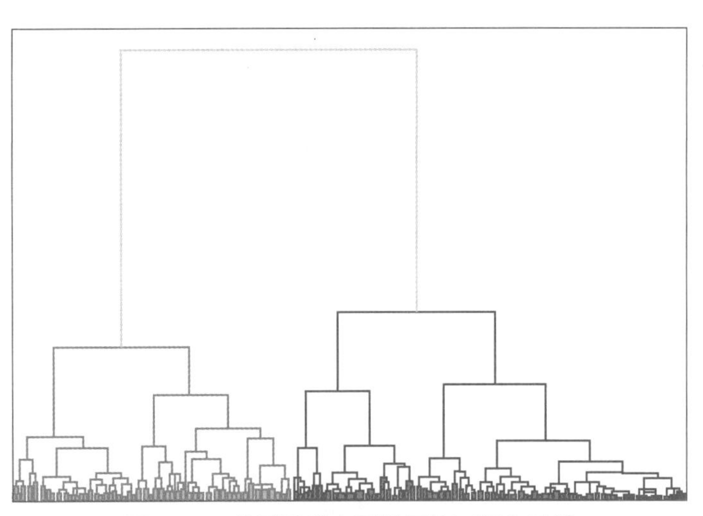

图 6.15　基于聚类布局的网络可视化示例

除了上面提到的网络可视化技术外，还有基于相对空间布局、基于时间布局、基于层布局、基于手工布局、基于随机布局等多种网络可视化技术，这里不再一一赘述。需要说明的是，为更好地反映网络结构特征，使不同布局方法能够取长补短，互为补充，大部分网络可视化应用通常结合使用多种节点布局方法。

6.2.3 时空数据可视化

在物联网等技术的普遍应用下，人们布置了更多的传感器来获取外界信息，这使得时间和空间数据的积累量级越来越大。又因为现代社会地理信息系统的蓬勃发展，以及智慧城市、智能交通、气象等领域信息化项目的推动，形成了海量的时间和空间数据集。时空数据最直接的记录方式是时空二联表（行表示空间维，列表示时间维，单元格记录属性值）、地图时间序列（在各时间点分别制作某属性专题图，形成地图序列）和状态转换矩阵（行列分别代表两个时间点上相同的状态变量，单元格表示经过一个时间段，所在行状态转换为所在列状态的量）。在处理和分析时空数据时往往很麻烦,时空数据可视化技术成为重要的解决方案。它同时具有时间和空间维度，但不是简单的相加，而是把时间和空间紧密地联系在一起。

1. 时空数据的特点

（1）动态、多维。时空数据是长期观测积累的矢量 / 栅格数据，如遥感卫星、GPS 实时定位、视频、微博等。

（2）多源、海量。如交通大数据中的视频监控、公交刷卡、铁路和飞机进出港数据，每日可达拍字节（PB）级。

（3）泛在、异构。时空大数据普遍存在且形式多样，如测绘中的 DOM、DEM、DLR 和 DRG，也包括大体量的数据，涉及文字、图片、视频等，既有实体空间中的数据也有虚拟空间的数据。

2. 时空数据可视化方法

针对不同的数据类型，如标量场、矢量场、时间序列，时空数据的可视化方法和技术不同，一般可分为如下几类。

（1）一维标量场数据可视化

所谓标量，就是只有大小没有方向的量。一维标量场指空间中沿着某一条路径采样得到的标量场数据。一维标量场数据通常可表达为一维函数，其定义域是空间路径位置或空间坐标的参数化变量，值域是不同的物理属性，如温度、气压、波长和亮度等。一维标量场可视化是指通过图形方式揭示标量场中数据对象空间分布的内在联系，可以用线图的形式呈现数据分布规律。

（2）二维标量场数据可视化

二维空间标量场数据比一维数据更为常见。最常见的二维标量场可视化方法包括颜色映射法、等值线法、高度映射法和标记法。

① 颜色映射法：是将标量场中的数据与颜色形成一一对应关系。首先，建立颜色映射表，然后，将标量数据转换为颜色表的索引值。不同数据对应不同颜色，从起始颜色渐变到结束颜色。另外，对应数值选择合适的颜色很重要的，否则会导致错误理解。

② 等值线法：又称等量线法，是用一组等值线来表示连续面状分布的制图现象数量特征渐变的方法。用一系列具有一定数值间隔的等值线表示地理要素定量分布特征的制图方法。

③ 高度映射法：是根据二维标量场数值的大小，在原几何面的垂直方向做相应的提升。表面高低的起伏对应于二维标量场数值的大小和变化。

④ 标记法：对应的是离散的可视化元素。可采用标记的大小和稀疏程度表示原始数据。例如，同样大的数据可用较大形状的元素表示，也可用较为密集的元素表示。

（3）三维标量场数据可视化

三维标量场也称三维体数据场。与二维标量场不同，它是对三维空间进行采样，将三维空间用可视化展示出来。在实际生活中也有运用，比如医学上，病人的 CT 照片实际上是二维数据场，但是照片某一部分的灰度就表示了身体的一些信息，构成了三维标量场。三维标量场数据可视化方法有两种，分别是直接体绘制和等值面绘制。

①直接体绘制：也称体绘制，其依据三维体数据，将所有体细节同时展现在二维图片上。直接体绘制方法主要包含光线投射方法、投影体绘制方法。

②等值面绘制：是三维标量场广泛应用的数据可视化方法，该方法利用具有某种共同属性的采样点按其空间位置连接起来，构成一张连续表面。其能更好地表示特定曲面的特征和信息。等值面的构造也就是等值线构造方法的三维扩展，最典型的就是 Marching Cube 算法。

（4）多变量空间数据可视化

多变量用于表达变量和属性的数目，表示数据所包含信息和属性的多寡。不同于传统空间数据在每个节点上只有一个数据属性，多变量空间数据在每个节点上包含多个不同类型的数据属性。多变量空间数据可视化的目的是分析和表达数据场中多个属性及其相互关系，并通过可视化界面呈现出数据背后的规律。由于数据本身多维度、多变量的复杂性，多变量空间数据可视化更具有挑战性。多变量数据场可视化的基本手段是采用数据分析和特征抽取方法，获取多变量数据场的内部几何信息、统计特征或信息学特征，并结合投影变换和降维去噪去除冗余信息，减少数据量。

（5）时间序列数据可视化

时间序列数据是按时间顺序排列的一系列观测值。与一般的定量数据不同，时间序列数据包含时间属性，不仅表达了数据随时间变化的规律，还表达了数据分布的时间规律。时间序列数据可视化方法以时间序列为核心，目的是看和过去相比发生了什么变化，变化的程度相差大不大。通过图形化方法表示出来，让用户能更加直观地看到变化趋势，并能从中发现规律，预测未来的趋势。

6.3 数据可视化常用工具

在可视化方面，如今已经有不少的工具可供用户选用，但究竟哪一种工具更适合，这将取决于数据以及可视化数据的目的。有些工具适合用来快速浏览数据，而有些工具则适合为更广泛的读者设计图表。最可能的情形是，将某些工具组合起来使用才是最适合的。

6.3.1 Excel

Excel 是 Microsoft 为使用 Windows 和 Apple Macintosh 操作系统的计算机用户编写的一款电子表格软件。直观的界面、出色的计算功能和图表工具，再加上成功的市场营销，使 Excel 成为最流行的个人计算机数据处理软件之一。在 1993 年，作为 Microsoft Office 的组件发布了 5.0 版之后，Excel 就开始成为所适用操作平台上的电子制表软件的霸主。

Excel 是第一款允许用户自定义界面的电子制表软件（包括字体、文字属性和单元格格式）。它还引进了“智能重算”的功能，当单元格数据变动时，只有与之相关的数据才会更新，而原先的制表软件只能重算全部数据或者等待下一个指令。同时，Excel 还有强大的图形功能。为了分析数据可以使用 Excel 创建工作簿并设置工作簿格式，使用 Excel 跟踪数据，借此生成数据分析模型；可以对数据利用公式和函数进行复杂运算，用各种图表来直接明了地表示数据；可以利用超链接功能快速打开局域网或 Internet 上的文件，与世界上任何位置的互联网用户共享工作簿文件。用户可以使用 Excel 制作各种精美的图表，包括了条形图、饼图、气泡图、折线图、仪表图以及面积图等。Excel 的缺点是在颜色、线条和样式上可选择的种类较为有限。

6.3.2 ECharts

ECharts 是一款基于 JavaScript 的数据可视化图表库，提供直观、生动、可交互、可个性化定制的数据可视化图表。ECharts 最初由百度团队开源，并于 2018 年初捐赠给 Apache 基金会，成为 ASF 孵化级项目。ECharts 除了提供常规的折线图、柱形图、散点图、饼图、K 线图等，还提供了用于地理数据可视化的地图、热力图、线图，用于关系数据可视化的关系图、treemap、旭日图，多维数据可视化的平行坐标，还有用于 BI 的漏斗图、仪表盘，并且支持图与图之间的混搭。ECharts 可以流畅地运行在 PC 和移动设备上，兼容当前绝大部分浏览器。

对于初学者而言，ECharts 操作简单，因为其官网提供了大量的示例图表，开发者只需从官网中下载需要的 js 文件，然后放在网页中稍作修改即可。

6.3.3 Tableau

相对于 Excel，如果想对数据做更深入的分析而又不想编程，那么 Tableau 数据分析软件（也称商务智能展现工具）就很值得使用。Tableau 诞生于美国斯坦福大学的三位校友 Christian

Chabot、Chris Stole 以及 Pat Hanrahan，三人都对数据可视化怀着极大的兴趣。他们创造的 Tableau Software 致力于帮助人们进行快速的数据分析、可视化并分享信息。Tableau 将数据运算与美观的图表完美地嫁接在一起，操作十分简单，用户不需要精通复杂的编程和统计原理，只需要把数据直接拖放到工作簿中，利用 Tableau 简便的拖放式界面，即可以自定义视图、布局、形状、颜色等。

Tableau 分为 Desktop 版和 Server 版。Desktop 版 Tableau 基于斯坦福大学研发的软件应用程序技术，可生动地分析任何结构化数据，在几分钟内生成美观的图表、坐标图、仪表盘与报告。Desktop 版 Tableau 又分为个人版和专业版。个人版 Tableau 只能连接到本地数据源，专业版 Tableau 还可以连接到服务器上的数据库。Server 版 Tableau 是企业智能化软件，提供任何人可以学习与使用的基于浏览器的分析。它注重于共享，将 Desktop 版 Tableau 中最新的交互式数据可视化内容、仪表盘、报告与工作簿的共享变得迅速简便。

6.4 数据可视化常用编程语言

对于数据可视化分析，如果只是较少的或者准备好的数据集，那么通过 Excel 等工具进行简单制表就能解决问题。但现状是网络中充斥着大量多源异构数据，很少有能直接满足模型要求的数据，那么就需要在分析前对数据进行变换、合并、分类、整理等操作。而在这个过程中，各个环节都可能涉及大量参数的调整，各种细节需要控制。如果仅仅利用软件进行这一系列的操作，将变得非常烦琐，还会增加软件维护的压力。此时运用编程语言可以精确地描述整个过程，控制大部分细节，还可以批量地重复实现，这样就简便了许多。下面介绍一些常用的数据可视化编程语言。

6.4.1 Python

Matplotlib 库是 Python 可视化库的基础库，建立在 NumPy 数组基础上，具有良好的操作系统兼容性和图形显示底层接口兼容性，功能十分强大。Matplotlib 通过 pyplot 模块提供了一套和 MATLAB 类似的绘图 API，将众多绘图对象所构成的复杂结构隐藏在这套 API 内部。因此，只需要调用 pyplot 模块所提供的函数就可以实现快速绘图以及设置图表的各种细节。通过 Matplotlib，开发者仅需要几行代码，便可以生成绘图。一般可绘制折线图、散点图、柱形图、饼图、直方图、子图等。

Seaborn 是斯坦福大学开发的基于 Matplotlib 的 Python 可视化库，在 Matplotlib 的基础上进行了更高级的 API 封装，从而使得作图更加方便快捷，而且画出来的图更加美观。

6.4.2 D3.js

D3.js 是一个基于数据操作文档的 JavaScript 库，开发者可以使用这个库来进行数据可视化。D3 的全称是 Data-Driven Documents，顾名思义，它是一个被数据驱动的文档。JavaScript 文件的扩展名通常为 .js，故 D3 也常使用 D3.js 称呼。D3 提供了各种简单易用的函数，大大简化了 JavaScript 操作数据的难度。由于它本质上是 JavaScript，所以用 JavaScript 也是可以实现所有功能的，但它能大大减少用户的工作量，尤其是在数据可视化方面，D3 已经将生成可视化的复杂步骤精简到了几个简单的函数，只需要输入几个简单的数据，就能够转换为各种绚丽的图形。D3 可以帮助用户使用 HTML、CSS、SVG 以及 Canvas 来展示数据。D3 遵循现有的 Web 标准，可以不需要其他任何框架独立运行在浏览器中，它结合强大的可视化组件来驱动 DOM 操作。D3 可以将数据绑定到 DOM 上，然后根据数据来计算对应 DOM 的属性值。例如，可以根据一组数据生成一个表格。

D3 不是一个框架，因此也没有操作上的限制。没有框架限制的好处就是用户可以完全按照自己的意愿来表达数据，而不是受限于条条框框，非常灵活。D3 的运行速度很快，支持大数据集和动态交互以及动画。

6.4.3　R

R 是由新西兰奥克兰大学 Ross Ihaka 和 Robert Gentleman 开发用于统计学计算和绘图的语言，不仅提供若干统计程序使得用户只需指定数据库和若干参数便可进行统计分析，而且它还大量提供数学计算、统计计算的函数，从而使用户能灵活机动地进行数据分析，甚至创造出符合需要的新的统计计算方法。R 最初的用户主要是统计分析师，但后来用户群扩充了不少。目前不少统计分析和挖掘人员利用 R 开发统计软件实现数据分析。R 语言主要的优势在于它是开源的，在基础分发包之上，人们又做了很多扩展包，这些包使得统计学绘图（和分析）更加简单。常用的数据可视化包有很多，比如：

ggplot2：基于利兰 · 威尔金森图形语法的绘图系统，是一种统计学可视化框架。

network：可创建带有节点和边的网络图。

ggmaps：提供 Google Maps、Open Street Maps 等流行的在线地图服务模块。

animation：可制作一系列的图像并将它们串联起来做成动画。

portfolio：通过树图来可视化层次型数据。

lattice: 一个非常强大的高级绘图程序包。lattice 包很容易实现单变量或多变量的数据可视化，生成的图形为栅栏图。在一个或多个其他变量的条件下，栅栏图可展示某个变量的分布或与其他变量间的关系。

playwith：提供了 GTK+ 图形用户界面（GUI），使得用户可以编辑 R 图形并与其交互。

在任何情况下，如果用户在编码方面是新手，而且想通过编程来制作静态图形，R 语言都是很好的起点。

6.4.4　HTML、JavaScript和CSS语言

Web浏览器的运行速度越来越快，功能也越来越完善。不少人使用浏览器的时间要超过计算机上的其他任何程序。在可视化方面，过去在浏览器上可做的事情是非常有限的，通常必须借助于Flash和ActionScript。可视化在近期也有了相应的转变，开始借助HTML、JavaScript和CSS代码直接在浏览器中运行。一个网页由HTML（Hyper Text Markup Language，超文本标记语言）、CSS层叠样式表（Cascading Style Sheets）和JavaScript组成。HTML是描述网页的一种语言，用来定义网页的结构。CSS用来定义如何显示HTML元素，描述网页的样子，修饰各种动态和静态页面。JavaScript是一种脚本语言，它是连接前台（HTML）和后台服务器的桥梁，其源代码在发往客户端运行之前不需经过编译，而是将文本格式的字符代码发送给浏览器由浏览器解释运行。

以前各种浏览器对JavaScript的支持不尽一致，然而在现有的浏览器，比如Firefox、Safari和Google Chrome中，都能找到相应功能来制作在线的交互式可视化效果。学习JavaScript可以从零起步，不过有一些可视化库会带来不少便利。

小　结

本章首先介绍了数据可视化基础，包括数据可视化的作用、一般过程、原则、挑战和趋势、常用图类型；其次介绍了一些主要的数据可视化方法，包括文本可视化、网络可视化、时空数据可视化等；最后介绍了一些常用的数据可视化工具和编程语言。

习　题

1. 数据可视化的作用有哪些？
2. 数据可视化的一般过程是什么？
3. 除了书中所提到的常用数据可视化图类型，你还知道哪些？
4. 简述文本可视化、网络可视化和时空数据可视化的异同。
5. 除了书中所提到的常用数据可视化工具，你还知道哪些？
6. 尝试用书中所提到常用可视化工具和编程语言绘制折线图、直方图和饼图。

第7章 大数据安全与隐私保护

大数据时代，数据的重要性及潜在的价值日益显现，与之相关的数据挖掘、分析、处理与可视化等技术，成为各行业追逐的焦点。但由此引发的数据和个人隐私泄露等数据安全问题，不仅严重影响了大数据产业的健康发展，甚至对国家安全构成了严重威胁，数据安全也因此成为大数据时代信息安全领域最为紧迫的核心问题之一。数据安全是信息安全体系的核心，互联网大数据领域的公民个人隐私安全保护，是大数据时代数据安全面临的新的威胁因素，传统的纵深防护体系难以保障大数据时代的数据安全，数据安全的实现需依靠技术的进步、法律法规的建立和完善，同时集结公民、企业、安全业界与政府的力量，构筑牢固的数据安全“防火墙”。

7.1 大数据安全概述

随着信息化进入3.0阶段，越来越呈现出万物数字化、万物互联化，基于海量数据进行深度学习和数据挖掘的智能化特征。数据安全正式站在了时代的聚光灯下，隆重登场。大数据时代，数据安全更是成为国家、政府、企业的命脉。随着大数据技术的日益成熟、应用和推广，对于拥有数据资产的企业或政府部门，对大数据发展的理念逐渐认同，数据成为一项核心价值资产。因此，数据安全现已成为大数据时代的核心，尤其是包含大量政务、个人隐私、商业机密甚至国家重要数据的内容。这些敏感数据一旦泄露或者被篡改，轻则对业务运行产生影响，严重的甚至直接影响社会安全、国家稳定发展。截至目前，数据安全大致经历了五个发展时期。

① 第一个时期是通信安全时期，其主要标志是1949年香农发表的《保密通信的信息理论》。在这个时期主要为了应对频谱信道共用，解决通信安全的保密问题。

② 第二个时期为计算机安全时期，以20世纪80年代美国国防部公布的《可信计算机系统评估准则》（*Trusted Computer System Evaluation Criteria*，TCSEC）为主要标志。将计算机系统的安全可信度从低到高分为D、C、B、A四类共计七个类别：D级、C1级、C2级、B1级、B2级、B3级、A级。

D级（最小保护级别）：指计算机系统除了物理上的安全设施外没有任何安全措施，任何人只要启动系统就可以访问系统的资源和数据，如DOS、Windows的低版本和DBase等系统。这一级别通常指不符合安全要求的系统，不能在多用户环境中处理敏感信息。

C1级（自主保护级别）：具有自主访问控制机制、用户登录时需要进行身份鉴别。

C2级（自主保护级别）：具有审计和验证机制，对可信计算机进行建立和维护操作，防止外部人员修改。如多用户的UNIX和Oracle等系统大多具有C类的安全设施。

B1级（强制安全保护级别）：引入强制访问控制机制，能够对主体和客体的安全标记进行管理。

B2级：又称为结构保护，要求计算机系统中所有的对象都加标签，而且给设备（磁盘、磁带和终端）分配单个或多个安全级别。

B3级：又称为安全区域保护，它使用安装硬件的方式来加强安全区域保护。例如，内存管理硬件用于保护安全区域免遭无授权访问或其他安全区域对象的修改。该级别要求用户通过一条可信任途径连接到系统上。

A级：又称为验证设计，是当前的最高级别，包括了一个严格的设计、控制和验证过程。这一级别包含了较低级别的所有特性。设计必须是从数学角度上经过验证的，而且必须进行加密通道进行通信和可信任分布的分析。所谓可信任分布是指所使用的硬件和软件在物理传输过程中已经受到保护，以防止破坏安全系统。

③ 第三个时期是在20世纪90年代兴起的网络安全时期，在这个时期主要为了应对网络传输资源稀缺，解决网络传输安全的问题。

④ 第四个时期是信息安全时代，其主要标志是《信息保障技术框架》。在这个时期主要为了应对信息资源稀缺，解决信息安全的问题。在这个阶段首次提出了信息安全保障框架的概念，将针对OSI某一层或几层的安全问题，转变为整体和深度防御的理念，信息安全阶段也转化为从整体角度考虑其体系建设的信息安全保障时代。

⑤ 信息是有价值的数据，随着海量、异构、实时、低价值的数据从世界的各个角落、各个方位扑面而来，人类被这股强大的数据洪流迅速地裹挟进入了第五个时期，也就是目前所处的数据安全时代。

数据安全指的是用技术手段识别网络上的文件、数据库、账户信息等各类数据集的相对重要性、敏感性、合规性等，并采取适当的安全控制措施对其实施保护等过程。与边界安全、文件安全、用户行为安全等其他安全问题相同，数据安全并非是唯一一种能提升信息系统安全性的技术手段，也不是一种能全面保障信息系统安全的技术手段。它就是一种能够合理评估及减少由数据存储所带来的安全风险的技术方式。数据安全有对立的两方面的含义：一是数据本身的安全，主要是指采用现代密码算法对数据进行主动保护，如数据保密、数据完整性、双向强身份认证等；二是数据防护的安全。主要是采用现代信息存储手段对数据进行主动防护，如通过磁盘阵列、数据备份、异地容灾等手段保证数据的安全。数据安全是一种主动的包含措施，数据本身的安全必须基于可靠的加密算法与安全体系。

1. 数据生命周期

从目前大数据所面临的环境和现状来看，虽然大数据以非结构化为主，更难以进行筛选和分析，但这并不意味着大数据是安全的。如果大数据平台所存储的数据都是有用的，就不可能将每一条信息都进行同等的维护。大数据平台所收集的数据越多，保持这些数据细粒度的任务和挑战就越艰巨。例如，在智慧城市的管理与应用中，如何在不牺牲大数据性能的前提下牢牢把握这些数据的所有权，并遵守相关的监管和规定。

数据生命周期一般包括六个阶段：数据采集、数据传输、数据存储、数据处理、数据交换和数据销毁。在每个阶段都会遇到不同的安全风险，只有在深入了解各个环节的风险之后，才能有针对性地解决相关的安全问题。

（1）数据采集阶段

该阶段所面临的主要安全问题：数据采集的源服务器存在安全风险，例如，未进行病毒防护、未进行主机加固、未及时更新漏洞防护程序等；缺少数据采集访问控制和可信认证；缺少数据层安全防护；缺少审计以及异常事件警告等。

所采取的防护措施：确认数据采集需经过授权，并且保证授权与采集内容一致，确保数据的合规性、完整性和真实性；客户端不留存三天以上的数据，及时清理缓存，批量数据采集应采用加密技术确保数据的完整性，人工采集应保证环境的安全控制、权限控制；数据采集需要日志记录，对数据采集实体进行认证；数据采集全过程进行动态实体认证，能够进行阻断和二次认证；涉密数据不允许进行人工采集等。

（2）数据传输阶段

该阶段所面临的主要安全问题：采集前置机制存在安全风险，例如漏洞、病毒防护等；缺少传输过程中异常行为控制及相关身份认证；未进行加密传输；传输内容未进行审计及异常操作告警等。

所采取的防护措施有：隐私数据应加密或脱敏，设置专人负责，并保证传输介质的物理安全，不存在无人监管情况下通过第三方传递；在满足要求的基础上，采用专线或 VPN 等技术确保传输通道的安全；对无线终端和接入点进行准入控制，对 SSID 进行安全命名，采用安全的加密无线通信信道；采用安全的数据传输工具，进行网络隔离，部署防火入侵检测访问控制设备；对保密数据要授权传输，并采用安全的传输方式；数据对外传输需要审批授权，数据加密，并采用安全传输方式。

（3）数据存储阶段

该阶段所面临的主要安全问题：数据池服务器存在安全风险，例如漏洞、病毒防护等；数据明文存储，有泄露利用风险；缺少统一访问控制及身份验证；缺少审计及异常告警；缺少容灾备份机制；网络架构不合理，未进行物理或逻辑隔离等。

所采取的防护措施有：对数据存储过程中产生的影响进行风险评估，并对不同区域数据流动进行管控；脱敏数据与还原数据隔离存储，还原操作需要进行审批并保留记录，并保证数据存储的完整性；采用密码技术、权限控制等技术保证数据完整性、保密性；数据备份存放环境及其物理设施符合相应等级标准，并制定数据备份和恢复策略，建立异地数据备份中心，并定期对备份数据的有效性和可用性进行检查；数据存储物理位置仅限在我国境内。

（4）数据处理阶段

该阶段所面临的主要安全问题：缺少数据访问控制；缺少数据脱敏机制；缺少数据处理审计及异常操作告警。

所采取的防护措施：应明确原始数据在处理过程中的数据获取方式、访问接口、授权机制、逻辑安全、处理结果等内容；涉密数据在数据处理之前应进行数据安全评估，并采取加密、脱敏等技术措施，保证数据处理过程的安全性；对数据处理过程进行必要的监督和检查，确保数据处理过程的安全；应完整记录数据处理过程的操作日志。

（5）数据交换阶段

该阶段所面临的主要安全问题：交换服务器存在安全风险；缺少数据访问控制；缺少数据脱敏机制；缺少数据处理审计及异常操作告警。

所采取的防护措施：数据交换时应先确保对方真实身份，并保证数据的完整性、真实性、保密性；对涉密数据进行加密处理，如数据标记、水印等技术，并定期进行安全审计，必要时可紧急切断数据交换；签署数据交换协议，明确权责，约定数据交换的内容、用途、使用范围等；定期对数据安全保护能力进行评估。

（6）数据销毁阶段

该阶段所面临的主要安全问题：缺少数据销毁的监管；不具备专业销毁设备；处置方式简单等。

所采取的防护措施：存储介质不再使用时，采用不可恢复的方式如消磁、焚烧、粉碎等对介质进行销毁；存储介质还需要通过多次覆盖等方式安全的擦除数据；存储介质的销毁应参照国家及行业涉密载体管理有关规定，由具备相应资质的服务机构或数据销毁部门进行专门处理，并进行全程监督。

2. 大数据安全的特征和问题

从数据采集、数据整合、数据挖掘、安全分析、安全态势判断、安全检测到发现威胁，已经形成一个新的完整链条，这其中任何一个阶段都有可能出现数据丢失、泄露、篡改等。通常大数据安全具有以下六个方面的特征和问题。

（1）移动数据安全面

随着社交媒体、电子商务、物联网等新应用的兴起，打破了企业原有的价值链围墙，仅仅使用传统的数据分析方法对各个环节的数据分析已经不能满足需求，需要借助大数据战略打破数据边界。显然，这将对企业的移动数据安全防范能力提出更高的要求。另外，数据价值的提升会造成更多的敏感性分析数据，它们在移动设备之间传输，一些恶意软件能够追踪到用户位置、窃取用户数据或机密信息，严重威胁信息安全。

（2）网络社会化使大数据容易成为攻击目标

在网络空间里，大数据由于其体量大更容易被发现。一方面，网络访问的便捷化和大数据平台的暴露，使得蕴含着潜在价值的大数据更容易吸引黑客的攻击；另一方面，在开放的网络化社会，大数据的数据量大且相互关联，使得黑客成功攻击一次就能获得更多数据。

（3）用户隐私保护成为难题

大数据的汇集不可避免地加大了用户隐私数据信息泄露的风险。由于数据中包含大量的用户信息，使得对大数据的开发利用很容易侵犯公民的隐私，恶意利用公民隐私的技术门槛大大降低。

（4）海量数据的安全存储问题

随着结构化数据和非结构化数据量的持续增长以及分析数据来源的多样化。以往的存储系统已经无法满足大数据应用的需要。对于占数据总量 80% 以上的非结构化数据，通常采用 NoSQL 存储技术完成对大数据的抓取、管理和处理。虽然 NoSQL 数据存储易扩展、高可用、性能好，但是仍存在一些问题。例如，访问控制和隐私管理模式问题、技术漏洞和成熟度问题、授权与验证的安全问题、数据管理与保密问题等。而结构化数据的安全防护也存在漏洞，例如物理故障、人为误操作、软件问题、病毒、木马和黑客攻击等因素都可能严重威胁数据的安全性。大数据所带来的存储容量问题、延迟、并发访问、安全问题、成本问题等，对大数据的存储系统架构和安全防护提出挑战。

（5）大数据生命周期变化促使数据安全进化

传统数据安全往往是围绕数据生命周期部署的，即数据的产生、存储、使用和销毁。随着大数据应用越来越多，数据的拥有者和管理者相分离，原来的数据生命周期逐渐转变成数据的产生、传输、存储和使用。由于大数据的规模没有上限，且许多数据的生命周期极为短暂，因此，传统安全产品要想继续发挥作用，则需要及时解决大数据存储和处理的动态化、并行化特征，动态跟踪数据边界，管理对数据的操作行为。

（6）大数据的信任安全问题

大数据的最大障碍不是在多大程度上取得成功，而是让人们真正相信大数据、信任大数据，这包括对别人数据的信任和自我数据被正确使用的信任。同时，大数据的信任安全问题也不仅是指要相信大数据本身，还包括要相信可以通过数据获得的成果。但是，要让人们相信和信任通过大数据模型获得的洞察信息却并不容易，而证明大数据本身的价值比成功完成一个项目要更加困难。因此，构建对大数据的安全信任至关重要，这需要政府机构、企事业单位、个人等多方面共同建设和维护好大数据可信任的安全环境。

3. 威胁数据安全的因素

威胁数据安全的因素有很多，主要有以下几个：

① 硬盘驱动器损坏：一个硬盘驱动器的物理损坏意味着数据丢失。设备的运行损耗、存储介质失效、运行环境以及人为的破坏等，都能造成硬盘驱动器设备损坏。

② 人为错误：由于操作失误，使用者可能会误删除系统的重要文件，或者修改影响系统运行的参数，以及没有按照规定要求或操作不当导致的系统宕机。

③ 黑客：入侵者借助系统漏洞、监管不力等通过网络远程入侵系统。

④ 病毒：计算机感染病毒而招致破坏，甚至造成重大经济损失，计算机病毒的复制能力强，感染性强，特别是网络环境下，传播性更快。

⑤ 信息窃取：从计算机上复制、删除信息或干脆把计算机偷走。

⑥ 自然灾害：诸如地震、电磁、雷暴等自然界发生的异常现象对数据产生不可逆转的损坏。

⑦ 电源故障：电源供给系统故障，瞬间过载电功率会损坏在硬盘或存储设备上的数据。

⑧ 磁干扰：重要的数据接触到有磁性的物质，会造成计算机数据被破坏。

4. 数据存储安全防护技术

计算机存储的信息越来越多，而且越来越重要，为防止计算机中的数据意外丢失，一般采用许多重要的安全防护技术来确保数据的安全。常用和流行的数据安全防护技术如下：

（1）磁盘阵列

磁盘阵列是指把多个类型、容量、接口甚至品牌一致的专用磁盘或普通硬盘连成一个阵列，使其以更快的速度，准确、安全的方式读写磁盘数据，从而达到数据读取速度和安全性的一种手段。

（2）数据备份

备份管理包括备份的可计划性、自动化操作、历史记录的保存或日志记录。

（3）双机容错

双机容错的目的在于保证系统数据和服务的在线性，即当某一系统发生故障时，仍然能够正常地向网络系统提供数据和服务，使得系统不至于停顿。双机容错可以保证数据不丢失和系统不停机。

（4）NAS（Network Attached Storage，网络附属存储）

NAS解决方案通常配置为作为文件服务的设备，由工作站或服务器通过网络协议和应用程序来进行文件访问，大多数NAS连接在工作站客户机和NAS文件共享设备之间进行。这些连接依赖于企业的网络基础设施来正常运行。

（5）数据迁移

由在线存储设备和离线存储设备共同构成一个协调工作的存储系统，该系统在在线存储和离线存储设备间动态地管理数据，使得访问频率高的数据存放于性能较高的在线存储设备中，而访问频率低的数据存放于较为廉价的离线存储设备中。

（6）异地容灾

以异地实时备份为基础的高效、可靠的远程数据存储。在各单位的IT系统中，必然有核心部分，通常称之为生产中心，往往给生产中心配备一个备份中心，该备份中心是远程的，并且在生产中心的内部已经实施了各种各样的数据保护。一旦生产中心瘫痪，备份中心会接管生产，继续提供服务。

（7）SAN（Storage Area Network，存储区域网络）

SAN允许服务器在共享存储装置的同时仍能高速传送数据。这一方案具有带宽高、可用性高、容错能力强的优点，而且它可以轻松升级，容易管理，有助于改善整个系统的总体成本状况。

（8）数据库加密

对数据库中数据加密是为增强普通关系数据库管理系统的安全性，提供一个安全适用的数据库加密平台，对数据库存储的内容实施有效保护。它通过数据库存储加密等安全方法实现了数据库数据存储保密和完整性要求，使得数据库以密文方式存储并在密态方式下工作，确保了数据安全。

（9）硬盘安全加密

经过安全加密的故障硬盘，硬盘维修商根本无法查看，绝对保证了内部数据的安全性。硬盘发生故障更换新硬盘时，全自动智能恢复受损坏的数据，有效防止企业内部数据因硬盘损坏、操作错误而造成的数据丢失。

5. 数据安全技术

（1）密码学

密码学是信息安全等相关议题，如认证、访问控制的核心。密码学的首要目的是隐藏信息的含义，并不是隐藏信息的存在。密码学也促进了计算机科学，特别是计算机与网络安全所使用的技术，如访问控制与信息的机密性。密码学已被应用在日常生活，包括自动柜员机的芯片卡、计算机用户存取密码、电子商务等。

（2）数字水印

数字水印是指把特定的信息嵌入数字信号中，数字信号可能是音频、图片或是影片等。若要复制有数字水印的信号，所嵌入的信息也会一并被复制。数字水印可分为浮现式和隐藏式两种，前者是可被看见的水印，其所包含的信息可在观看图片或影片的同时被看见。

（3）网络防火墙

网络防火墙是一种用来加强网络之间访问控制的特殊网络互联设备。计算机流入流出的所有网络通信均要经过此防火墙。防火墙对流经它的网络通信进行扫描，这样能够过滤掉一些攻击，以免其在目标计算机上被执行。防火墙还可以关闭不使用的端口。它还能禁止特定端口的流出通信，封锁木马。

（4）数字签名

数字签名（又称公钥数字签名、电子签章）是一种类似于写在纸上的普通的物理签名，但是使用了公钥加密领域的技术实现，用于鉴别数字信息的方法。一套数字签名通常定义两种互补的运算：一种用于签名；另一种用于验证。

（5）数据加密

数据加密就是按照确定的密码算法把敏感的明文数据变换成难以识别的密文数据，通过使用不同的密钥，可用同一加密算法把同一明文加密成不同的密文。当需要时，可使用密钥把密文数据还原成明文数据，称为解密。这样就可以实现数据的保密性。数据加密被公认为是保护数据传输安全唯一实用的方法和保护存储数据安全的有效方法，它是数据保护在技术上最重要的防线。

① 对称加密算法。对称加密算法是应用较早的加密算法，技术成熟。在对称加密算法中，数据发信方把明文（原始数据）和加密密钥一起经过特殊加密算法处理后，使其变成复杂的加密密文发送出去。收信方收到密文后，若想解读原文，则需要使用加密用过的密钥及相同算法的逆算法对密文进行解密，才能使其恢复成可读明文。在对称加密算法中，使用的密钥只有一个，发收信双方都使用这个密钥对数据进行加密和解密，这就要求解密方事先必须知道加密密钥。

常用的对称加密算法有以下几种：

- DES（Data Encryption Standard）：数据加密标准，速度较快，适用于加密大量数据的场合。

• 3DES（Triple DES）：基于 DES，对一块数据用三个不同的密钥进行三次加密，强度更高。

• AES（Advanced Encryption Standard）：高级加密标准，是下一代的加密算法标准，速度快，安全级别高。

对称加密都有一个共同的特点：加密和解密所用的密钥是相同的。因此，它能通过密钥“倒推”解密。

② 不对称加密算法。不对称加密算法使用两把完全不同但又是完全匹配的一对钥匙——公钥和私钥。在使用不对称加密算法加密文件时，只有使用匹配的一对公钥和私钥，才能完成对明文的加密和解密过程。不对称加密算法的基本原理是，如果发信方想发送只有收信方才能解读的加密信息,发信方必须首先知道收信方的公钥,然后利用收信方的公钥来加密原文;收信方收到加密密文后，使用自己的私钥才能解密密文。显然，采用不对称加密算法，收发信双方在通信之前，收信方必须把自己早已随机生成的公钥送给发信方，而自己保留私钥。由于不对称算法拥有两个密钥，因而特别适用于分布式系统中的数据加密。

例如，A 与 B 之间要实现加密通信，A 和 B 都要产生一对用于加密和解密的公钥和私钥。A 的私钥自己保密存放，A 的公钥告诉 B；B 的私钥自己保密存放，B 的公钥告诉 A。如果 A 向 B 发送信息，A 使用 B 的公钥将信息加密（因为 A 知道 B 的公钥）。B 收到 A 发送过来的加密信息后，使用自己的私钥将信息解密。而其他所有收到这个信息的人都无法解密，因为只有 B 才有 B 的私钥。

③ 不可逆加密算法。不可逆加密算法的特征是加密过程中不需要使用密钥，输入明文后由系统直接经过加密算法处理成密文，这种加密后的数据是无法被解密的，只有重新输入明文，并再次经过同样不可逆的加密算法处理，得到相同的加密密文并被系统重新识别后，才能真正解密。

不可逆加密算法不存在密钥的保管和分发问题，比较适合分布式网络系统上使用，典型的应用场景就是用户密码加密。常用的不可逆加密算法有 MD5、SHA2 加密算法等。

（6）传输安全

数据传输安全是指数据在传输过程中必须要确保数据的安全性、完整性和不可篡改性。其所采用传输加密技术的目的是对传输中的数据流加密，以防止通信线路上的窃听、泄露、篡改和破坏。例如 Hash 算法。

（7）身份认证

身份认证的目的是确定系统和网络的访问者是否为合法用户。主要采用登录密码、代表用户身份的物品（如智能卡、IC 卡等）或反映用户生理特征的标识鉴别访问者的身份。身份认证要求参与安全通信的双方在进行安全通信前，必须互相鉴别对方的身份。例如，在企业管理系统中，身份认证技术要能够密切结合企业的业务流程，阻止对重要资源的非法访问。身份认证技术可以用于解决访问者的物理身份和数字身份的一致性问题，给其他安全技术提供权限管理的依据。所以说，身份认证是整个信息安全体系的基础。

总之，除了上述技术之外，数据安全还涉及其他很多方面的技术与知识，例如，黑客技术、防火墙技术、入侵检测技术、病毒防护技术、信息隐藏技术等。

7.2　大数据安全体系结构

大数据安全是一个跨领域跨学科的综合性问题，可以从法律、经济、技术等多个角度进行研究。中国信息通信研究院《2018 年大数据安全白皮书》以技术作为切入点，梳理分析当前大数据的安全需求和涉及的技术，提出大数据安全体系结构，如图 7.1 所示。在绘制大数据安全体系结构图的过程中，参考了 NIST 等国内外关于大数据技术参考架构的研究成果。考虑到大数据平台为上层应用系统提供存储和计算资源，是对数据进行采集、存储、计算、分析与展示等处理的工具和场所，因此，以大数据平台为基本出发点，形成了大数据安全总体视图。

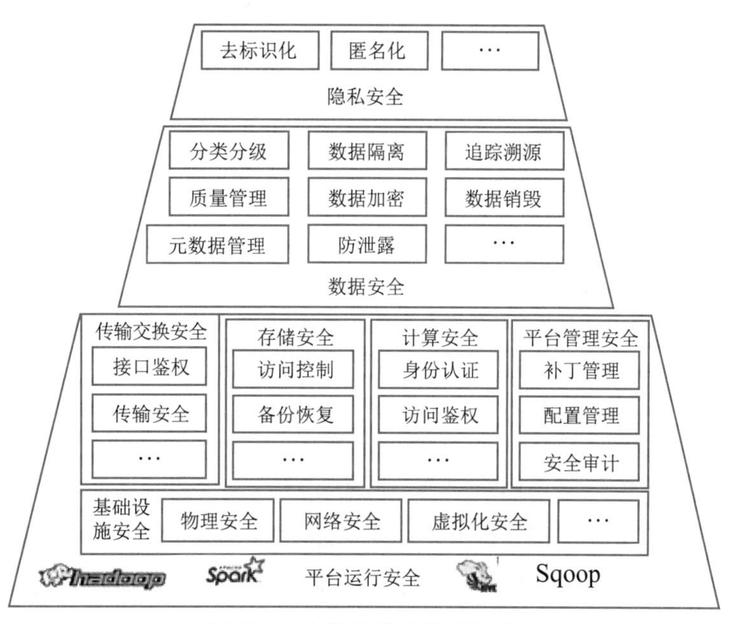

图 7.1　大数据安全体系结构

保护大数据安全需要搭建统一的大数据安全管理体系，通过分层建设、分级防护，达到平台能力及应用的可成长、可扩充、创造面向数据的安全管理体系结构。该结构自下而上可以分为大数据平台安全、数据安全和隐私保护，自下而上为依次承载的关系。大数据平台不仅要保障自身基础组件安全，还要为运行其上的数据和应用提供安全机制保障；除平台安全保障外，数据安全防护技术为业务应用中的数据流动过程提供安全防护手段；隐私安全保护是在数据安全基础之上对个人敏感信息的安全防护。

伴随着大数据平台的产生，大数据平台的安全问题日益受到企业的重视。随着移动互联网的快速发展和大数据应用的普及，各类数据泄露、滥用、诈骗时有发生，引发一系列发人深思的社会事件和社会问题。

1. 大数据发现面临的安全挑战

（1）传统安全保护手段失效

大数据平台使用分布式计算和存储框架来提供海量数据分布式存储和计算服务，新技术、新架构、新型攻击手段带来新的挑战，使得传统的安全保护手段暴露出严重的不足。

（2）大数据平台安全机制缺陷

Hadoop 生态架构在设计初期对用户身份鉴别、访问控制、密钥管理、安全审计等方面考虑较少，并且大数据应用中多采用第三方开源组件，对这些组件缺乏严格的测试管理和安全认证。

（3）数据应用访问控制难度大

数据应用有报表类、运营类、取数类等，各类数据通常要为不同身份和目的的用户提供服务，在身份鉴别、访问控制、审计溯源上都带来了巨大的挑战。

（4）数据量大、潜在价值高，极易成为攻击目标

大数据平台处理环节多，需要针对数据采集、传输、存储、处理、交换和销毁等生命周期各阶段进行安全防护，在不同阶段采取适合的安全技术保护机制。

（5）数据滥用或伪脱敏风险增长

随着数据挖掘、机器学习、人工智能等学科领域技术研究的深入，数据滥用情况加剧。很多公开说明脱敏或匿名处理后的数据，通过技术分析手段很有可能分析出对应的真实明细信息。

（6）数据所有者权限问题突显

数据共享和流通是大数据发展的关键，但是在很多大数据应用场景中，存在数据所有权不清晰的情况。例如，数据挖掘分析人员会对原始数据进行处理，分析出新的数据，这些数据的所有权到底属于原始数据所有方还是数据挖掘方，这个问题在很多场景下还没有定论。

（7）大数据安全法规标准不完善

大数据应用的使用促进了经济的发展和数据价值的最大化。然而，要推进大数据健康发展，需要加强政策、监管、法律的统筹协调，加快法律法规建设。

2. 边界安全

边界安全是指只有合法用户身份的用户才可以访问大数据平台。

（1）用户身份认证

控制外部用户或第三方应用程序对大数据平台访问过程中的身份鉴别，是实施大数据平台安全架构的基础。用户在访问启用了安全认证的大数据平台时，必须能通过大数据平台所要求的安全认证方式。

（2）网络隔离

大数据平台支持通过网络隔离的方式保证大数据平台的安全。

（3）传输安全

在数据传输的过程中，采用安全接口设计以及高安全的数据传输协议，保证在接口访问、处理、传输数据时的安全性，避免数据被非法访问、窃听或旁路嗅探。

3. 访问

访问用于定义什么样的用户和应用可以访问数据。

（1）权限控制

权限控制包括两部分：鉴权、授信管理，即确保用户对平台、接口、操作、资源、数据等都具有相应的访问权限，避免越权访问；分级管理，即根据敏感度对数据进行分级，对不同级别的数据提供差异化的流程、权限、审批要求等管理措施。数据安全等级越高，管理越严格。

（2）审计管理

在系统底层提供数据的审计管理，从权限管理、数据使用、操作行为等多个维度上对大数据平台的运转提供安全审计能力，确保及时发现大数据平台中的隐患点。

4. 数据

（1）数据加密

数据加密提供数据在传输过程及静态存储的加密保护，在敏感数据被越权访问时仍然能够得到有效保护。在数据加解密方面，能通过高效的加解密方案，实现高性能、低延迟的端到端加解密（非敏感数据可不加密，不影响性能）。同时，加密的有效使用需要安全灵活的密钥管理，这方面的开源方案还比较薄弱，需要借助商业化的密钥管理产品。此外，加解密对上层业务透明，上层业务只需指定敏感数据，加解密过程业务完全感知不到。

（2）用户隐私数据脱敏

用户隐私数据脱敏提供数据脱敏和个人信息去标识化功能，提供满足密码算法的用户数据加密服务。

（3）多租户隔离

多租户隔离实施多租户访问隔离措施，实施数据安全等级划分，支持基于标签的强制访问控制。提供基于 ACL 的数据访问授权模型，提供全局数据视图和私有数据视图，提供数据视图的访问控制。

（4）数据容灾

数据容灾为大数据平台内部的数据提供实时的异地数据容灾功能。

（5）数据侵权保护

当数据成为一种特殊的数字内容产品时，其权益保护难度远大于传统的产品，一旦发生侵权问题，举证和追责过程都十分困难。大数据平台底层利用类似区块链技术实现数据的溯源确权。

5. 大数据平台安全实践案例

（1）阿里云大数据安全管控体系

访问控制和隔离：实施多租户访问隔离措施，数据安全分类分级划分，支持基于标签的强制访问控制，提供基于 ACL 的数据访问授权模型，提供数据视图的访问控制。

敏感信息保护：提供数据脱敏和加密功能。

密钥管理和鉴权：提供统一的密钥管理和访问鉴权服务，支持多因素鉴权模型。

安全审计：提供数据访问审计日志。

数据血缘：支持数据血缘追踪，可跟踪数据流向。

审批和预警：支持数据导出控制，支持人工审批或系统预警；提供数据质量保障系统，对交换的数据进行数据质量评测和监控预警。

数据生命周期管理：提供从采集、存储、使用、传输、共享、发布、销毁等基于数据生命周期的技术和管理措施。

（2）大数据安全防护体系

持续进行数据安全顶层治理：数据安全策略、数据安全管理和数据安全执行。

建立健全数据安全制度流程：确保在业务运营过程中的数据安全风险可控，数据使用有章可循。

建立数据安全内控体系和审计监督机制：通过统一身份管理、统一健全、统一日志等方式建立体系化的审计监督机制，利用大数据风险分析技术，建立数据使用异常分析控制，及时识别业务运营过程中的数据使用风险。

建立以数据为中心的风险管理体系：从数据、人员、产品三个方面重点进行风险管理体系建设。数据方面，覆盖采集、分析处理、输出等多个大数据管理重点；人员方面，建立了信息安全评分及员工行为风险量化机制，准确识别和管控员工使用和处理数据过程中的各维度风险；产品方面，对用户隐私进行全方位保护。

构建生态数据安全赋能产品，联合生态伙伴，共同提升生态数据安全能力：在与合作伙伴合作的过程中，建立一套完整的合作伙伴数据安全风险识别机制，通过敏感数据检测、调用历史基线偏离、离群行为等大数据异常检测技术，实现对生态合作伙伴的敏感信息泄露等风险的监控。也通过差分隐私和K匿名等技术措施提升个人隐私和数据安全保障能力。

（3）中国移动大数据安全保障体系

安全策略体系：从顶层设计层面明确安全保障工作总体要求及方向指南。

安全管理体系：通过管理制度建设，明确运营方安全主体责任，落实安全管理措施。

安全运营体系：通过定义运营角色，明确运营机构安全职责，实现对大数据业务及数据的全流程、全周期安全管理。

安全技术体系：公司开展大数据安全防护建设相关要求和实施方法，体系设计涵盖数据流转各环节数据安全防护通用技术要求、大数据平台各类基础设施及应用组件安全基线配置能力要求等。

安全合规评测体系：包括安全运营管理合规评测和安全技术合规评测方法、评测手段和评测流程。

大数据服务支撑体系：基于大数据资源为信息安全保障提供支撑服务，开展大数据在安全领域的研究及推广应用，为公司信息安全治理提供新型技术手段，并支撑对外安全服务，实现数据增值。

（4）IBM Security Guardium 数据安全保护体系

网络安全：企业管理员可在虚拟网络（VNET）中创建群集，并使用网络安全组（NSG）限制对虚拟网络的访问。只有入站 NSG 规则中允许的 IP 地址才能与 HDInsight 群集通信。

身份认证：提供基于 Active Directory 的身份验证、多用户支持和基于角色的访问控制。

授权：管理员可以配置基于角色的访问控制（RBAC）来确保 Apache Hive、HBase 和 Kafka 的安全性，只需使用 Apache Ranger 中的这些插件即可。可以通过配置 RBAC 策略将权限与组织中的角色相关联。

审核：管理员可以查看和报告对 HDInsight 群集资源与数据的所有访问，跟踪对资源的未经授权或非故意的访问。管理员还可以查看和报告对在 Apache Ranger 支持的终节点中创建的访问控制策略进行的所有更改。

加密：对数据加密处理。

7.3　大数据安全技术

大数据时代，数据的生成日益增多。大数据技术明显拓宽了数据分析和挖掘的深度、广度。

目前，各个行业都在利用大数据技术进行相关分析和挖掘，做出最佳决策。例如，位置共享、大都市智能交通（道路拥堵预警）、电子商务企业、在线社交网络（QQ、微信）和预测分析（天气预报、股票）等。然而，享受大数据带来的各种有效信息和便利的同时，大数据在采集、存储、发布和使用过程中面临着许多安全问题。大数据安全是大数据面临的重要的问题之一。

大数据安全包含两个层面的含义：①保障大数据安全，是指保障大数据计算过程、数据形态、应用价值的处理技术；②大数据用于安全，利用大数据技术提升信息系统安全效能和能力的方法，涉及如何解决信息系统安全问题。

大数据安全防护是指大数据平台为支撑数据流动安全所提供的安全功能，包括数据分类分级、元数据管理、数据质量管理、数据加密、数据隔离、防泄露、追踪溯源、数据销毁等内容。大数据促使数据生命周期由传统的单链条逐渐演变成为复杂多链条形态，增加了共享、交易等环节，数据应用场景和参与角色愈加多样化。

在复杂的应用环境下，保证国家重要数据、企业机密数据以及用户个人隐私数据等敏感数据不发生外泄，是数据安全的首要需求。大数据平台涉及多个数据源在平台汇聚，一个数据源也同时服务于多个数据使用者，强化数据隔离和访问控制，实现数据“可用不可见”，是大数据环境下数据安全的新需求。利用大数据技术对海量数据进行挖掘分析所得结果可能包含涉及国家安全、经济运行、社会治理等敏感信息，需要对分析结果的共享和披露加强安全管理。

大数据时代数据安全状况目前呈现三大趋势，① 随着大数据行业的快速发展，数据尤其是高价值的数据向大数据平台汇集，同时也带来了严重的安全隐患，可能会出现海量敏感数据泄露的事件；② 数据泄露后的危害越来越大，范围也越来越广；③ 随着大数据技术手段的不断发展，数据泄露的方式和途径也愈发多样和不可预测。

1. 大数据安全的矛盾和目标

在大数据时代，大数据安全面临着如下矛盾亟待解决：

① 数据采集方式的多样性、普遍性和技术应用的便捷性同传统的基于边界的防护措施之间的矛盾。

② 数据源之间、分布式节点之间甚至大数据相关组件之间的海量、多样的数据传输和数据传输的监控同传统的传输信道管理和数据传输监控之间的矛盾。

③ 数据的分布式、按需存储的需求同传统安全措施部署滞后之间的矛盾。

④ 数据融合、共享、多样场景使用的趋势和需求同安全合规相对封闭的管理要求之间的矛盾。

⑤ 数据成果展示的需要同隐蔽安全问题发现之间的矛盾。

因此，大数据的安全防护不仅要基于传统的开放式互联网整体防御体系，还要打造基于数据生命周期的安全防护策略。

大数据安全防护工作的目标会根据安全责任主体不同导致侧重点有所差异，但大致可以分为三个层次：

① 涉及国家利益、公共安全、军工科研生产的数据，对国计民生造成重大影响的国家级数据，这类数据需要强化国家的掌控能力，严防数据的泄露和恶意使用。

② 涉及行业和企业商业秘密、经营安全的数据，必须保障数据机密性、完整性、可用性和不可抵赖性。

③ 涉及用户个人和隐私的数据，在用户知情同意和确保自身安全的前提下，保障信息主体对个人信息的控制权利，维护公民个人合法权益。

2. 不同领域对于大数据安全的需求

（1）互联网行业

互联网行业在进行大数据应用时，最重要的要求就是保证数据的安全和使用者的隐私问题。伴随着科技的发展以及各种智能终端的出现，使得互联网行业的危害逐渐增大但也越来越不明显。所以防止联网数据不被侵害是一项非常艰难的任务。并且用户使用互联网的原因较多，相关专家也无法将侵入者的目的具体区分是出于个人还是企业利益。所以对于互联网行业来说对于大数据时代的要求就是数据存储的安全和运营管理模式的完善。

（2）电信行业

由于大数据的运用，使得运营商面临着用户隐私、数据安全和商业合作等一系列问题。运营商要通过一系列的数据建模将杂乱的信息进行整理，以便将运营商的合作需求转化为数据需求。通常会建立专门的对外防卫系统，将合作模式变得更加简单。但是，在这一过程中如何保障用户的隐私安全，就成了运营商要面对的第一问题。电信行业的要求是，可以保证重要数据的安全、统一和可利用，在不危害客户隐私安全的基础上将数据的用途发挥到极致。

（3）金融行业

由于不同的金融系统之间存在着一定的关联性，而且服务对象也很多样，同时也面临着各种各样的安全风险，所以要保证信息的可靠与安全。在金融行业中对于互联网的要求更高，不仅要求可以进行快速的信息处理，还要保证可以将所有信息及时备份。在进行这一过程中要保证具有一定的灵活性，可以根据实际情况制定不同的应对方式，借此来面对不同的应用要求。金融行业的要求是要保证在进行金融方面应用时保证数据的安全性，希望可以通过大数据技术的应用，加强金融机构的内部控制，提高对于金融行业的管理水平，从根本上预防和控制金融行业的危险。

（4）医疗行业

数据存储的安全与否，可以说决定了一家医院的工作进展。医院系统一旦出现问题，导致数据丢失，就会严重影响医院工作的进行，还会大大降低患者的满意度。而且对于医院来说，患者的数据要有更高的安全性，一些患者不愿意让他人知道自己患病情况。所以现在阶段对医疗行业的要求就是，保证患者数据的隐私性，并且在面临问题时具有良好的备份功能。通过这样的方式保证医疗可以更好地服务患者，为医院带来更高的满意度。

（5）政府组织

大数据的安全性能早已被各国充分开发，其主要作用就是可以帮助国家充分地保证维护国家的网络环境的安全。所以，现阶段在国家的层面对大数据的要求也同样是如此，需要保证隐私保护的安全监管，维护整个网络环境的安全等。

3. 大数据安全面临的技术问题和挑战

大数据安全渗透在数据生产、采集、处理和共享等大数据产业链的各个环节，风险成因复杂交织；既有外部攻击，也有内部泄露；既有技术漏洞，也有管理缺陷；既有新技术新模式触发的新风险，也有传统安全问题的持续触发。接下来，从大数据平台安全、数据安全和个人信息安全三方面展开分析，明确大数据安全需求。

（1）大数据平台安全问题与挑战

① 大数据平台在 Hadoop 开源模式下缺乏整体安全规划，自身安全机制存在局限性。由于 Hadoop 的最初设计是为了管理大量的公共 Web 数据，假设集群总是处于可信的环境中，由可信用户使用的相互协作的可信计算机组成，所以，最初的 Hadoop 并没有设计安全机制，也没有安全模型和整体的安全规划。随着 Hadoop 的广泛应用，其出现了多种安全问题，例如，越权提交作业、修改 JobTracker 状态、篡改数据等恶意行为，缺乏严格的测试管理和安全认证，对组件漏洞和恶意后门的防范能力不足等。

② 大数据平台服务用户众多、场景多样，传统安全机制的性能难以满足需求。大数据场景下，数据从多个渠道大量汇聚，数据类型、用户角色和应用需求更加多样化，访问控制面临诸多新的问题。首先，多源数据的大量汇聚增加了访问控制策略制定及授权管理的难度，过度授权和授权不足现象严重。其次，数据多样性、用户角色和需求的细化增加了客体的描述困难，传统访问控制方案中往往采用数据属性（如身份证号）来描述访问控制策略中的客体，非结构化和半结构化数据无法采取同样的方式进行精细化描述，导致无法准确为用户指定其可以访问的数据范围，难以满足最小授权原则。最后，大数据复杂的数据存储和流动场景使得数据加密的实现变得异常困难，海量数据的密钥管理也是亟待解决的难题。

③ 大数据平台的大规模分布式存储和计算模式导致安全配置难度成倍增长。开源 Hadoop 生态系统的认证、权限管理、加密、审计等功能均通过对相关组件的配置来完成，无配置检查和效果评价机制。同时，大规模的分布式存储和计算架构也增加了安全配置工作的难度，对安全运维人员的技术要求较高，一旦出错，会影响整个系统的正常运行。

④ 针对大数据平台网络攻击手段呈现新特点，传统安全监测技术暴露不足。大数据存储、

计算、分析等技术的发展，催生出很多新型高级的网络攻击手段，使得传统的检测、防御技术暴露出严重不足，无法有效抵御外界的入侵攻击。传统的检测是基于单个时间点进行的基于威胁特征的实时匹配检测，而针对大数据的高级可持续攻击采用长期隐蔽的攻击实施方式，并不具有能够被实时检测的明显特征，发现难度较大。此外，大数据的价值低密度性，使得安全分析工具难以聚焦在价值点上，黑客可以将攻击隐藏在大数据中，传统安全策略检测存在较大困难。因此，针对大数据平台的高级持续性威胁攻击时有发生，大数据平台可能会遭受大规模分布式拒绝服务攻击。

（2）数据安全问题和挑战

除数据泄露威胁持续加剧外，大数据的体量大、种类多等特点，使得大数据环境下的数据安全出现了有别于传统数据安全的新威胁。

① 数据泄露事件数量持续增长，造成的危害日趋严重。大数据因其蕴藏的巨大价值和集中化的存储管理模式成为网络攻击的重点目标，针对大数据的勒索攻击和数据泄露问题日趋严重，重大数据安全事件时有发生。

② 数据采集环节成为影响决策分析的新风险点。在数据采集环节，大数据体量大、种类多、来源复杂的特点为数据的真实性和完整性校验带来困难，目前，尚无严格的数据真实性、可信度鉴别和监测手段，无法识别并剔除虚假甚至恶意的数据。若黑客利用网络攻击向数据采集端注入脏数据，会破坏数据真实性，可能将数据分析的结果引向预设的方向，进而实现操纵分析结果的攻击目的。

③ 数据处理过程中的机密性保障问题逐渐显现。数字经济时代来临，越来越多的企业或组织需要参与产业链协同，以数据流动与合作为基础进行生产活动。企业或组织在开展数据合作和共享的应用场景中，数据将突破组织和系统的边界进行流转，产生跨系统的访问或多方数据汇聚进行联合运算。保证个人信息、商业机密或独有数据资源在合作过程中的机密性，是企业或组织参与数据共享合作的前提，也是数据有序流动必须要解决的问题。

④ 数据流动路径的复杂化导致追踪溯源变得异常困难。大数据应用体系庞杂，频繁的数据共享和交换促使数据流动路径变得交错复杂，数据从产生到销毁不再是单向、单路径的简单流动模式，也不再仅限于组织内部流转，而会从一个数据控制者流向另一个控制者。在此过程中，实现异构网络环境下跨越数据控制者或安全域的全路径数据追踪溯源变得更加困难，特别是数据溯源中数据标记的可信性、数据标记与数据内容之间捆绑的安全性等问题更加突出。

（3）个人隐私安全挑战

大数据应用对个人隐私造成的危害不仅是数据泄露，大数据采集、处理、分析数据的方式和能力对传统个人隐私保护框架和技术能力亦带来了严峻挑战。

① 传统隐私保护技术因大数据超强的分析能力面临失效的可能。在大数据环境下，企业对多来源多类型数据集进行关联分析和深度挖掘，可以复原匿名化数据，进而能够识别特定个人或获取其有价值的个人信息。在传统的隐私保护中，数据控制者针对单个数据集孤立地选择隐私保护技术和参数来保护个人数据，特别是利用去标识、掩码等技术的做法，无法应对上述大数据场景下多源数据分析挖掘引发的隐私泄露问题。

② 传统隐私保护技术难以适应大数据的非关系型数据库。在大数据技术环境下，数据呈现动态变化、半结构化和非结构化数据居多的特性，对于占数据总量80%以上的非结构化数据，通常采用非关系型数据库存储技术完成对大数据的抓取、管理和处理。而非关系型数据库目前尚无严格的访问控制机制及相对完善的隐私保护工具，现有的隐私保护技术，如去标识化、匿名化技术等，多适用于关系型数据库。

4. **大数据安全技术**

（1）大数据平台安全技术

随着市场对大数据安全需求的增加，Hadoop 开源社区增加了身份认证、访问控制、数据加密等安全机制。商业化 Hadoop 平台也逐步开发了集中化安全管理、细粒度访问控制等安全组件，对平台进行了安全升级。部分安全服务提供商也致力于通用的大数据平台安全加固技术和产品的研发，已有多款大数据平台安全产品上市。这些安全机制的应用为大数据平台安全提供了基础机制保障。

（2）数据安全技术

数据是信息系统的核心资产，是大数据安全的最终保护对象。除大数据平台提供的数据安全保障机制之外，目前所采用的大数据安全技术，一般是在整体数据视图的基础上，设置分级分类的动态防护策略，降低已知风险的同时考虑减少对业务数据流动的干扰与伤害。对于结构化的数据安全，主要采用数据库审计、数据库防火墙以及数据库脱敏等数据库安全防护技术；对于非结构化的数据安全，主要采用数据泄露防护（Data Leakage Prevention, DLP）技术。同时，细粒度的数据行为审计与追踪溯源技术，能帮助系统在发生数据安全事件时，迅速定位问题，查缺补漏。

（3）敏感数据识别技术

在敏感数据的监控方案中，基础部分就是从海量的数据中挑选出敏感数据，完成对敏感数据的识别，进而建立系统的总体数据视图，并采取分类分级的安全防护策略保护数据安全。传统的数据识别方法是关键字、字典和正则表达式匹配等方式，通常结合模式匹配算法展开，该方法简单实用，但人工参与的相对较多，自动化程度较低。随着人工智能识别技术的引入，通过机器学习可以实现大量文档的聚类分析，自动生成分类规则库，内容自动化识别程度正逐步提高。

（4）数据防泄露技术

数据泄密（泄露）防护（Data Leakage Prevention，DLP），又称为数据丢失防护（Data Loss Prevention，DLP），是指通过一定的技术手段，防止用户的指定数据或信息资产以违反安全策略规定的形式流出企业的一类数据安全防护手段。针对数据泄露的主要途径，DLP采用的主要技术如下：针对使用泄露和存储泄露，通常采用身份认证管理、进程监控、日志分析和安全审计等技术手段，观察和记录操作员对计算机、文件、软件和数据的操作情况，发现、识别、监控计算机中的敏感数据的使用和流动，对敏感数据的违规使用进行警告、阻断等。针对传输泄露，通常采取敏感数据动态识别、动态加密、访问阻断和数据库防火墙等技术，监控服务器、终端以及网络中动态传输的敏感数据，发现和阻止敏感数据通过聊天工具、网盘、微博、FTP、论坛等方式泄露出去。目前的DLP普遍引入了自然语言处理、机器学习、聚类分类等新技术，将数据管理的颗粒度进行了细化，对敏感数据和安全风险进行智能识别。“智能安全”将会成为DLP技术发展的趋势，大数据分析技术、机器学习算法的发展与演进将推动数据泄露防护的智能化发展，DLP将实现用户行为分析与数据内容的智能识别，实现数据的智能化分层、分级保护，并提供终端、网络、云端协同一体的敏感数据动态集中管控体系。

（5）结构化数据库安全防护技术

结构化数据的安全技术主要是指数据库安全防护技术，可以分为事前评估加固、事中安全管控和事后分析追责三类，其中评估主要是数据库漏洞扫描技术，安全管控主要是数据库防火墙、数据加密、脱敏技术，事后分析追责主要是数据库审计技术。目前数据库安全防护技术发展逐步成熟。而在针对云环境和大数据环境的安全方面，针对非结构化数据库的防护方案已经由一些技术领先的厂商提出，但技术成熟度较低。

（6）密文计算技术

随着多源数据计算场景的增多，在保证数据机密性的基础上实现数据的流通和合作应用一直是困扰产业界的难题。同态加密和安全多方计算等密文计算方法为解决这个难题提供了一种有效的解决思路，同态加密提供了一种对加密数据进行处理的功能，对经过同态加密的数据处理得到一个输出，将这一输出进行解密，其结果与统一方法处理未加密的原始数据得到的输出结果一致。也就是说，其他人可以对加密数据进行处理，但是处理过程不会泄露任何原始内容。同时，拥有密钥的用户对处理过的数据进行解密后，得到的正好是处理后的结果。因为这样一种良好的特性，同态加密特别适合在大数据环境中应用，既能满足数据应用的需求，又能保护用户隐私不被泄露，是一种理想的解决方案。2009年，Gentry提出了第一个全同态加密体制，使得该方面的研究取得突破性进展，随后许多密码学家在全同态加密方案的研究上做出了有意义的工作，促进了全同态加密向实用化的发展，但是目前同态加密算法的计算开销过高，尚未应用到实际生产中。

安全多方计算（Secure Multi-Party Computation, SMPC）是解决一组互不信任的参与方之间保护隐私的协同计算问题，SMPC 要确保输入的独立性，计算的正确性，同时不泄露各输入值给参与计算的其他成员。安全多方计算的这一特点，对于大数据环境下的数据机密性保护有独特的优势。通用的安全多方计算协议虽然可以解决一般性的安全多方计算问题，但是计算效率很低，尽管近年来研究者努力进行实用化技术的研究，并取得一些成果，但是离真正的产业化应用还有一段距离。

（7）数字水印和数据血缘追踪技术

以上的数据识别、密文计算、安全监控和防护是“事前”和“事中”的安全保障技术，随着数据泄露事件的频繁发生，“事后”追踪和溯源技术变得越来越重要。安全事件发生后泄露源头的追查和责任的判定是及时发现问题、查缺补漏的关键，同时对安全管理制度的执行也会形成一定的威慑作用。目前常用的追踪溯源技术包括数字水印和数据血缘追踪技术。

数字水印技术是为了保持对分发后的数据流向追踪，在数据泄露行为发生后，对造成数据泄露的源头进行回溯。对于结构化数据，在分发数据中掺杂不影响运算结果的数据，采用增加伪行、增加伪列等方法，获取泄密数据的样本，可追溯数据泄露源。对于非结构化数据，数字水印可以应用于数字图像、音频、视频、打印、文本、条码等数据信息中，在数据外发的环节加上隐蔽标识水印，可以追踪数据扩散路径。但目前的数字水印方案大多还是针对静态的数据集，满足数据量巨大、更新速度极快的水印方案尚不成熟。

数据血缘亦可译为血统、起源、世系、谱系，是指数据产生的链路。数据血缘记载了对数据处理的整个历史，包括数据的起源和处理这些数据的所有后继过程（数据产生、并随着时间推移而演变的整个过程）。通过数据血缘追踪，可以获得数据在数据流中的演化过程。当数据发生异常时，通过数据血缘分析能追踪到异常发生的原因，把风险控制在适当的水平。目前数据血缘分析技术应用尚不广泛，技术成熟度还未达到大规模实际的应用需求。

5. 个人隐私保护技术

大数据环境下，数据安全技术提供了机密性、完整性和可用性的防护基础，隐私保护是在此基础上，保证个人隐私信息不发生泄露或不被外界知悉。目前应用最广泛的是数据脱敏技术，学术界也提出了同态加密、安全多方计算等可用于隐私保护的密码算法，但应用尚不广泛。

7.4 大数据安全协议

安全协议是以密码学为基础的消息交换协议，其目的是在网络环境中提供各种安全服务。密码学是网络安全的基础，但网络安全不能单纯依靠安全的密码算法。安全协议是网络安全的一个重要组成部分，人们需要通过安全协议进行实体之间的认证、在实体之间安全地分配密钥或其他各种秘密、确认发送和接收的消息的非否认性等。如果协议不安全，那么通过这个协议传输的数据或消息就没有安全性可言，密码或用户重要数据被截获或者传输假消息套取密码就会成为轻而易举的事了。

为了让大数据真正走向应用，需要建立一个大数据安全协议，其中最为基础的是首先需要了解大数据在生产、获取、保存、迁移、应用及销毁整个链条中所有的参与主体。大数据的参与主体主要有以下六类。

① 大数据生产者，包含人、各种传感器及各种产生数据的机器等。他们主要负责产生各种大数据。例如，物联网中各类传感器不断发送的各种数据。

② 大数据获取者，例如，一些主要负责接收各种数据或数据流的物联网数据接收器等。

③ 大数据保存者，主要指用来保存各种大数据的机器设备，包括各种存储节点、计算节点及其各种网络设备如路由器等。

④ 大数据迁移者，主要指发出迁移指令的人、发出迁移指令的机器、大数据迁出节点、大数据迁入节点及大数据迁移过程中经过的各种网络设备等。

⑤ 大数据应用者，主要指各种需要应用大数据的人、机器或者各种应用程序等。

⑥ 大数据销毁者，主要指销毁各种大数据的人、机器或者各种应用程序等。

图 7.2 展示了大数据安全协议的基本框架，其主要包括大数据的产生、接收、存储、迁移、使用、销毁，大数据参与主体可信认证及大数据安全协议规范三大部分。

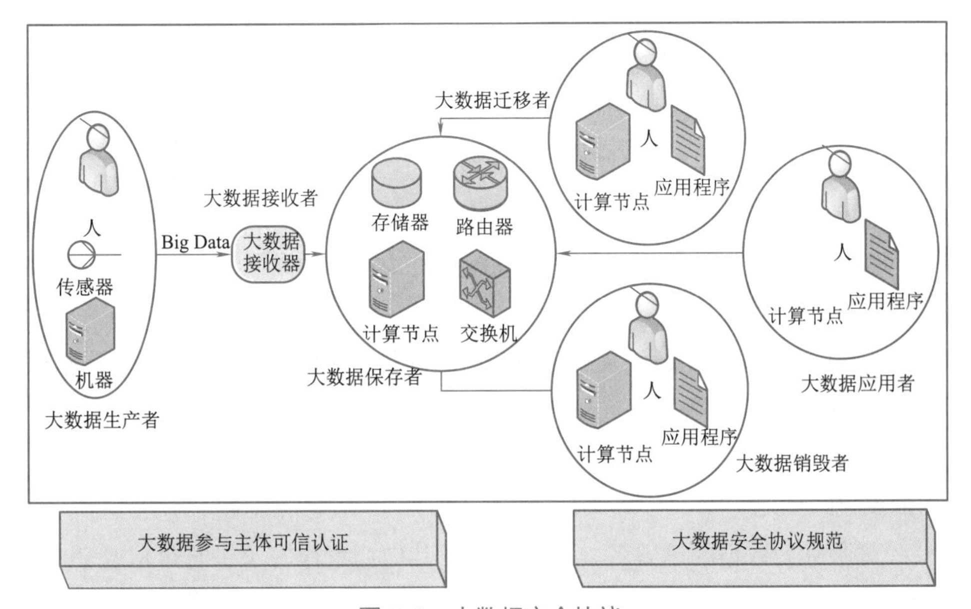

图 7.2　大数据安全协议

1. 大数据参与主体可信认证

类似于电子商务参与主体，为了确保大数据的全部过程安全可靠，需要对大数据的所有参与主体进行可信认证。这些参与主体为图 7.2 所示的大数据生产者、大数据接收者、大数据保存者、大数据迁移者、大数据应用者及大数据销毁者。

2. 大数据安全协议规范

（1）大数据接收规范

步骤 1：对各种大数据发送设备进行可信验证。若验证通过，进入步骤 2，否则终止。

步骤 2：对各种大数据接收设备进行可信验证。若验证通过，进入步骤 3，否则终止。

步骤 3：接收大数据。

步骤 4：对接收到的大数据进行验证（或者随机验证）。

步骤 5：若验证通过，将所有大数据输入到存储设备中。否则，报告大数据出错等情况。

（2）大数据存储规范。

步骤 1：对所有的存储设备进行可信验证。若验证通过，进入步骤 2，否则终止。

步骤 2：对所有的通信设备（如路由器、交换机等）进行可信验证。若验证通过，进入步骤 3，否则终止。

步骤 3：将所有接收到的大数据存储到可信的存储设备中。

（3）大数据迁移规范

步骤 1：对所有大数据迁移指令的发出者（人、机器或应用程序）进行可信验证。若通过，则进入步骤 2。

步骤 2：对所有大数据迁移所涉及的设备（存储设备、通信设备等）进行可信验证。若通过，则进入步骤 3。

步骤 3：实施大数据迁移，并对迁移后的大数据进行可信验证。

（4）大数据使用规范

步骤 1：对所有大数据的使用者（人、机器及其应用程序等）进行可信验证。若通过，则进入步骤 2。

步骤 2：对所有大数据使用所涉及的设备（存储设备、通信设备等）进行可信验证。若通过，则进入步骤 3。

步骤 3：进入大数据使用。

3. 大数据销毁规范

步骤 1：对所有大数据的销毁者（人、机器及其应用程序等）进行可信验证。若通过，则进入步骤 2。

步骤 2：对所有大数据销毁所涉及的设备（存储设备、通信设备等）进行可信验证。若通过，则进入步骤3。

步骤3：实施大数据销毁。

7.5 大数据隐私保护

数据隐私是指与个人相关的，具有不被其他人搜集、保留和处分的权利的信息资料集合，并且它能够按照所有者的意愿在特定时间、以特定方式、在特定程度上被公开。其具有保密性、个人相关和能够被所有者处分等基本属性。

1. 数据隐私的分类

一般数据隐私可以分为：

① 个人隐私：任何可以确定特定个人或与可确定的个人相关，但个人不愿意暴露的信息，比如，就诊记录。

② 共同隐私：不仅包含个人隐私，还包含所有个人共同表现出但不愿意被暴露的信息，比如，平均薪资。

2. 数据隐私保护面临的威胁

为了对这些隐私数据进行保护，就需要对个人隐私采取一系列的安全手段，以防止其泄露和被滥用的行为。然而，数据隐私保护面临多方面的威胁。

① 互联网服务提供商搜集、下载、集中、整理和利用用户个人隐私资料极为方便。

② 个性化需求的信息服务需要用户提供更多的个人信息，才能提供更好的用户体验。

③ 无法对自己搜索到的网页数据库信息进行监督，无法对搜索到的内容信息负责。

④ 从大量的、不完全的、有噪声的、模糊的、随机的实际应用数据中，提取隐含在其中的、人们事先不知道的，但又是潜在有用的信息和知识过程。

7.5.1 大数据时代隐私侵权特征

在大数据时代，大数据的隐私和传统的数据隐私有一些相同点，更多的是不同点。如何准确识别大数据的隐私是大数据隐私保护中最为关键的问题之一。大数据的隐私主要包括直接隐私和间接隐私，其中，直接隐私类似于上述的个人隐私和共同隐私，而间接隐私是指不能从大数据本身直接得出的隐私信息，需要通过一定的算法或方法，通过对大数据进行各种数据挖掘之后得出的隐私信息。该类间接隐私是大数据隐私和传统的数据隐私最大的不同点。由于大数据本身的特点，其间接隐私要比传统的数据能够挖掘出来的隐私信息多得多。

（1）侵权手段更加智能化和隐蔽化

在大数据时代，数据的搜索范围和数量呈现指数增加，各类在线数据的规模越来越庞大，各类侵权行为也比以往任何时候都更加激烈，侵权手段层出不穷，愈加具有专业化、智能化的特点，侵权手段方式也越来越不易被察觉。若用户在知名线上购物网站搜索特定商品进行浏览，几分钟之后，在其他知名门户网站浏览新闻时，网页边栏的广告位就会出现刚才所搜索过的类似商品的推荐广告或促销信息。这么精准的广告投放，这么快速的网站关联，实在让人不得不担心。

大数据的利用可分为诸多方面，其中重要的一方面就是数据分析技术的不断探索与发展。判定侵权的关键不在于是否使用了技术，而是在于技术的用途，及使用技术的边界，这也一直是伴随大数据发展争论不休的话题。然而相比较传统的明显的侵权方式，别有用心的侵权主体可以利用收集网络浏览痕迹、收集地理定位信息等非常隐蔽的方式实施侵权行为。且这种“事先未被允许，事后才被发现”的“先斩后奏”式的收集个人数据方式，不仅增加了数据收集的隐蔽性，也增加了事后当事人维权的难度。

（2）侵权主体更加多元化、匿名化

网络空间的开放性、隐匿性等特点，使得用户在网络活动中可能面对多个不确定的、不明身份的信息发布者。从信息的产生到传播、利用每一个环节都可能存在隐私泄露的隐患。侵犯隐私的主体也从传统的单一个体转变成由个人信息的最初发布者、无数传播者与数据挖掘利用者共同组成的链条式的多个主体。并且，社交媒体的开放和移动客户端程序的开发，使得侵权行为可以随时随地发生，不同身份的网络活动参与者都可能有意无意成为侵害个人隐私的主体。

（3）侵权对象性质的双重化

在大数据时代的今天，网络环境下的隐私已被附属极高的经济价值。好奇心早已不是窥探他人隐私这一侵权行为的真正动机，经济利益的驱使才是隐私侵权事件频繁发生的真正所在，因此隐私权也具备了财产权属性。但是，网络隐私权的财产权属性，是虚拟的、无形的，并不具备有形的实体，这点不同于传统财产权是真实存在的。用户存在于网络环境中的个人信息，存储在计算机或者网络存储空间内的个人数据、资料等，都是一种无形的财产，因而网络环境下的隐私权也就兼具无形财产权与人格权双重属性的复合型权利。

（4）侵权后果的严重化和复杂化

当今社会，个人数据的泄露会给当事人带来严重的损害后果。最常见的，就是某些别有用心的数据收集者或收买者，利用个人数据所包含的具体个人信息对当事人进行敲诈勒索，甚至利用定位数据进行精准定位后实施犯罪。

7.5.2 国内外隐私保护现状

1. 国内隐私保护现状

《中华人民共和国侵权责任法》已于2010年7月1日起施行，对网络侵权进行了相关规定。

第三十六条规定：网络用户、网络服务提供者利用网络侵害他人民事权益的，应当承担侵权责任。网络用户利用网络服务实施侵权行为的，被侵权人有权通知网络服务提供者采取删除、屏蔽、断开链接等必要措施。网络服务提供者接到通知后未及时采取必要措施的，对损害的扩大部分与该网络用户承担连带责任。网络服务提供者知道网络用户利用其网络服务侵害他人民事权益，未采取必要措施的，与该网络用户承担连带责任。

我国有关网络隐私权保护的行业自律，主要表现在两个层面：一是整个互联网行业的自律；二是各个网站及其从业者的自律。前者主要体现在《中国互联网行业自律公约》和《中国电子商务诚信公约》两个公约上，后者则主要体现在各网站对上述两个公约的遵守以及其他相关的自律措施上。

2. 国外隐私保护现状

欧盟对侵犯个人数据的行为处罚措施十分严格，包括禁令救济，对公司工作场所和数据处理设施的稽查和调查，数额巨大的罚款，以及对于特大违法行为的刑事责任处罚等。

欧盟数据保护法是《欧盟数据保护指令》，通常称为《一般指令》，于 1995 年 10 月 24 日通过，其目的在于允许数据在欧盟范围内自由流通，禁止组织成员以数据保护为借口阻碍数据在欧盟内部的流通，并为全欧盟范围内实现数据保护设定了最低限度制度。

《隐私与电子通信指令》主要规定了无线电通信、传真、电子邮件、互联网及其他类似服务中数据保护的问题。该指令规定了服务提供商必须采取适当技术和组织措施保证系统和服务安全，规定组织内各成员必须通过立法执行这一指令内容。

《欧盟数据留存指令》协调各成员关于公共电子通信服务提供商处理和留存数据的义务性规范，实现在尊重当事人隐私和数据保护权的同时，保证数据能够用于对严重刑事犯罪活动的调查、侦查或起诉。

除以上三条主要指令，欧盟随后还补充制定了《Internet 上个人隐私权保护的一般原则》《信息公路上个人数据收集、处理过程中个人权利保护指南》等一系列法律法规，为网络用户和网络服务商提供了可以遵循的隐私权保护原则，在成员内有效建立起有效保护网络隐私权的统一法律法规体系。

美国政府在大数据技术与隐私权保护之间更倾向于利用大数据技术促进经济社会发展，以保持美国在相关领域的领先地位。与此同时，美国政府希望以改良的政策框架与法律规则来解决隐私权保护的问题。

在美国，对于隐私保护法律有诸多类型，如宪法、成文法、司法裁判与条约等，在立法之外，通常行业内还会以契约、政策、引导规范等形式加以补充。尤其是后者这些自律准则，尽管本身并非法律，但在规范隐私保护行为方面扮演了重要的角色。

7.5.3 大数时代隐私保护关键技术

在大数据时代，人们所面临的威胁不仅仅限于个人隐私的泄露。为了从大数据中获益，数据持有方有时需要公开发布己方数据，这些数据通常会包含一定的用户信息，服务方在数据发布之前需要对数据进行处理，使用户隐私免遭泄露。此时，确保用户隐私信息不被恶意的第三方获取是极为重要的。本节介绍四种关键技术：数据脱敏、匿名化、差分隐私和同态加密。

1. 数据脱敏

数据脱敏，也称为数据漂白（Data Masking 或 Data Desensitization）。由于其处理高效且应用灵活等优点，因此成为目前业界处理敏感类数据（个人信息，企业运营、交易等敏感数据）普遍采用的一种技术，在金融、运营商、企业等有广泛应用。例如，人脸图像打码（马赛克）实际也是一种图片脱敏技术：通过部分的屏蔽和模糊化处理以保护“自然人”的隐私。

下面以数据库数据（结构化数据）为例介绍数据脱敏技术。

数据库是企业存储、组织以及管理数据的主要方式。几乎所有的业务场景都与数据库或多或少有所关联。在高频访问、查询、处理和计算的复杂环境中，如何保障敏感信息和隐私数据的安全性是关键性问题。

为了避免风险，可对数据库中的所有数据项逐一进行加密。但这引起了一个问题——数据的密文数据杂乱无章，已经失去了数据分析的价值。因此，需要在数据可用性（Data Utility）和隐私保密性（Privacy Protection）之间进行折中考虑。

如图 7.3 所示，当用户访问数据库中的数据时，数据库根据用户的权限对数据进行管控和脱敏处理，例如仅保留姓、年龄进行模糊处理（四舍五入）、电话号码屏蔽中间四位。那么用户无法得到准确无误的数据，或者猜测次数过多（猜测概率过低）带来的攻击成本不足以支撑用户的攻击动机（铤而走险）。

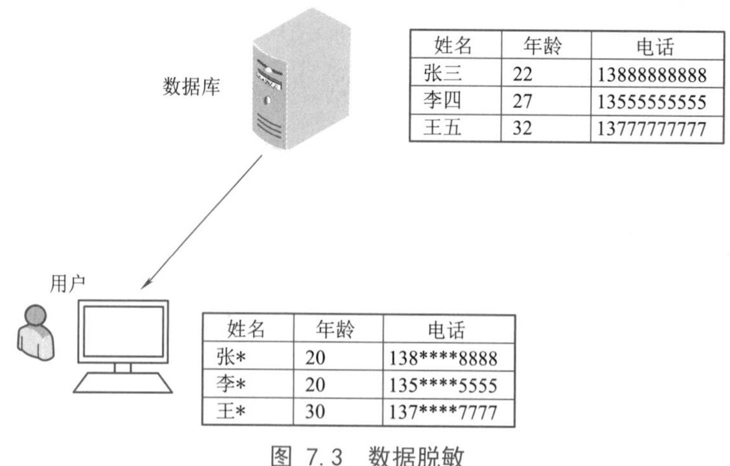

姓名	年龄	电话
张三	22	13888888888
李四	27	13555555555
王五	32	13777777777

姓名	年龄	电话
张*	20	138****8888
李*	20	135****5555
王*	30	137****7777

图 7.3 数据脱敏

对敏感数据进行脱敏处理，必须满足以下两个要求：

① 数据保密性（Data Confidentiality）：对于个人信息，称为隐私保密性。需要保证潜在的攻击者无法逆推出准确的敏感信息，对于一些关键信息无法获取。

② 数据可用性：保证被处理后的数据，仍然保持某些统计特性或可分辨性，在某些业务场景中是可用的。

这两个指标是一对矛盾。如何调节与平衡：哪些数据字段需要加强保密？哪些字段可以暴露更多信息？屏蔽多少信息可达安全/应用？这些需要分析和研究具体应用场景，再一步细化两个指标需求（场景需求的定制化）。例如，某一个APP的业务场景，需要统计和分析APP用户的年龄分布，为了保护用户隐私，需进行处理和失真，但需尽可能保留年龄字段的统计分布。

按照使用场景，可将脱敏分为静态脱敏（Static Data Masking, SDM）和动态脱敏（Dynamic Data Masking，DDM）。静态脱敏一般用于非生产环境中（测试、统计分析等），当敏感数据从生产环境转移到非生产环境时，这些原始数据需要进行统一的脱敏处理，然后可以直接使用这些脱敏数据。动态脱敏一般用于生产环境中，在访问敏感数据时进行脱敏，根据访问需求和用户权限进行"更小颗粒度"的管控和脱敏。一般来说，动态脱敏实现更为复杂。脱敏在多个安全公司已经实现了应用，IBM、Informatica公司是比较著名的代表。

2. 匿名化

匿名化（Anonymization）技术可以实现个人信息记录的匿名，理想情况下无法识别到具体的"自然人"，主要有两个应用方向：个人信息的数据库发布、挖掘（Privacy Preserving Data Publishing，PPDP，或Privacy Preserving Data Mining，PPDM）。

一个经典的应用场景是医疗信息公开场景。医疗信息涉及患者个人信息以及疾病隐私，十分敏感。但对于保险行业的定价以及数学科学家对疾病因素等各项研究，这些数据具有巨大的价值。为了保护患者的身份和隐私，让人很容易想到的是删除身份有关信息，即去标识化（De-identification）。关于此，有一个经典案例，美国马萨诸塞州发布了医疗患者信息数据库，去掉患者的姓名和地址信息，仅保留患者的{ZIP, Birthday, Sex, Diagnosis,⋯}信息。另外有另一个可获得的数据库，是州选民的登记表，包括选民的{ZIP, Birthday, Sex, Name, Address,⋯}详细个人信息。攻击者将这两个数据库的同属性段{ ZIP, Birthday, Sex}进行链接和匹配操作，可以恢复出大部分选民的医疗健康信息，从而导致选民的医疗隐私数据被泄露。

对敏感数据进行匿名化处理，必须要满足两个要求：

① 无法重识别：通俗地讲，如何使得发布数据库的任意一条记录的隐私属性（疾病记录、薪资等）不能对应到某一个"自然人"。

② 数据可用性：尽可能保留数据的使用价值，最小化数据失真程度，满足一些基本或复杂的数据分析与挖掘。

为了满足以上要求，一般使用匿名化技术。该技术最早由美国学者 Sweeney 提出，设计了 K 匿名化模型（K-Anonymity），即通过对个人信息数据库的匿名化处理，可以使得除隐私属性外，其他属性组合相同的值至少有 K 个记录。

对于大尺寸的数据表，如何实现 K- 匿名化的目标呢？这是算法实现和复杂度优化的问题，目前有基于泛化树和基于聚类的匿名化实现方法。除 K- 匿名化外，还发展和衍生出了 (α，k)-匿名（(α，k)-Anonymity）、L- 多样性（L-Diversity）和 T- 接近性（T-Closeness）模型。在具体应用时，需要根据业务场景（隐私保护程度和数据使用目的）进行选择。

需辨别的是，假名化（Pseudonymization）、去标识化、匿名化三个概念有些联系，但不尽相同，却常常被混为一谈。

① 假名化：将身份属性的值重新命名，例如将数据库的名字属性值通过一个姓名表进行映射，通常这个过程是可逆的。该方法可以基本完好地保存个人数据的属性，但重识别风险非常高。一般需要通过法规、协议等进行约束不合规行为保证隐私的安全性。

② 去标识化：将一些直接标识符删除，例如去掉身份证号、姓名和手机号等标识符，从而降低重识别可能性。严格来说，根据攻击者的能力，仍然有潜在的重识别风险。

③ 匿名化：通过匿名化处理，攻击者无法实现“重识别”数据库的某一条个人信息记录对应的人，即切断“自然人”身份属性与隐私属性的关联。

一般来说，这三种方法对数据可用性依次降低，但隐私保密性越来越高。

3. 差分隐私

差分隐私（Differential Privacy，DP）具有严格的数学模型，无须先验知识的假设，安全性级别可量化可证明，是近年来学术界隐私保护研究热点之一。一些企业应用将差分隐私技术应用到数据采集场景中。

一个典型的场景：某家医院提供医疗信息统计数据接口（可公开访问），某一天张三去医院看病，攻击者在张三去之前查询统计数据接口，显示糖尿病患者人数是 99 人。张三去之后攻击者再次查询，显示糖尿病患者是 100 人。那么攻击者推断，张三一定是患病。该例子应用了背景（先验）知识和差分攻击思想，如图 7.4 所示。

上述场景要求攻击者拥有一定背景知识（先验知识），攻击者查询公开数据库，只能获得全局统计信息（可能存在一定误差），无法精确到某一个具体的记录（“自然人”的记录）。

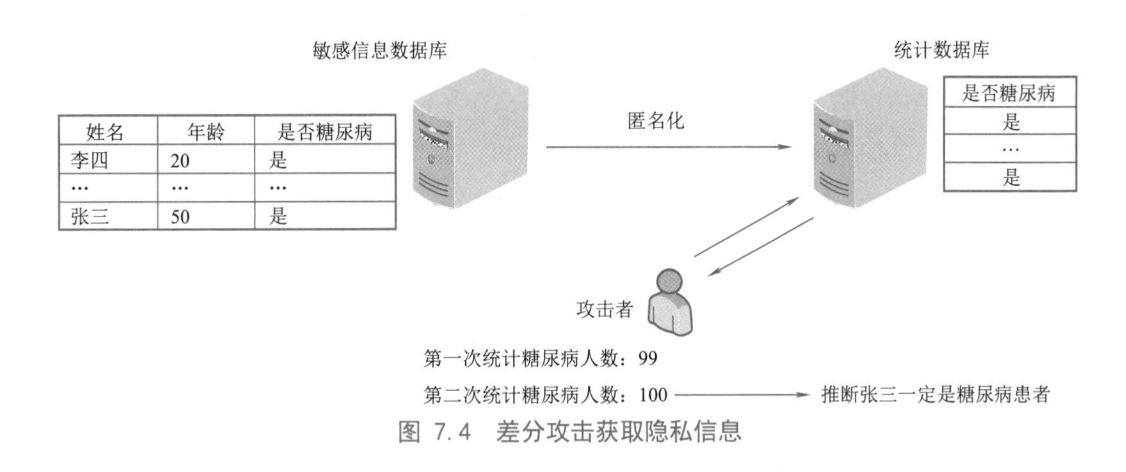

图 7.4　差分攻击获取隐私信息

4. 同态加密

同态加密不同于传统的加密，它是应对新的安全场景出现的一项新型密码技术。它的出现，颠覆了人们对密码算法认知，使得密文处理和操作，包括检索、统计，甚至人工智能任务，都成为可能。

假设某公司 C 拥有一批数据量大且夹杂个人信息的数据，需要多方进行共享和处理。为了降低成本，选择使用廉价的不可信第三方平台：公有云。但为了保障传输和存储过程的数据安全，公司员工张三在数据上传前，对数据进行了加密，再将得到的密文数据上传到公有云。公司员工李四，需在公有云上执行一个数据分析和统计的任务，如图 7.5 所示。

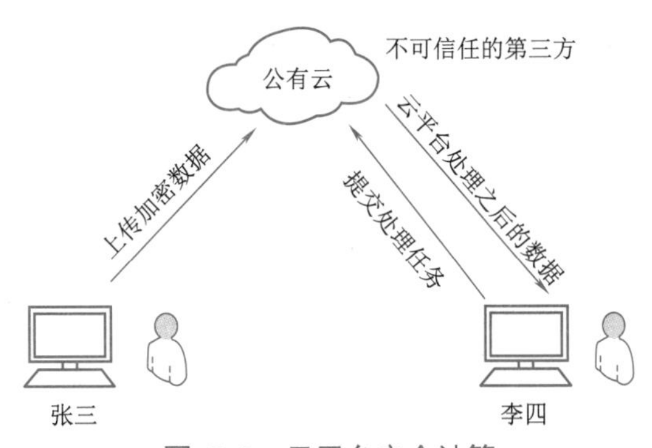

图 7.5　云平台安全计算

为满足以上场景的数据加密需求，需要满足以下两个条件：

①安全需求：除了公司 C 员工可解密数据外，其他人包括第三方平台无法解密和查看数据，即需要保障个人隐私数据的安全性。

②处理需求：存储在第三方平台的密文数据，仍然可以进行基本运算（加减乘除）、统计、分析和检索等操作。处理后的密文数据，返回给公司 C 的员工，得到的结果和预期是一致的。

同态加密技术是满足以上两个条件的关键技术之一。

假设 A、B 是两个明文，Enc( ) 是加密函数，那么存在以下性质：$\text{Enc}(A)\circ\text{Enc}(B)=\text{Enc}(A*B)$。该性质在数学上称为同态性。也就是说，在密文区域进行“∘”操作，相当于在明文区域进行“*”操作。这种性质使得密文域的数据处理、分析或检索等成为可能。

假设张三上传两个密文数据 Enc(A)、Enc(B)（对应 A、B 两个明文数据）到不可信的公有云平台中。李四提交两个明文数据的操作任务，那么公有云计算平台执行的是密文操作 $\text{Enc}(A)\circ\text{Enc}(B)$。如图 7.6 所示。从始至终，云平台一直没有接触到相关的明文信息，从而防止了第三方窃取导致的隐私数据泄露。

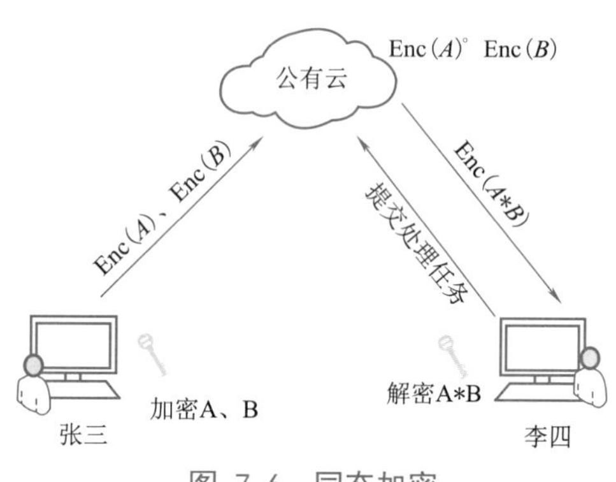

图 7.6 同态加密

7.6 大数据共享与隐私保护

数据是数字时代的核心生产要素。数据只有经过充分挖掘并在使用中才能实现价值。在大数据时代，单个数据几乎没有使用价值，只有相互关联的大量单体数据，经过合理加工后才拥有价值。数据价值挖掘和价值实现是需要高投入的创造性劳动，是数字产业发展的关键环节。因此，数字经济时代国家层面的竞争，就是建立一套更合理有效的激励约束机制和基础设施，通过降低成本，以激励相容的方式实现数据收集、加工处理、共享使用的数据产业链的社会化分工合作。数据产业的发展，既要防止信息的不当使用可能危害消费者（信息主体）和社会公共利益，也要充分调动数据收集、加工和使用主体的积极性，“看见”、“挖掘”并“实现”价值。

保护个人隐私是数据利用的前提和基础。个人隐私保护有三个相互交织的维度。一是法律保障。通过界定个人信息主体的权属和相关人员的行为空间来保护个人隐私。二是技术实现。通过数据处理、计算方法和管理技术等确保个人隐私。三是利益平衡。通过市场交易，以自愿承担一定隐私泄露风险为对价获得更好服务或收益。三个维度相互补充，也有一定的替代性。过度强调某一维度的保护，如法律保障，从道德的制高点一开始就过于严格地保护个人隐私，可能会丧失合作空间，不能充分挖掘个人信息价值。这种情况下，个人信息保护住了，但个人的需求可能没有得到更好、更充分地满足，不利于平衡地实现多方利益。实际上，人类社会就是在更好地了解风险从而管理风险，进而在承担一定风险的基础上获得更大收益中发展和演进的。

隐私计算是隐私保护前提下数据共享的技术实现路径。为解决互不信任的多个机构间数据共享和数据价值挖掘问题，国际上开发出了在不共享原始数据前提下实现数据价值挖掘和流转的技术手段，即隐私计算。隐私计算一般通过三个环节保证数据和模型隐私，实现数据“可用不可见”、“可算不可识”和“可用不可拥”。

（1）原始数据的“去标识化”

确保合作第三方不能通过数据反向逆推出数据主体，即不能识别出消费者的“自然人”身份，但又尽可能保留数据中的“信息”价值，做到共享信息的“可算不可识”。

（2）可信的执行环境

通过硬件化、安全沙箱、访问控制、数据脱敏、流转管控、实时风控和行为审计等技术手段，提升数据和模型计算环境的安全性，确保全程安全可控。

（3）智能计算技术

能够保护数据和模型隐私的智能计算技术，如多方安全计算、差分隐私、联邦学习等。用户的原始数据可以在不出域、不泄露的前提下共享并提取数据价值，实现信息的“可用不可见”。

7.6.1　大数据共享安全框架

数据共享安全框架如图 7.7 所示，分为四个层次，从上到下依次为法律法规、安全管理制度、标准体系以及安全技术。

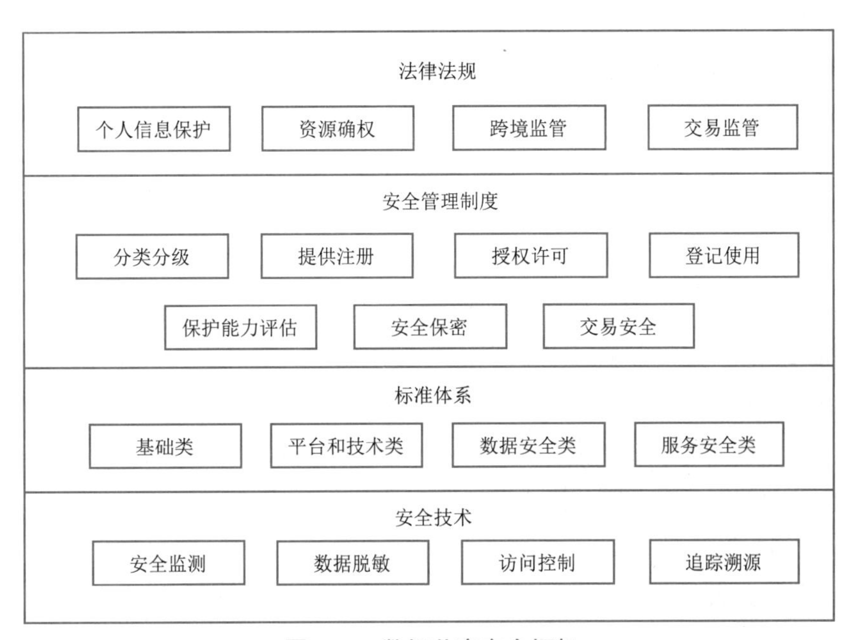

图 7.7　数据共享安全框架

1. 加强数据安全立法

（1）个人信息保护

欧盟制定的《通用数据保护法案》极有可能会成为国际通行的数据隐私保护法规。我国目前与个人信息保护直接相关的保护个人信息的相关法规主要有《中华人民共和国网络安全法》《关于侵犯公民个人信息刑事案件适用法律若干问题的解释》《消费者权益保护法》《电信和互联网用户个人信息保护规定》《全国人大常委会关于加强网络信息保护的决定》及《中华人民共和国刑法修正案》等。此外，在我国宪法、民法典等国家根本大法和基本法中也有一些相关规定。

在大数据发展的新形势下，随着大数据开发、应用和共享的广泛深入开展，个人信息保护问题愈加突出，可以借鉴网络信息先进技术和个人信息立法保护完善的国家（地区）的立法治理经验，加快出台个人信息保护专项法律。

（2）数据资源确权

数据作为一种特殊的资源要从法律上确立其资产的地位，才能让社会各方在数据采集、开放、流通、交易等过程中重视数据安全保护，切实维护数据主体的权益。数据确权是数据开放、交换和交易的前提和基础，也是难点。目前数据所有权归属还存在不清晰的情况，特别是当数据进行交换和共享时，不可避免地会涉及个人数据，这部分数据的所有权属于相关机构还是个人，目前还存在很大分歧。另外，原始数据和加工数据的权属问题也存在争议，这些问题都需要通过立法加以明确。在此基础上，可进一步明确数据授权、使用范围、安全保护责任，以及安全保护措施等要求。

（3）数据跨境监管

从法律角度对数据进行保护是有范围的，要从可监管的辖区范围、需保护的数据对象、需监管的数据应用场景，以及数据处理行为等方面明确数据保护范围。《中华人民共和国网络安全法》等法律一般界定的数据管辖范围是国内，而欧盟的《通用数据保护条例》和美国的《澄清域外合法使用数据法案》等法律把管辖范围扩大到了欧盟和美国数据控制者的范围。

（4）数据交易监管

数据交易可以促进数据资源流通，破除数据孤岛，有效支撑数据应用的快速发展，发挥数据资源的经济价值。良好的数据交易环境是数据交易发展的基础保障，既有赖于法律法规的保障和标准的支撑，也需要政府监管到位。目前国家尚未推出数据交易方面的法律法规。

对数据交易进行立法监管有利于规范数据资源交易行为，建立良好的数据交易秩序，增强对数据交易服务的安全管控能力，在确保数据安全的前提下促进数据资源自由流通，从而带动整个数据产业的安全、健康、快速发展。

2. 建设数据安全管理制度

（1）数据分类分级制度

数据分级是数据采集、存储、使用过程中进行保护的重要依据。需要进行数据梳理和数据分级，对不同级别的数据采取不同安全管控措施，在确保数据流动合理合规的前提下，促进数据安全的开发利用和共享，根据数据的重要性和敏感程度确定共享范围、权限和方式。

（2）数据提供注册制度

数据提供方按照规定向平台管理方注册并审核通过所提供的数据后，方可发布。数据提供方所提供数据应明确数据的摘要、使用范围、条件及要求、提供者信息、联系方式、更新周期和发布日期等。在具体的流程中，应注意数据提供方在注册过程中需要承诺对注册数据的所有权或控制权，确保提供的数据真实、完整、安全、有效、可用，来源明确、界限清晰。一旦出现数据泄密事故，可为追踪溯源提供有力证据支撑。

（3）数据授权许可制度

平台管理方在获得数据提供方的许可条件下，通过规定方式，将数据的使用权授予数据使用方。对于重要数据，需要第三方对数据使用方评估其数据保护能力，达标后才能授权。如果涉及隐私数据，管理者负责数据脱敏后方可授权。

（4）数据登记使用制度

数据使用方按照规定向平台管理方/数据提供方登记并被审核身份及权限后，在合法合规的条件下方可获得数据的使用权。数据使用方登记内容应明确所使用数据类别、数据用途、使用范围、使用方式、使用者信息、联系方式等。

（5）数据保护能力评估制度

依据等级保护要求、数据分类和分级保护策略，对数据共享参与各方数据安全防护情况和承载系统的安全防护情况进行检测评估，保障共享数据的使用合规和承载系统的安全满足要求。

（6）数据安全保密管理制度

明确数据交换需遵循的原则，如个人信息保护原则、最小授权原则、获取数据需要具备相应等级数据安全保护能力原则等。明确数据交换过程中的数据安全管理要求，包括数据传输、存储、处理、销毁等环节，加强数据安全保护。要建立数据安全应急处置预案，当出现信息安全事件时能够及时发现和处置，降低事件造成的影响。

（7）数据交易安全管理制度

第一，建议建立基于第三方的数据评价估值机制，对数据提供方的数据准确性、完整性、安全性以及知识产权情况、数据脱敏情况进行审核和评价，进而确定其是否可以上市交易，并给出指导价格。

第二，要对交易双方的资格进行审核。对于数据提供方重点审核其是否具备数据产权或处置权，是否具备提供数据以及后续更新数据的条件和能力。对于数据使用方重点审核其是否具备相应数据安全保护能力。

第三，服务提供方应保证数据交易过程的公开公正和透明，并通过采取有效技术措施，确保数据交易过程的可监可控和可追溯。

第四，服务提供方可以建立交易双方的信用评价机制、数据使用效果的评价机制和市场退出机制，推动形成数据交易的良性循环，维护市场秩序，同时开展数据应用示范，提升数据开发利用规模和应用水平。

第五，要解决好数据安全和隐私保护问题。交易的数据中不可避免地含有个人隐私数据或者政府及企业敏感数据，数据提供方如何合法合规地进行数据脱敏，监管方应给予指导和规范。

3. 完善数据共享标准体系

（1）基础类标准

数据共享基础类安全标准为整个数据共享安全标准体系提供包括概念、角色、模型、框架等基础概念，明确数据共享过程中各类安全角色及相关的安全活动或功能定义，为其他类别标准的制定奠定基础。

（2）平台和技术类标准

针对数据共享所依托的平台及其安全防护技术、运行维护技术，制定平台和技术类标准，对数据共享安全的技术和机制（包括安全监测、安全存储、数据溯源、密钥服务等）、平台建设安全（包括基础设施、网络系统、数据采集、数据处理、数据存储等）、安全运维（包括风险管理、应急服务以及安全测评等）提出要求。

（3）数据安全类标准

制定数据安全类标准主要包括个人信息、重要数据、数据跨境安全等安全管理与技术标准，覆盖数据生命周期的数据安全，包括分类分级、去标识化、数据跨境、风险评估等内容，用于健全个人信息安全标准体系，指导重要数据的管理和保护，规范指导跨境数据共享。

（4）服务安全类标准

针对数据开放、交换、交易等应用场景，提出共享服务安全类标准，包括数据共享服务安全要求、实施指南及评估方法等；规范数据交换共享过程的安全性和规范性，保护个人信息安全不受侵犯、企业利益不受损害等；保证数据交易服务产业的健康规范发展，促进政府、企业、社会资源的融合运用，支撑行业应用和服务创新，提升经济社会运行效率等。

4. 研发和应用数据安全技术

数据开放及共享交换过程必然会涉及数据的汇聚、数据在提供者和使用者之间传输，以及数据脱离所有人控制使用等情况，数据将面临更大的安全风险，包括个人信息泄露，数据容易遭受攻击而泄露，数据非法过度采集、分析和滥用等。国家安全主管部门或者相关责任单位制定并实施的数据安全管控要求，包括立法、立制、立标等，最终要做到能够部署应用相应的自动化安全监管技术手段，以真正有效落到实处。

发展数据共享安全保护技术的目标是保障数据共享全程的可监测、可管控和可追溯。目前需突破的关键技术包括：全方位全天候的数据共享安全监测技术、细粒度数据资源访问控制技术、共享数据脱敏及去标识化技术、跨域多模式网络身份认证技术，以及数据标记及追踪溯源技术等，并在上述技术中推广使用国产密码算法。

7.6.2　联邦学习

现实生活中，除了少数巨头公司，绝大多数企业都存在数据量少、数据质量差的问题，不足以支撑人工智能技术的实现。国内外监管环境也在逐步加强数据保护，陆续出台相关政策，如欧盟引入的《通用数据保护条例》（GDPR），我国国家互联网信息办公室起草的《数据安全管理办法（征求意见稿）》，因此数据在安全合规的前提下自由流动，成了大势所趋；在用户和企业角度下，商业公司所拥有的数据往往具有巨大的潜在价值。两个公司甚至公司间的部门都要考虑利益的交换，往往这些机构不会提供各自数据与其他公司做简单的聚合，导致即使在同一个公司内，数据也往往以孤岛形式出现。

基于以上不足以支撑实现、不允许粗暴交换、不愿意贡献价值三点，导致了现在大量存在的数据孤岛，以及隐私保护问题，联邦学习应运而生。

1. 联邦学习的概念

联邦学习（Federated Learning）本质上是一种分布式机器学习技术，或机器学习框架。联邦学习的目标是在保证数据隐私安全及合法合规的基础上，实现共同建模，提升人工智能模型的效果。联邦学习最早在2016年由谷歌提出，原本用于解决安卓手机终端用户在本地更新模型的问题。

2. 联邦学习的分类

如果把每个参与共同建模的企业称为参与方，根据多参与方之间数据分布的不同，把联邦学习分为两类：横向联邦学习和纵向联邦学习。

（1）横向联邦学习

横向联邦学习的本质是样本的联合，适用于参与者间业态相同但触达客户不同，即特征重叠多、用户重叠少时的场景，比如不同地区的银行间，它们的业务相似（特征相似），但用户不同（样本不同）。

横向联邦学习的学习过程如图7.8所示。

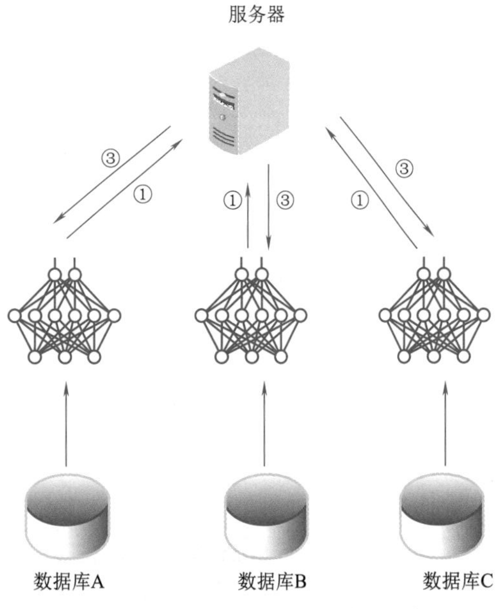

图 7.8　横向联邦学习的学习过程

步骤 1：参与方各自从服务器下载最新模型。

步骤 2：每个参与方利用本地数据训练模型，加密梯度上传给服务器，服务器聚合各用户的梯度更新模型参数。

步骤 3：服务器 A 返回更新后的模型给各参与方。

步骤 4：各参与方更新各自模型。

在传统的机器学习建模中，通常是把模型训练需要的数据集合到一个数据中心然后再训练模型，之后预测。在横向联邦学习中，可以看作基于样本的分布式模型训练，分发全部数据到不同的机器，每台机器从服务器下载模型，然后利用本地数据训练模型，之后返回给服务器需要更新的参数；服务器聚合各机器上的返回的参数，更新模型，再把最新的模型反馈到每台机器。

在这个过程中，每台机器下都是相同且完整的模型，且机器之间不交流不依赖，在预测时每台机器也可以独立预测，可以把这个过程看作基于样本的分布式模型训练。谷歌最初就是采用横向联邦的方式解决安卓手机终端用户在本地更新模型的问题的。

（2）纵向联邦学习

纵向联邦学习的本质是交叉用户在不同业态下的特征联合，比如商超 A 和银行 B，在传统的机器学习建模过程中，需要将两部分数据集中到一个数据中心，然后再将每个用户的特征 join 成一条数据用来训练模型，所以就需要双方有用户交集（基于 join 结果建模），并有一方存在 label。

纵向联邦学习的学习过程如图 7.9 所示，分为两大步：

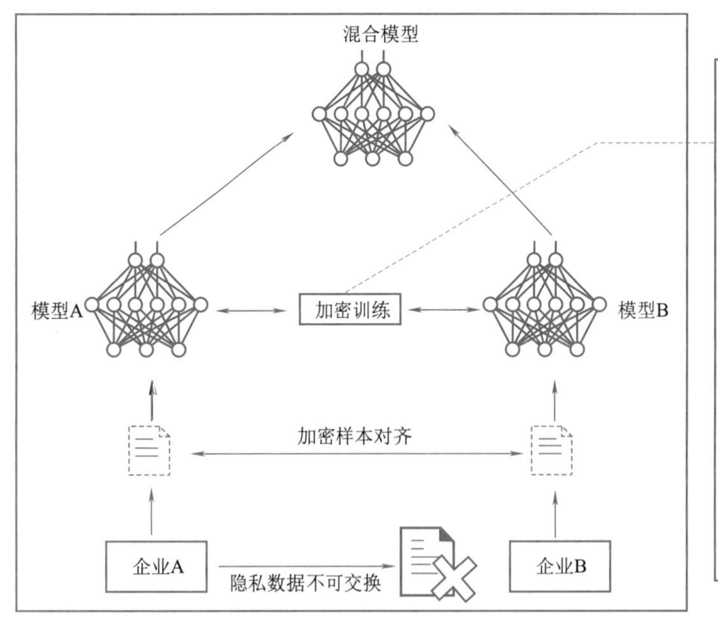

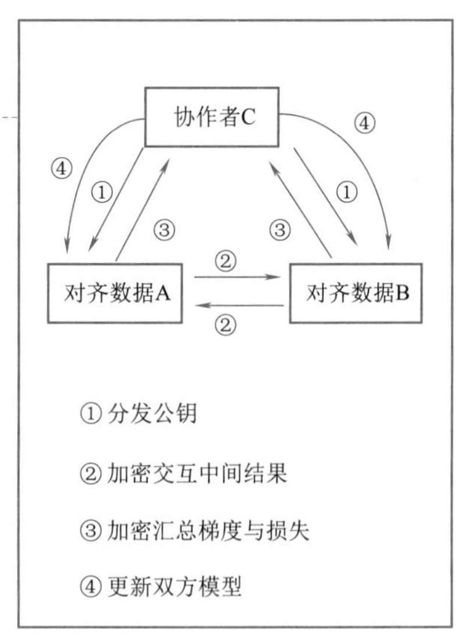

图 7.9 纵向联邦学习的学习过程

第一步:加密样本对齐。是在系统级做这件事,因此在企业感知层面不会暴露非交叉用户。

第二步:对齐样本进行模型加密训练。

步骤1:由第三方C向A和B发送公钥,用来加密需要传输的数据。

步骤2:A和B分别计算和自己相关的特征中间结果,并加密交互,用来求得各自梯度和损失。

步骤3:A和B分别计算各自加密后的梯度并添加掩码发送给C,同时B计算加密后的损失发送给C。

步骤4:C解密梯度和损失后回传给A和B,A、B去除掩码并更新模型。

在整个过程中参与方都不知道另一方的数据和特征,且训练结束后参与方只得到自己侧的模型参数,即半模型。

小　结

本章首先介绍了数据安全的概念,进而引入大数据安全及体系结构的相关内容;其次,介绍了大数据安全协议、数据隐私及数据信息共享与隐私信息融合的内容;最后,介绍了大数据共享与隐私保护。

习　题

1. 用一段话描述大数据安全体系结构。
2. 对比大数据安全与传统的数据安全的异同。
3. 结合实际例子来理解数据安全协议及数据隐私的概念。

第8章 大数据应用

大数据技术可以解决人工智能的知识来源问题，大数据可以消除不确定性，为人工智能提供数据、知识和智慧，依靠大数据可以动态调整做事策略，实现动态匹配最佳结果，使用大数据可以探索发现未知规律。无论是在互联网商业应用（如用户画像和精准服务、互联网金融等）领域，还是在教育、电力、医疗和军事等领域，特别是在人工智能（如语音识别、机器翻译、共享经济和智慧城市等）领域，大数据已经成为各个领域的关键支撑技术。

8.1 互联网商业应用

互联网商业应用是最早应用大数据的商业领域。大数据时代的商业变革的一个特点是一切皆可数据化，网络商家利用大数据给用户画像并提供精准服务，互联网金融机构利用用户画像给个人用户和企业用户进行征信并建立风控体系。

8.1.1 用户画像

在大数据时代，用户借助互联网实现浏览、购买、留言、分享、支付等行为轨迹数据直接或间接地反映了用户的性格、习惯、偏好及态度等信息，用户网络行为数据从多个维度对用户进行画像。而对于企业，企业仅仅拥有业务自身的数据是远远不够的，业务本身的数据往往容易形成信息孤岛，数据的相互隔离阻碍了价值利用的最大化。同样，企业在网络上公布的相关信息也是企业用户画像的数据来源。同时，大数据具有数据价值密度相对较低的特点，因此对企业而言，如何有效地结合数据挖掘技术和业务场景来挖掘数据背后的价值，是大数据时代最需要解决的问题。近年来随着微博、微信等社交网络服务的日益普及，越来越多的用户在日常生活中使用这些服务。用户产生的大量信息为各种应用和领域带来了新的机遇。推断用户兴趣在提供服务的个性化推荐以及通过这些服务提供社交登录的第三方应用程序中起着重要作用。

如图 8.1 所示，基于用户的微信和 QQ 数据使用社交网络分析技术可以刻画出用户的社交关系，基于用户的微博数据使用自然语言处理技术可以挖掘出用户的情绪及对新闻事件的态度和观点，基于网页浏览 Cookie 数据可以挖掘用户的上网行为，基于邮箱的数据可以分析用户的工作关系及工作性质，基于用户在网站、APP 上的注册信息可以分析用户的基础信息，基于手机通信记录可以分析用户的经常联系人信息，基于地图 App 数据可以分析用户出行的行为轨迹，通过这些不同的数据维度可以给用户一个准确的画像。

图 8.1　个人用户画像

大数据技术的发展与应用，拓展了企业获取数据的来源和方法，让企业有机会得到更多的用户样本，同时解决了企业面临海量数据时的计算和存储问题。企业可以对用户在互联网上留下的行为数据进行采集、清洗和转换，形成数据仓库，通过采用统计分析、数据挖掘的方法进行建模，全方位、立体化地刻画出每个用户的用户画像。用户画像是基于用户的行为数据挖掘出标签化的模型，它是对用户个人的抽象，它不仅从基本属性、行为习惯、特点偏好等角度完美地勾勒出了用户的全貌，而且在一定程度上反映了用户的未来行为和决策。

对企业而言，用户画像的应用主要分为两个方面：对内指导产品的完善以及对外推动精准化的营销。一方面，用户画像准确地反映了目标用户的特点、偏好等属性，使企业能够针对目标用户的特点、偏好，进一步调整企业产品的定位，设计出更加适合用户的产品，提升用户体验。同时，用户画像还能够帮助企业改善产品的运营，优化与用户交互的流程和体验，提升平台的用户黏性。另一方面，用户画像为企业提供了足够的信息基础，能够帮助企业从产品自身出发，根据产品的特点快速精准地找到目标用户群体，从而根据用户特点和偏好实现内容的精准投放。企业还能够从用户画像出发，分析用户需求和偏好，并对用户的未来行为进行可靠的预判，进而实现精准营销。同时，用户行为预判的结果可以进一步指导企业新业务的拓展。

用户画像以用户行为数据的分析为基础，以实现企业的精准化营销为最终目的，如图 8.2 所示。企业通过用户画像信息可以清晰地了解用户的需求及偏好等影响用户决策的因素，并有针对性地制定精准营销策略，以实现最好最省的营销目标。精准化营销能够最大化地满足用户需求，提升用户体验，同时企业也可以提升用户忠诚度，增加用户黏性。精准化营销对企业提出了更高的技术要求，企业需要结合业务场景和营销目标，构建完善的营销策略管理平台，实现营销策略在其生命周期内统一化管理，有效地降低企业的营销成本，提升营销效果。

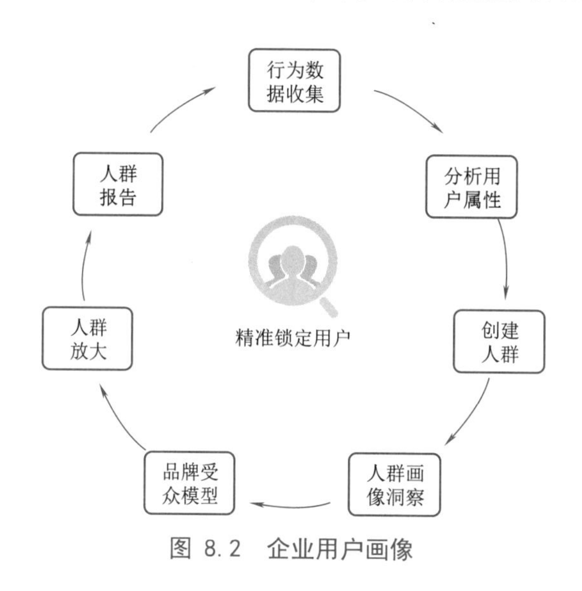

图 8.2 企业用户画像

不同于其他行业，广告行业具有高投入、高风险和高回报的特点。广告产品的营销要求企业必须能够精准地识别目标用户群体并迅速开展精准营销活动。否则就会丧失市场，导致产品的投入功亏一篑，造成巨大的经济损失。同时，广告行业衍生产品多，营销周期长，企业需要能够清晰地了解用户需求，以此指导产品的衍生和完善，并进一步实施个性化推荐。因此用户画像的构建对广告企业的稳步发展意义重大。

商家可以利用消费大数据对用户进行画像，从而进行精准推荐和精准营销。美国 Target 超市根据女性消费者的历史购物数据，发现准妈妈怀孕初期在购买无香沐浴露，几个月后购买含有钙铁锌的营养品，Target 使用女性购买的二十几种商品数据就可以预测该消费者的怀孕指数。

8.1.2 大数据精准营销

随着网民在网上的工作、消费和娱乐时间越来越长，广告公司对用户数据及其在广告中的地位的认识不断提高。消费者在网上留下了一系列易于访问的数据：访问了哪些网站、停留了多长时间、是否在没有购买的情况下离开了网站？所有这一切都无须消费者自己输入任何数据。企业收集和分析消费者的购物和浏览习惯的机会从未如此之大。聪明的互联网公司会通过数字渠道从数据分析中获得洞察力以便了解和满足买家的需求。在包括广告业在内的众多行业中，大数据已成为一种时尚。互联网公司掌握的大量数据能够最好地洞察客户的需求，拥有最相关、最可靠、最及时的数据可以得出更好的营销效果。

如今，不断变化的消费趋势以及营销和广告技术的进步加上消费者数据的爆炸式增长为组织提供了新的机会，很多企业使用大数据进行精准营销进而支持其商业战略。全球互联网企业已经积累了海量用户数据，这些平台可以分析用户数据并提取有用的信息。海量用户数据提供了对行业趋势和购买行为的深入了解。将历史数据与"新数据"相关联可以预测出新的消费趋势，这些公司可以据此对消费者进行精准广告进而达到精准营销的目的。消费者不仅向互联网公司提供了有用的个人消费数据、评论数据、支付数据，还提供了网络浏览数据、地理空间位置等元数据。每次网民与互联网互动时，毫无疑问都会留下数字足迹。这些数字足迹是商业公司实时洞察商业模式进行精准营销的基础。商家挖掘这些数字足迹大数据就可以对消费者进行各个维度的分析，从而得到深刻洞见进而把产品和服务准确地推荐给潜在的消费者，从而实现把合适的商品在合适的时间卖给合适的消费者的精准营销的目的。

"位置服务 + 大数据"营销是指基于位置服务平台的大量数据，依托大数据技术，应用于移动互联网广告行业的营销方式。企业通过互联网与移动互联网采集大量的用户行为数据，能够首先找出目标受众，以此对广告投放的内容、时间、形式、地点等进行预判与调配，并最终完成广告投放的营销过程。例如，利用 GPS 定位系统，综合多颗卫星的数据，就可以在全球范围内随时精确找到自己或者车辆所在的位置，并且可以查看实时路况。拥有关于单个消费者的大量数据可以实现最大的定位和最有效的消息传递。通过分析其购物习惯，可以精确地确定一个人的消费行为，但仍然必须有关于如何进行这些分析的相关数据。如消费者 A 可能花费大量时间在线观看豪华车，乍一看可能表明奔驰的广告是相关的。但是，如果消费者 A 也在寻找最近的发薪日以及贷款公司的位置，那么该广告的相关性就非常小了。

大数据的数据类型有多样性的特点，其中音频、图像、视频等非结构化数据占了相当大的一部分。大量的用户行为信息记录在大数据中，定位服务营销将在行为分析的基础上，向个性化时代过渡。第43次《中国互联网络发展状况统计报告显示》，截至2018年12月，中国有超过523万个网站，网页超过2 816亿个，移动应用超过449万个。由此可以预见，国内定位服务移动广告投放也将从传统面向群体的营销转向个性化营销，从流量购买转向人群购买。也就是说，未来的市场将更多地以人为中心，主动迎合用户的需求。如图8.3所示，电商商家根据消费者的搜索行为和网页浏览行为，分析出用户在网站内的行为和全网行为偏好，使用短期偏好衰减算法对品牌、价格、风格偏好进行预测，根据电商运营规划给出消费者的个性化推荐算法，这样可以对用户购买意图进行实时分析和预测。

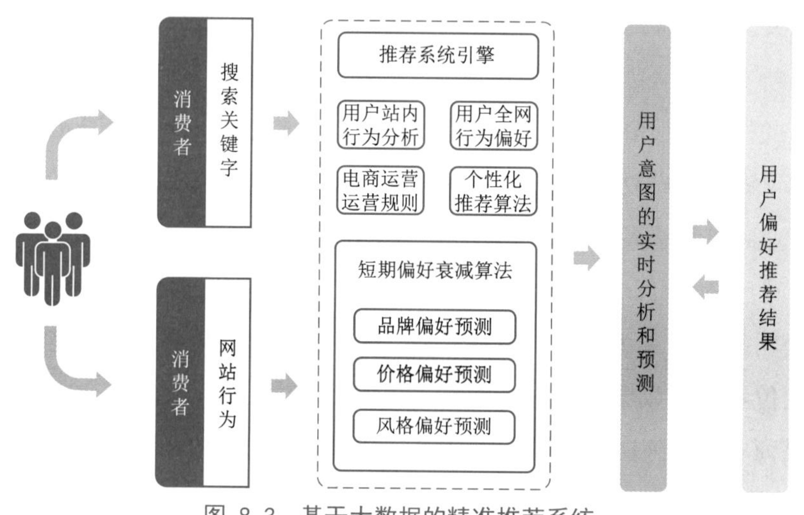

图 8.3　基于大数据的精准推荐系统

但是，根据用户画像制定的大数据精准营销方案会导致价格歧视的现象，包括电子商务的歧视性定价和相关网站的带有歧视性推荐排序方案。在诸如TaskRabbit等众包和电子商务网站中的在线广告中存在价格歧视的可能性。网站把广告仅显示给具有广告商选择属性（特征）的用户的子集。有针对性的广告与非定位广告形成鲜明对比，非广告定位广告（例如，网站上的横幅广告）会向网站的所有用户展示，与其属性无关。广告平台汇总有关其用户的数据，并将其提供给广告商进行消费能力定位，目标广告生态系统中的广告商决定广告应该（不）展示给哪些用户。目标广告中存在歧视的可能性源于广告商使用广告平台收集的关于其用户的大量个人（人群特征统计、行为和兴趣）数据来定位其广告的能力。广告商可以利用这些数据来优先瞄准（即包括或排除目标）属于某些敏感社交群组（例如高消费、特定领域消费群体）的用户。

8.1.3　互联网金融

各种互联网金融公司利用金融大数据对个人进行征信，它们使用用户的消费记录、信用卡消费记录、还款记录等数据对用户进行信用打分。如芝麻信用就是利用支付宝的各种交易记录来量化用户信用并给出信用评分（即芝麻分）。芝麻分是由独立第三方信用评估机构——芝麻信用管理有限公司，在用户授权的情况下，依据用户在互联网上的各类消费及行为数据，结合互联网金融借贷信息，运用云计算及机器学习等技术，通过逻辑回归、决策树、随机森林等模型算法，对各维度数据进行综合处理和评估，在用户信用历史、行为偏好、履约能力、身份特质、人际关系五个维度客观呈现个人信用状况的综合分值。芝麻分的分值范围为350~950，分值越高代表信用越好，相应违约率相对较低，较高的芝麻分可以帮助用户获得更高效、更优质的服务。

利用大数据技术挖掘分析金融数据，不仅具有经济价值，对政府监管金融活动甚至是反腐败都是有效的利器。

金融的本质是风险控制，如图 8.4 所示，从大数据风控与传统风控来看，两者主要区别于风控模型数据输入维度和数据关联性分析的不同。大数据风控很重要的一个特点是，除了使用传统风控数据，如年龄、收入、职业、学历等强金融相关数据外，还使用用户行为数据等弱金融相关数据。大数据时代的到来使得获取客户数据并高效分析处理成为可能。基于数据驱动型金融企业使用大数据分析系统，对金融各个环节中的数据分析挖掘，从而实现在精准营销、风险管控和运营优化升级，为用户提供安全、便捷的金融服务体验。

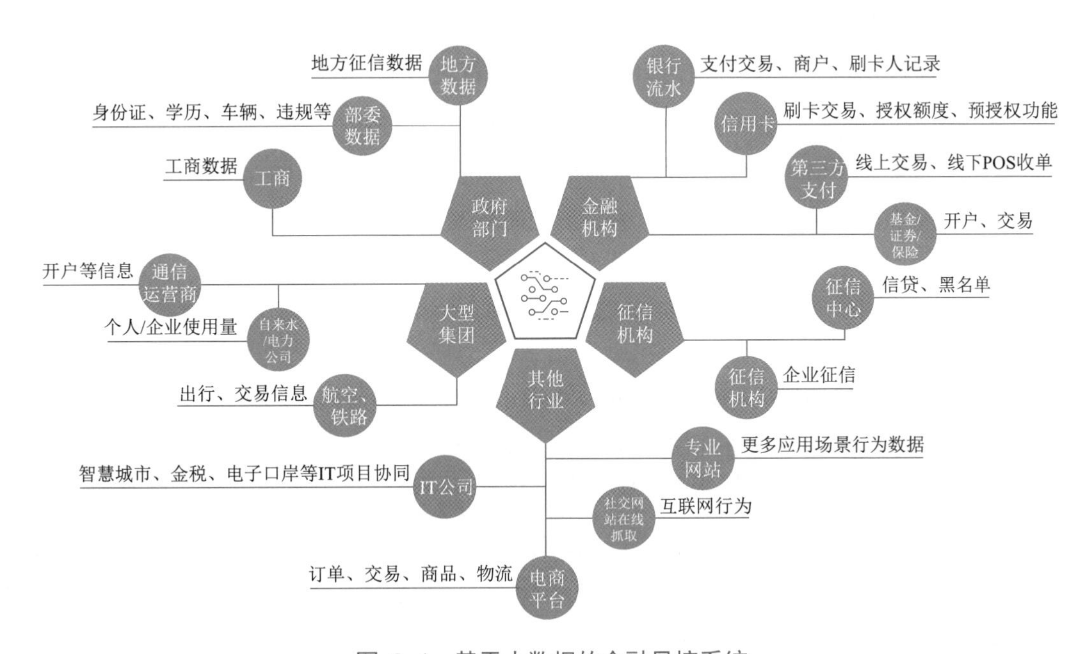

图 8.4 基于大数据的金融风控系统

在互联网金融风控中反欺诈是重要的一环，传统的信用卡反欺诈为了抓住所有欺诈事件，信用卡公司必须停止每笔交易，并在允许消费前进行详细检查。这当然会给持卡人带来不好的体验。利用大数据金融公司可以大大增强欺诈检测成功率。例如，信用卡公司可以使用数据分析来比较现场刷卡的地理位置与上一个刷卡位置之间经过的时间量，这种方法称为地理定位。如果两个面对面的刷卡支付在不同位置发生而客户没有足够的时间在它们之间旅行，则信用卡公司可以自动将该活动标记为疑似欺诈提示，并给客户电话确认是否存在此笔消费。此外，通过在反欺诈模型中引入其他类型的数据，公司可以进一步提高欺诈检测的准确率。检测欺诈涉及了解每个持卡人都有不同的使用模式，因此反欺诈模型需要构建特定于每个持卡人的欺诈检测模型。例如，经常旅游的持卡人需要比不经常旅行的持卡人有更宽松的地理"围栏"进行欺诈检测。其他数据特征，如一个人经常光顾的企业类型、每月账单金额随时间变化特征等，都可以用于构建更智能的反欺诈模型。

大数据的反欺诈特点在于使用不同来源的数据训练反欺诈模型，从而快速有效地识别出欺诈风险。互联网金融企业常用的风控模型常常使用机器学习模型学习欺诈行为特征，从而将金融欺诈行为从大量的正常交易中识别出来，即把有金融风险的异常行为模式发掘出来。互联网金融公司使用大数据不仅可以进行风险控制，还可以把大数据应用到精准营销、金融保险、风险投资、量化交易等金融业务领域。

8.2 行业大数据

大数据在各行各业中都发挥着巨大的作用，如在教育行业，研究者利用在线教育平台（如MOOC）积累的数据进行分析和挖掘，提高学习的效率和效果；在电力行业，领域专家利用电力大数据进行电力智能调度、电费风险防控、反窃电稽查等；在医疗领域，科学家利用医疗大数据进行癌症筛查和抗癌药研发；在军事国防领域，领域专家利用军事大数据进行反恐和守卫国家安全。

8.2.1 教育大数据

视频

计算机专业知识图谱项目功能介绍

传统的教育决策时依据常识和习惯做出的，大数据时代的教育决策是依据教师和学生的行为数据做出的，教师的教学行为数据和学生的学习行为数据实时地在为教育决策提供动态数据支撑。学生在大数据支撑的学习环境中学习新知并复习旧的知识点，他们的学习效果和效率可以得到动态地反馈。教师及教育管理者同样也可以从大数据教学环境中学习，可以及时地检验教学方法和教学技术的效果，可以假设检验新方法的有效性。教师和学生都会在这种带有反馈的大数据系统中受益。

2004年，一个住在波士顿的麻省理工学院毕业生萨尔曼·可汗应家人要求，给他住在新奥尔良的12岁表妹纳迪娅辅导数学，起初他用雅虎的电子画画工具辅导表妹。然后应朋友的邀请他把讲课视频放在 YouTube 上，吸引了大量的用户浏览学习。亲戚们看到了纳迪娅的成绩取得了很大的进步，更多的孩子加入进来，虽然他很乐意帮助他们，但是却苦于分身乏术。于是他写了若干程序来协助教学。这些程序能生成数学习题，并显示孩子们提交的答案是否正确。同时，也收集学生留下的数据。程序追踪每个学生答对和答错的习题数量以及他们每天用于作业的时间等。可汗于 2008 年创立了在线教育平台可汗学院，十年间，有来自 200 多个国家的 5 000 万名学生使用该网站。网站集结了超过 5 000 个视频课程，其内容包罗万象，涵盖了数学、科学和艺术史等多门学科，学生们每天要攻克 400 多万道习题。

近年来随着在线教育平台的兴起，如图 8.5 所示，edX、Coursera、Udacity、中国大学 MOOC 和学堂在线等多家大规模在线课堂平台，围绕在线教育课程中辍学率较高的问题，基于学生在线学习行为数据如学生注册课程、观看视频、完成课后作业、参与论坛讨论等行为数据，从这些行为数据中发现学生辍学的重要因素，从而调整课程内容的深度与难度并制定相应的干预策略、学习激励机制来引导学生的学习行为，从而降低在线教育的辍学率。

研究者通过校园一卡通的数据来预测学生的学习成绩，这些数据包括食堂吃饭、超市购物、图书馆借书、出入宿舍、教学楼打水等日常生活轨迹数据。作者根据一卡通记录的学习行为信息设计了学生画像系统。该画像系统使用努力程度和生活规律性作为画像因子，其中努力程度包括出入教学楼、图书馆次数，这量化了学生花在学习上的时间。而生活规律性包括出入宿舍的规律性、吃饭时间规律性、洗澡洗衣服的时间规律性、购物的规律性等，生活规律性与学生的自我控制与自我约束能力密切相关。作者通过分析这些画像因子和成绩之间的关系，发现努力程度和生活规律性与成绩呈显著正相关性。作者还基于学生在同一地点共现的次数构建了学生在校园内的社交关系网络，作者发现每个学生的成绩和朋友们的平均成绩呈正相关的关系。这不仅验证了社会学中的成绩分布的同质性，还有助于构建准确率更高的成绩预测系统。作者根据努力程度、生活规律性和社交关系网络以及历史的学习成绩，设计了多任务迁移学习算法来预测未来成绩。

图 8.5　大规模开放在线教育课程平台

“大数据”一词反映了人们愈益意识到人们留下的数字痕迹，就如“大数据”关注数据本身一样。牛津大学互联网研究所维克托・迈尔－舍恩伯格教授指出与大数据同行的学习就是未来的教育，大数据将改变传统教育。

教育知识图谱主要是利用知识图谱的方法来描述教育领域知识及知识间关联关系的集合，主要关注包括课程和知识在内的教育实体及其之间的连接关系。要融合多个学科的知识到一个知识图谱当中，就需要知识融合技术作为支撑。知识融合是构建知识图谱的一个重要环节。知识融合，即知识图谱的合并，根本问题在于如何将多个来源的信息进行融合。知识融合可消除实体、关系、属性等指称项与事实对象之间的歧义，形成高质量的知识库。

知识融合的主要技术挑战为两点：

① 数据质量的挑战：如命名模糊，数据输入错误、数据丢失、数据格式不一致、缩写等。

② 数据规模的挑战：数据量大（并行计算）、数据种类多样性、不再仅仅通过名字匹配、多种关系、更多链接等。基于教育知识图谱知识融合部分，包括知识获取、知识链接、知识消歧、知识补全、知识更新方法，基于这些方法编者构建了计算机专业知识图谱。

8.2.2 电力大数据

大数据时代，电力工业从发电、输电、配电、用电、调度以及信息通信支撑各环节带来了巨量的生产控制、经营管理的历史数据和实时数据。电力大数据还涉及供电、发电、配电、变电、调度、营销等多个环节的数据，如图 8.6 所示，充分挖掘这些环节的数据价值对电力公司及相关行业的决策和运营具有较大的潜在战略价值。电力大数据涉及了发电、变电、配电、用电等不同的环节，这些环节中通过各类电力设备、用电设备传感器、视频及音频设备所记录的所有结构化数据和非结构化数据。电力大数据的数据来源还包括电力行业内部各环节数据，如智能电表数据、设备图像数据、设备运行检测数据、客户用电数据、电力相关动态事件记录（结构化数据、音频、视频）、客服系统数据（文本、语音、客户行为特征、投诉数据）、电网拓扑数据等。通过对智能电表设备采集的整个电力系统的运行数据的分析和挖掘，可以实现电网的实时监测。结合大数据分析和电网的实时监测可以对电网诊断、运维营销等活动进行数据支撑和智力支持。充分挖掘电力大数据的价值有助于电力公司优化企业运营、提高管理效率。电力大数据技术的应用可以提升变电站的智能化管理水平，比如通过对全网变电站的实时数据共享和大数据分析可以实现变电侧的实时控制和智能调节，从而实现变电设备信息和运行维护策略与电力调度的智能互动。

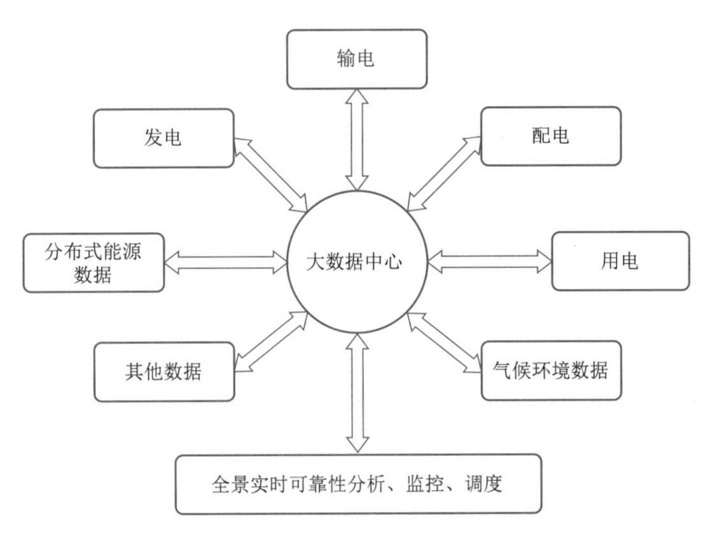

图 8.6　电力大数据平台

电力公司根据区域的用电数据及时地进行电力调度和电力资源分配，通过用户用电数据的异常来分析哪些用户有窃电嫌疑，根据用户的缴费历史数据及相关行业政策及行情周期来预测哪些用户可能存在逾期缴费风险，根据用电情况来统计某一区域房屋的空置率。电力大数据可用于预测企业生产经营状况，为政府与研究机构在产业布局、精准治理等方面提供研究决策依据。有公司根据某一地区的用电数据、企业数量、人口情况等数据绘制出一个电力地图，根据电力地图来分析该地的经济发展情况，从而为投资决策提供数据支撑，这样的电力地图不仅对投资机构有指导意义，它对政府的城市规划同样有着重要的意义。电力公司可围绕商业选址、客户群体分析、能耗分析、智能制造、设备质量提升、交易需求及策略等开展电力大数据商业化增值服务，开发数据增值变现应用场景，设计商业模式，推动电力大数据增值变现。

智能电网同样需要大数据技术的支撑，要实现供应商和消费者之间的双向电力和数据流交互，从而在经济效率、可靠性和可持续性方面进行优化，允许消费者和微能源生产商在电力市场和动态能源管理中发挥更积极的作用。智能电网中最重要的挑战是如何利用用户的参与来降低电力成本。但是，有效的动态能源管理主要取决于负载和响应式生产预测。这需要智能方法和解决方案，以实时利用大量智能电表生成的大量数据。因此，强大的数据分析、高性能计算、高效的数据网络管理和云计算技术对于智能电网的优化操作至关重要。

电力数据挖掘是从电力数据流中获取有用信息的过程，例如，用户消费数据、可再生电力注入和电动汽车的电池状态，并将其转换为计算机可理解的结构以供进一步使用。数据挖掘过程涉及利用算法在相似性标准之后发现数据之间的模式。有效的数据挖掘对于智能电网的优化运行至关重要，因为它强烈地影响了电力生产者和消费者的决策以及电网的可靠性。

在过去几年中，先进的电力传感器系统（如高级计量基础设施、高频架空和地下电流和电压传感器）的渗透在配电系统中显著增加。Navigant Research 的报告指出，到 2022 年，全球智能电表的预计安装量将超过 11 亿。高级计量基础设施通常在 15 分钟到 1 小时的范围内收集电力使用数据，而不是传统的每月收集一次。这使得公用事业过去处理的数据量增加了三千倍。这意味着到 2022 年，电力行业将每年仅通过智能电表产生超过 2 PB 的数据。随着物联网时代的到来，更多的设备连接到电网将产生更多的数据。根据美国能源信息管理局的数据，从 2007 年到 2012 年，高级计量基础设施安装总量增加了 17 倍。2012 年通过高级计量基础设施集的电力使用数据远远超过 100 TB。为了释放复杂数据集的全部价值，需要设计开发大数据算法来改变现有电力系统的运营方式、计划调度和分配系统。

长期以来，窃电问题一直是电力公司面临的一个难题。一些单位或个人将盗窃电能作为降低企业运营成本的一个手段，采取各种方法逃避电能计量，以达到不交或少交电费的目的，严重损害了供电企业的合法权益，扰乱了正常的供用电秩序，影响了电力事业的发展，并且给安全用电带来威胁。因此，电力公司利用大数据技术进行窃电用户预测，如图 8.7 所示。数据分析师通过电力大数据自动识别偷漏电行为，从而有效抑制这种窃电行为。由于窃漏电用户只占总用户的一小部分（不足 1%），这是一个显著的类不平衡问题，因此把窃电用户的分类问题转化为异常数据的孤立点检测问题。从用户用电的电压、电流、功率因数数据中总结窃漏电用户的行为规律，再从数据中提炼出描述窃漏电用户的特征指标。结合历史窃漏电用户信息，整理出识别模型的专家样本数据集，再进一步构建分类模型，实现窃漏电用户的自动识别。

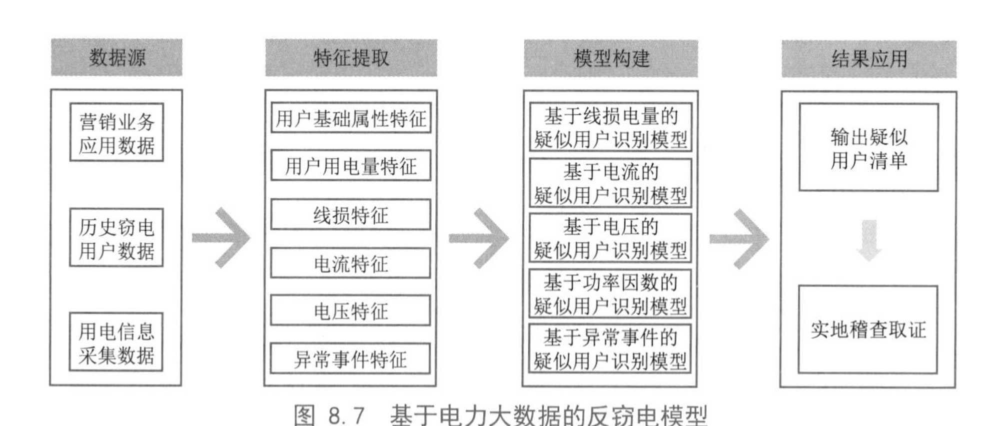

图 8.7　基于电力大数据的反窃电模型

8.2.3　医疗大数据

医疗行业也是大数据技术的受益者。临床医学借助大数据技术的发展，进入了以医学和大数据为基础的现代医学新时代。例如，基于深度学习的计算机图像处理技术与传统的影像技术相结合，促进了基于大数据的图像诊断技术的发展，大大提高了疾病诊断的正确率。借助基因编辑、生物信息学和人工智能技术，使大数据分析在医疗诊断、救治方案和医药研发设计中发挥了巨大的作用，从某种程度上改变了疾病的预防、诊断和治疗的方法与技术。临床医生根据最新的大数据指南对疾病进行诊疗，可以快速地学习和积累临床经验。大数据指南总结了全省、全国甚至全世界的病例案例，这在很大程度上摆脱了医生临床经验不足的困境。通过大数据分析可以对病人提供个性化医疗建议，及时对病人进行临床风险干预和病情预测分析，自动对患者健康数据进行分析挖掘，从而帮助改善医疗保健水平。随着可穿戴技术的普及，医疗数据量将继续增加。这包括电子健康记录数据、影像数据、患者生成的数据和医疗传感器数据等结构复杂且难以处理的数据，这就更需要关注医疗数据质量和数据治理问题。此外，在医疗保健中使用大数据已经引发了个人数据权利、隐私权等重大的道德挑战。

利用医学大数据可以围绕个体患者建立更好的个人健康数据和更好的疾病预测模型，以便医生能够更好地诊断和治疗疾病。当今医药和制药行业的主要局限之一是人们对疾病生物学的理解非常有限。大数据围绕着多种尺度聚集越来越多的信息，从DNA、蛋白质和代谢物到细胞、组织、器官、生物体和构成疾病的生态系统。这些是需要通过整合医学大数据进行建模的生物学尺度。如果人们这样做，模型将发展和建立，并且它们将对给定的个体更具预测性。各种可穿戴设备和移动健康应用程序汇聚了海量的与健康相关的数据，这些数据不仅仅对疾病研究，还对医学研究有着非常重要的作用。可穿戴设备提供了一种纵向监控个人健康状态的方法，它可以记录关于个人健康的许多不同方面的数据，为个人提供更好、更准确的健康细节，度量健康偏差并预测疾病状态。这意味着医生和家人能够更快地进行干预，以防止患者出现意外情况。除非能够纵向和长期地对个体进行数据记录并分析，否则这种建模是不可能的，而可穿戴设备的传感器充当了数据记录者的角色。虽然今天的可穿戴设备处于更具娱乐性的状态，但它们正以惊人的速度迅速转变为研究级和最终临床级。已经有血糖仪经过了FDA（Food and Drug Administration）的批准，个人将它可以穿在身上，医疗保健提供商根据血糖仪的数据提供个性化的保健和治疗建议。

未来患者可以通过可穿戴设备更好地了解自己的健康状况，并了解如何围绕这些数据做出更好的决策。他们的大多数数据收集都是被动的，因此个人不必每天积极地记录事物，但他们会保持参与，因为他们会从中受益。他们同意以这种方式使用他们的数据，因为他们获得了一些由数据带来的明显的好处。最终，患者生病的次数、就诊次数进入特定疾病状态的次数都应该减少。患者提供信息是有益的，所以他们可以查看关于自己的健康数据的仪表板，这样他们不必依赖医生为他们解释疾病相关进展信息。医院通过健康仪表盘的数据就可以采取更好的预防措施、更好的治疗方案来提高患者的治愈率并降低医疗成本。医药厂家可以通过健康数据仪表盘分析患者在从服用的药物过程中体检的各项数据，分析药物在不同阶段的疗效。医生可以根据仪表盘的数据更早地对患者切换到更有效的治疗方案。如果能够在病人发病前尽快地进行干预，就可以降低患者的死亡风险。假设人们能够生成基因组信息，告知每个患者的可遗传癌症风险是什么，患者就不需要等到感觉到肿块或者患者处于癌症的后期阶段，而这种情况的代价就非常大。对于设备制造商而言，这将是一场革命，如果他们不接受消费者可穿戴设备或传感器的开发，那么他们将失去这一革命所带来的机会。这是一个更好的商业模式，将产生大量的收入。因此，设备制造商必须接受这一革命，甚至开始将他们已经制造的一些设备转变为消费级设备，这些设备不仅可以是娱乐级别，还可以是更高等级的设备，用于临床等级。最后，从制药的角度来看，根据 Regeneron Pharmaceuticals 和 Geisinger 参与 Geisinger 健康系统，并对该群体中的每个人进行测序，以便更好地了解疾病和对疾病的保护，从而开展治疗。在某种程度上制药公司对信息革命的一些看法主要来自基因组学领域，通过它可以更好地理解疾病，更好地理解疾病的因果参与者，并使用它或疾病的因果关系直接开发治疗方法。

总部位于美国旧金山的医疗大数据公司 Grail 认为：只要能早期诊断出癌症，70% 的癌症都是可以治愈的。Grail 可以在患者还没有出现任何症状的时候预测到乳腺癌病变。Grail 是如何做到的呢？ Grail 与梅奥诊所合作，在妇女做 X 光乳腺检查时，收集了 12 万个 45 岁以上的妇女的血样，然后探测血液中的循环肿瘤 DNA，预测出肿瘤细胞中 DNA 序列，如图 8.8 所示。在此过程中使用了机器学习技术，引入大量的数据把基因序列和各种肿瘤匹配起来，从而达到预测肿瘤的目的。最终成功预测出 650 名妇女在随后的一年里得乳腺癌的概率较高。Grail 公司的目标是通过人体的血液及 DNA 数据，判断患者是否患有癌症，如果有，则通过它在身体中的位置及病变程度，最终给出有效的治疗方案。

图 8.8 Grail 公司通过血液大数据在患者早期及时发现癌症

传统的药品研发大约需要平均20年时间、20亿美元的投入，目前大数据科学家使用各种处方药和各种疾病重新匹配的方法来缩短研发周期、降低研发成本。例如，斯坦福医学院的科学家发现，一种治疗心脏病的药治疗胃病的效果也很好，于是他们直接进入小白鼠试验阶段，然后进入临床试验。由于此药的毒性已经试验过了，这就大大缩短了临床试验的时间。因此，通过大数据匹配的方法找到一种新的治疗方案的时间缩短为3年，成本为1亿美元。因此，大数据技术在制药领域、医疗行业发挥着越来越大的作用。总之，在医疗领域，使用大数据技术不仅可以降低医疗成本、更好地治疗高危患者，而且能减少人为的错误、对患者能够进行健康跟踪，从而更好地服务患者。

8.3 人工智能应用

8.3.1 语音识别和机器翻译

自从计算机出现以来，语音识别就是困扰计算机科学家的难题。最早的语音识别是基于规则的方法，科学家认为识别语音是大脑的智力活动，当人们听到一串语音信号时，大脑把语音先变成音节，然后组成字和词，再根据上下文理解它们的意思，最后排除同音字的歧义性，得到听到语音的意思。因此，科学家就试图让计算机学会构词法、词法分析、语法分析、语义分析、语用分析等规则，使计算机最终能够识别语音，理解语义。但通过几十年的努力证明此方法是不可行的。直到20世纪70年代，美国康奈尔大学的信息论专家把语音识别看作一个通信问题，他用信息论的思维方式来看待语音识别问题。贾里尼克认为，当说话人讲话时，他是用语言和文字将他的想法编码，语言和文字无论是通过空气传播还是通过电话线传播，都是信息传播问题，在通信中有一套对应的信道编码理论。在听话人，也就是接收方那里，他再做解码的工作，把空气中的声波变回到语言文字，并通过对语言文字的解码，得到含义。于是，贾里尼克用通信的编解码模型以及有噪声的信道传输模型构建了语音识别的模型。但是，这些模型里面有很多参数需要计算出来，这就要用到大量的数据，于是，贾里尼克就把上述通信问题又变成了大数据处理的问题了。他开始收集大量数据，训练各种统计模型。在短短几年时间里，他的团队（都是数学家和理论物理学家）就将语音识别的规模扩大到22 000词，错误率降低到10%左右。这是一个质的飞跃，从此数据驱动的方法在人工智能领域站住了脚。贾里尼克思想的本质，是利用数据（信息）消除不确定性，这就是香农信息论的本质，也是大数据思维的科学基础。

我们经常用到的百度翻译、谷歌翻译也是大数据技术的受益者。20世纪90年代，当IBM使用统计的方法深入研究机器翻译时，取得了突破性进展。它将加拿大议会文档的法语和英语版本作为训练语料训练翻译模型，用此翻译模型推断出一种语言中哪个词是另一种语言的最佳替代词。这个过程将翻译任务变成了数学中的概率计算问题。但在最初的改进之后，进展停滞不前。不久，谷歌进入了机器翻译领域。它不是使用相对少量的高质量翻译，谷歌发挥了它有海量数据的优势，谷歌不仅使用了跨国公司企业网站的不同语言版本的语料、欧盟相关官方文档的各种语言版本的语料，还使用了其庞大的图书扫描项目的翻译版本作为训练语料。谷歌使用了数十亿页的文本语料训练翻译模型，结果是它的翻译质量比 IBM 更好。这不是翻译方法论的胜出，而是拥有海量数据优势导致谷歌翻译获得了更大的成功。

8.3.2 共享经济

大数据和移动互联网的出现给传统的互联网带来了新的格局，互联网公司都在千方百计地跟踪用户信息。当一个浏览器警告用户一个网站想要使用 Cookie 来跟踪其浏览信息时，这是该网站收集用户大数据的明显标志。大数据技术的出现推动了共享经济的发展，大数据公司收集有关其客户的数据，包括年龄、性别、国籍、兴趣和爱好，网站可以跟踪记录客户访问该网站的时间以及他们最常访问的网页。公司利用大数据的大量统计信息来运营业务。大数据的出现为企业高管带来了一些非常有趣的洞见，大数据分析显示人们有可能拥有某件物品但是使用它的频率和时间都非常低。例如，一个人的正装一年仅使用一次，其余的 364 天都在衣橱里。许多类似的物品都有类似情况，比如汽车、专业相机和专业修理工具箱。大量资金投入到使用时间非常短的产品中，这些产品常年在储藏间布满灰尘。基于这种基本的洞察力，即社会不能在没有共享的情况下有效地利用其资源，就会产生一种叫作“共享经济”的机制，如图 8.9 所示。

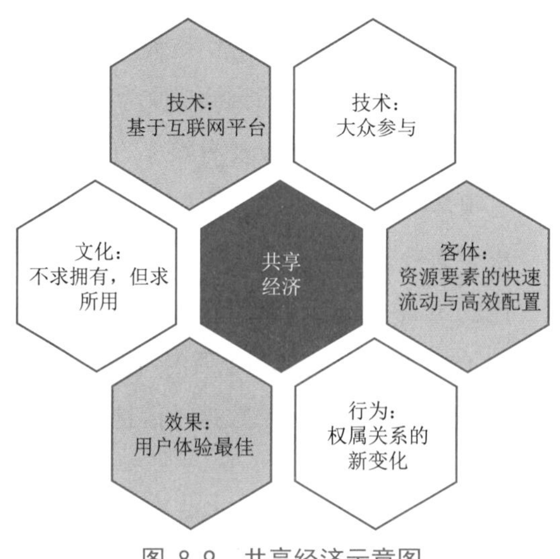

图 8.9 共享经济示意图

共享经济指的是，如果有合适的基础设施，人们可以与其他人分享东西，包括完全陌生的人。如果一个人认为他们的物品将以同样良好状态返回，那么它就会被借出来，如果那个人从分享中受益，他们很可能会分享手中的物品。换句话说，如果你的车在你的车库里闲置了两天，但你可以通过让其他人使用它来赚钱，你很可能会将汽车分享出去。具有前瞻性思维的公司利用这一原则，利用大数据为未开发的共享市场寻找机会。出行服务平台把闲置的出租车和乘客的服务需求联系起来，虽然没有一辆自己的车，却可以成就出租车公司。平台出行服务知道对于在特定城市注册的每个司机的需求，他们可以期待一定数量的收入作为回报。司机了解他们将赚多少钱，并且使用叫车应用程序呼叫共享汽车的客户可以估算出乘车费用。从理论上讲,这意味着每个人都将从共享经济中受益。出行服务平台和司机都赚到了钱，车在乘车期间有效共享，客户可以享受快速和经济实惠的出行服务。共享经济平台中，用户把自己的位置及出行数据共享，使得平台可以实时分析预测交通流量及交通堵塞情况，平台根据此预测给用户推荐更省时间的路线，用户既是数据的提供者，也是数据的受益者。没有大数据，这种共享经济发挥作用和价值要困难得多。共享经济在客户、自由职业者、闲置资源和公司需求之间建立一种协同合作机制，大数据让人们可以看到事物的使用趋势，寻求通过共享创造价值的机会，并最终围绕一种新的分享方式创建商业模式，它解释了大数据是如何推动共享经济并为经济发展创造新机遇的。

共享经济先驱公司成功的关键在于，与各方拥有资源相比，参与交易的所有方都会因资源共享而获得回报。共享经济忽视了人们对所有权感的渴望，重视了人们对资源使用权的需求。共享经济的增长受限于有效的成本分摊和资源配给有需要的人的挑战。这些挑战可以通过大数据技术来解决，通过使用大数据，Airbnb 能够追踪当地的酒店价格，并分享照片和评论。Lyft 能够为驾驶员提供优化的路线，以减少空乘和打车人的候车时间。使用大数据有助于克服信息不对称并减少交易中的不确定性，从而创建有效的匹配和有效的成本分摊。

人们通过分享和交换等策略在社会上生存，共享经济的出现使得资源的分配和使用更加便捷，大数据技术的应用使得资源匹配更优和成本更低。从本质上讲，共享经济是众包商品和服务的概念。这通常是通过在线或移动平台完成的，该平台提供请求并提供“匹配”服务以促进共享。这可能意味着从有车的人那里坐车，花钱请钟点工做饭，或者在你去新城时租住别人的公寓。几乎所有用于连接共享经济中的人的平台都是在线托管的。使用从用户接收的数据（例如名称和位置数据），访问巨型数据库以匹配与用户相关的结果。公司办公室的团队可以使用从用户收集的数据（评级、评论数据）监控服务提供商的大量“团队”，并为客户和提供服务的人员提供匹配服务。通过远程管理所有内容，他们可以降低管理费用并减少服务环节中的成本开销。大数据承担了大部分的工作，公司的员工可以专注于故障排除和其他需要人工的服务。这些共享平台依赖于数据和人工智能算法来匹配客户和服务提供商。这些托管共享经济平台的公司都依赖于软件工程师、数据科学家和客户服务专家团队来保持共享平台平稳运行。人们不仅可以共享自己的商品和服务，未来还可能共享自己的数据，比如个人健康数据可以提供给医疗机构和制药公司以促进新药研发，数据提供者可以从中获得相应的价值回报。使用大数据算法、人工智能以及愿意分享人们所拥有的东西，共享经济将在不远的将来对人们的日常生活产生巨大影响。

共享经济给千百万人提供了就业机会或者给自由职业者更多的职业选择，目前至少有近10 000家公司参与了共享经济。大数据在很多方面有助于共享经济的发展。首先大数据有利于满足客户需求。在一个非常基础的共享平台上，数据是构成共享社区的大多数服务的基础。消费者表达他们感兴趣的内容，需求数据传输到服务提供者，然后由服务提供商响应。在更大范围内，大数据算法能够将人们与他们正在寻找的更具体需求联系起来。这些算法使用诸如GPS位置之类的数据以及其他个性化数据点来将消费者与最符合其需求的提供商联系起来。在共享经济中大数据给了初创公司一个机会，大数据也是初创公司可以负担得起的进入市场的方式。数据为初创公司提供了解释和预测消费者需求的机会。这反过来又提供了所提供服务的质量，甚至使初创公司能够从“众筹”社区获得充分和广泛的支持。众筹网站是共享经济的关键部分，在这些网站中，粉丝能够投资创作者的想法在共享经济中成为现实。参与“共享经济”的许多公司实际上并没有提供任何服务，他们提供的只是一个平台。通过这些平台，司机、作家、房地产所有者和零售商只需将他们的信息放在共享平台网站上，并让消费者看到他们可以提供的服务，就可以发展自己的业务。因此，许多专业人士对自己的职业生涯拥有自主权，并且能够轻松访问需要他们提供产品的客户。大数据确保共享平台的使用者能够适者生存。大数据在共享经济中扮演的最重要角色之一就是它使客户能够在聘用之前阅读自由职业者的相关评论及评分。像Freelancer、Upwork和AirBnB这样的网站都会对他们的自由职业者和服务进行评论，以便用户可以获得有关其工作历史的背景信息。这些数据可以让最优秀的服务提供者脱颖而出，并将消费者与最优质的服务联系起来。

8.3.3 智慧城市

全球正在快速进入城市化的进程，预计到2050年，超过60%的人将居住在城市。随着大数据时代的到来，城市正在进行数字化改造，以改善城市生活的环境、金融和人们生活的各个方面。智慧城市的概念最早源于IBM提出的“智慧地球”这一理念。2008年11月IBM在美国纽约发布的《智慧地球：下一代领导人议程》主题报告所提出的“智慧地球”，即把新一代信息技术充分运用在各行各业之中。具体地说，“智慧”的理念就是透过新一代信息技术的应用使人类能以更加精细和动态的方式管理生产和生活的状态，通过把传感器嵌入和装备到全球每个角落的供电系统、供水系统、交通系统、建筑物和油气管道等生产生活系统的各种物体中，使其形成的物联网与互联网相连，实现人类社会与物理系统的集成，而后通过超级计算机和云计算将物联网集成起来，即可实现。此后这一理念被世界各国所接纳，发展智慧城市被认为有助于促进城市经济、社会与环境、资源协调可持续发展，缓解“大城市病”，提高城镇化质量。

基于国际上的智慧城市研究和实践，“智慧”的理念被解读为不仅仅是智能，即新一代信息技术的运用，更在于人体智慧的充分参与。推动智慧城市形成的两股力量；一是以物联网、云计算、移动网络为代表的新一代信息技术；二是知识社会环境下逐步形成的开放城市创新生态。一个是技术创新层面的技术因素，另一个则是社会创新层面的社会经济因素。清华大学公共管理学院副院长孟庆国教授提出，新一代信息技术与创新 2.0 是智慧城市的两大基因，缺一不可。在 IBM 的《智慧的城市在中国》中，基于新一代信息技术的应用，对智慧城市基本特征的界定是全面物联、充分集成、激励创新、协同运作四方面，即智能传感设备将城市公共设施物联成网，物联网与互联网系统完全对接融合，政府、企业在智慧基础设施之上进行科技和业务的创新应用，城市的各个关键系统和参与者进行和谐高效的协作。《创新 2.0 视野下的智慧城市》强调智慧城市不仅强调物联网、云计算等新一代信息技术应用，更强调以人为本、协同、开放、用户参与的创新 2.0，将智慧城市定义为新一代信息技术支撑、知识社会下一代创新环境下的城市形态。智慧城市基于全面透彻的感知、宽带泛在的互联以及智能融合的应用，构建有利于创新涌现的制度环境与生态，实现以用户创新、开放创新、大众创新、协同创新为特征的以人为本的可持续创新，塑造城市公共价值，并为生活其间的每一位市民创造独特价值，实现城市与区域可持续发展。因此，智慧城市的四大特征被总结为：全面透彻的感知、宽带泛在的互联、智能融合的应用以及以人为本的可持续创新。亦有学者认为智慧城市应该体现在维也纳大学评价欧洲大中城市的六个指标,即智慧的经济、智慧的运输、智慧的环境、智慧的居民、智慧的生活和智慧的管理。

IBM 相继与中国的多个省市签署了“智慧城市”共建协议,使得“智慧地球”“智慧城市”等新概念引起各界广泛关注。为应对智慧城市建设的趋势，中华人民共和国住房和城乡建设部发布了《国家智慧城市试点暂行管理办法》，工业和信息化部也在酝酿相关标准。2012 年 12 月，中国工程院组织起草并发布的《中国工程科技中长期发展战略研究报告》将智慧城市列为中国面向 2030 年的 30 个重大工程科技专项之一。

大数据的广泛应用和人工智能的迅速发展为智慧城市的全面落地注入了新的动力。无论在政府决策、城市产业布局和规划、城市的运营和管理中，还是为人们衣食住行提供的服务方式中，大数据和人工智能技术都使得城市更加智慧，如图 8.10 所示。大数据、人工智能与智慧城市相结合，使得利用整个城市的技术投资、使用通用技术平台提高城市运转效率和跨系统共享数据成为可能。

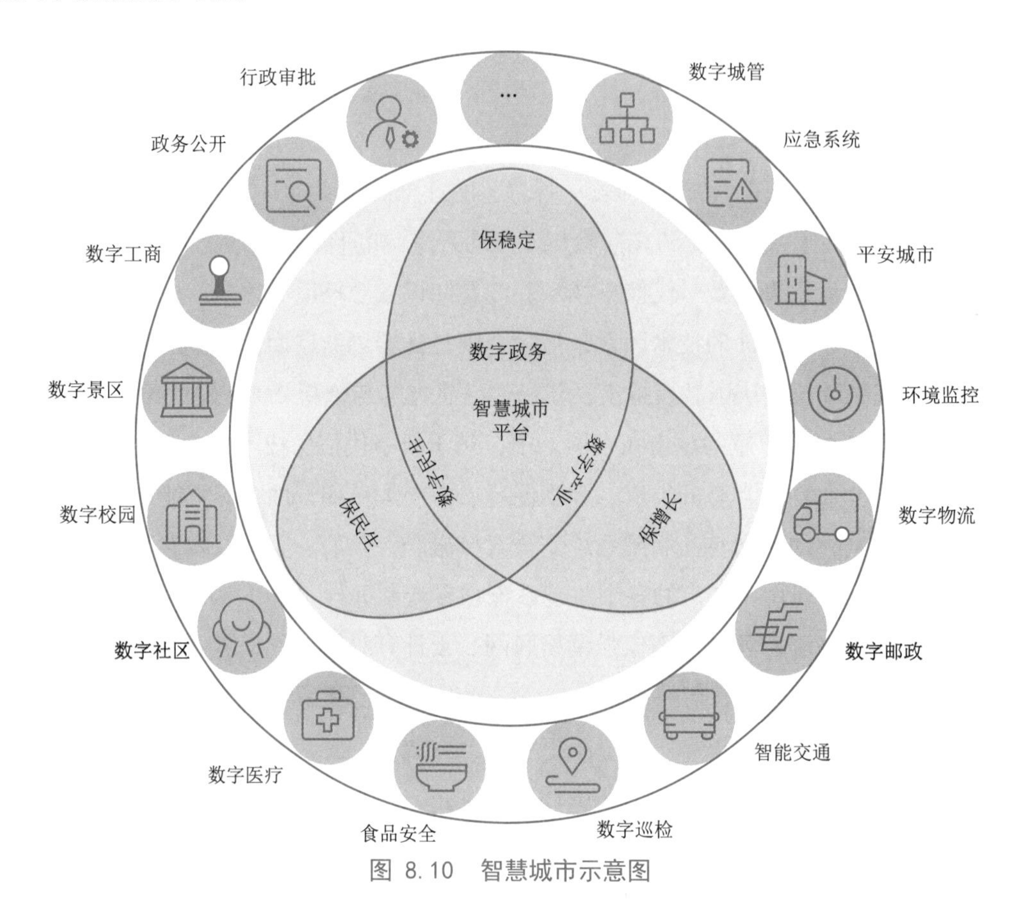

图 8.10　智慧城市示意图

智慧城市利用传感器物联网、大数据和人工智能技术连接整个城市的各个组成部分。从空中到街道到地下管网都是智慧城市的一部分。当市民可以从连接的所有内容中获取数据并利用它来改善市民的生活，并改善公民与政府之间的沟通时，这样的城市就成为一个智慧城市。

智慧城市围绕如何有效地使用信息技术优化某些操作或基础设施，如何开始彼此分享智慧结果。在这种智慧环境服务中，不仅要关注公民，还要关注具有个人需求的人或具有特定需求的商业团体。智慧城市提高了公民的生活质量，他们经常使用移动应用程序快速访问交通道路状况、市政、警务、消防、通信、商业等各个方面的民生信息。比如，人们寻找停车位时，可以通过移动应用查询布置在停车位上的传感器，根据地图导航就可以找到停车位，这是一个智慧城市提供智慧交通的一个小例子。又如智能垃圾管理，使用了传感器的垃圾箱不仅可以对垃圾进行自动分类，还能够在垃圾箱即将装满时通知环卫部门应该装运垃圾了。

城市化是各个国家面临的共同问题，当有更多的人口涌入城市时，城市的规模将快速增大。这种影响类似于工业革命期间发生的城市化，优化城市化进程的最佳方式是数字化。城市工程师正在处理的问题包括：如何利用智能手机来为市民提供便捷服务？如何提高公共服务的效率？如何以更流畅的方式与城市服务进行互动？如何使人们的生活和工作更有效率？智慧城市能够解决交通拥堵问题。如果城市变得越来越智能，市民可以利用那些智慧的城市服务。智慧城市能解决市民的痛点问题。建立一个智慧城市的最重要前提之一是由于大数据的出现人们可以以过去从未有过的方式与他们的城市环境沟通。凭借智慧城市能力，人们可以很容易地访问城市的公共数据资源，可以与管理机构建立联系，可以获取相关信息和服务。智慧城市可以提供更好的交通管理、医疗服务、垃圾清理等，可以改善人们的生活质量。智慧城市也有利于环境的保护，传感器和摄像头在时刻传递着水、空气等环保相关的数据，如出现异常数据情况则马上采取相应措施。所有智慧城市项目都致力于城市如何减少二氧化碳排放，如何解决水和空气污染问题。

物联网在2015年已经处于临界点，未来将以爆炸性的速度增长。智慧城市是物联网世界的一部分，从路灯到汽车到停车位到摄像头构成了数字化城市的一部分。早期的智慧城市有西班牙的巴塞罗那和荷兰的阿姆斯特丹等欧洲城市，随后越来越多的城市加入到了智慧城市的行列，如丹麦的哥本哈根、阿拉伯联合酋长国的迪拜、新加坡、德国的汉堡和法国的尼斯。在美国，旧金山、芝加哥、纽约、迈阿密、堪萨斯城、哥伦布、丹佛、波士顿、辛辛那提和亚特兰大都是增加智慧城市技术和试点项目的城市。英特尔、思科、IBM、Verizon、Silver Spring Networks、GE照明、爱立信和西门子等公司都在提供智慧城市解决方案。2015年，奥巴马政府宣布了一项新的智慧城市倡议，投资1.6亿美元用于联邦拨款，以创建软件和物联网应用，帮助当地社区改善城市服务。而白宫在2016年年底宣布，对智慧城市加大8 000万美元的投资，投入1 500万美元用于通过数据采集分析来提高能源利用效率，投入1 500万美元用于改善交通的研究，以及1 000万美元用于应对自然灾害。此外，国家科学基金会为其智慧城市拨款6 000万美元，来寻求智慧城市的解决方案，如扩大城市内的互联网架构、提高数据传输效率、研究新一代的网络和计算机系统。

5G网络的到来必将会为智慧城市涉及先进的低延迟应用提供技术支撑，利用大数据分析和实时视频信息共享，通过用户端的边缘计算和存储，使得政府数据资源的共享和市民的数据资源的服务有效地连接起来，从而为市民提供更加便捷的服务。

智慧城市基于物联网、云计算、大数据等信息技术，把城市运行的各类数据融合到智慧城市的大脑之中，通过人工智能技术分析挖掘数据，从而为城市决策提供辅助支撑。城市中的地理位置信息、公共交通实时数据、摄像头数据、市政规划数据、医疗社会保障数据把市政、公安、消防、交通、水电气等基础设施提供部门联系起来，这样管理部门在制定部门决策规划时，不仅可以使用本部门的数据作为支撑，还可以使用相关业务部门的统计数据作为参考，从而做出更加正确的决策。城市中的水、电、气、路、通信网络在为城市运转提供源源不断的资源，它们背后的运转数据正是其中的核心资源，使用好这些核心数据资源将更有利于智慧城市的科学治理和指挥决策。管理者将城市运行核心系统的各项关键数据进行数据挖掘分析和可视化呈现，从而对包括教育医疗服务、应急指挥、城市管理、公共安全、环境保护、智能交通等基础设施的领域提供辅助决策的数据支撑，从而实现智慧城市的运行。智慧城市通过打通各个业务部门、行业领域的数据，这些海量的数据成为智慧城市智慧的源泉，通过人工智能和大数据技术对这些数据进行分析挖掘，可以提供响应速度快、更加智能的解决方案。因此，智慧城市的本质是信息共享，关键是大数据的关联融合，城市的智能决策是建立在大数据的分析之上，这样才能用数据来驱动智慧城市的建设发展。智慧城市通过大数据和人工智能技术帮助城市思考、决策，使得城市发展、管理与市民需求实现良性互动，数据驱动的智慧城市让城市资源的调度与市民的需求紧密结合，从而提升城市资源的使用率和政府决策的效率，使市民能从智慧城市中获得更好的公共基础服务。

大数据是智慧城市的智慧源泉，市民使用一卡通可以实现公共交通、医疗保障、购物消费。政府通过大数据可以进行精准扶贫、社保服务、医疗服务、公共文化服务、纳税服务、教育服务和旅游服务，可以进行民意调查、市政规划，各个政府部门数据的打通使数据多跑路、老百姓少跑腿；交通管理部门利用交通大数据可以疏导交通拥堵、车辆管理、市政道路桥梁养护；政府在内部管理中使用大数据可以进行廉政建设、审计、干部管理和行政审批改革；公安机关可以使用智能摄像头、住宿记录、出行记录等数据进行罪犯抓捕；患者可以通过手机 App 预约挂号、缴费享受医疗服务。智慧城市的数据还可以用来做投资决策，比如，美国一家公司根据卫星照片分析工厂附近停车场中汽车的数量、物流车辆的数量、垃圾清理车的数量，并根据这些数据预测工厂的产量，根据预测产量来预测此上市公司的股价变化，从而做出购买和抛售这只股票的决定。

小　　结

本章介绍了大数据在各个领域中的应用，首先给出了大数据在互联网商业中的应用，如用户画像、基于大数据的精准营销和互联网金融中的大数据应用，当然大数据在互联网中的应用不仅限于此，在线广告、商品推荐、新闻推荐、视频推荐等应用中都有大数据的支撑；然后介绍了大数据在各领域中的应用，重点阐述了大数据在教育、电力、医疗和军事领域中的应用；最后介绍了大数据在人工智能中的应用，数据是智慧的源泉，大数据是人工智能知识的来源，大数据在语音识别、机器翻译、共享经济和智慧城市中发挥着巨大的作用。随着大数据技术的深入发展，大数据会渗透到各个领域之中。

习　　题

1. 如何利用大数据对自己进行画像？如何获取自己的数据？

2. 互联网公司利用用户大数据进行精准营销侵犯用户隐私吗？用户如何采取相关方法保护个人数据隐私？

3. 如何利用在线开放课程等教育大数据提高学习效率、提升终身学习的能力？

4. 语音识别和机器翻译是成功应用大数据的例子，还有哪些人工智能技术是应用了大数据技术才成功的？

第 9 章 数据思维

关系型数据库鼻祖图灵奖得主吉姆·格雷把科学研究划分为实验归纳、模型推演、仿真模拟和数据密集型科学发现四个范式。基于数据密集型的科学发现就是利用数据思维探索事物之间的奥秘、规律和知识。随着数字、文本、语音、图像、视频数据的爆炸性增长，研究者需要从结构化、半结构化和非结构化的数据中挖掘出有价值的信息。然而，大数据时代面临着诸多挑战：如何处理急速增长的数据存储，如何计算、分析复杂结构数据，如何实时分析大数据，如何应对大数据隐私保护，如何应对大数据中心的高能耗等。面对这些挑战，在大数据时代需要进行思维变革，需要重新看待样本和总体数据之间的关系，根据数据的混杂性特点，不仅需要找出数据的相关关系，还需找出数据之间的因果关系，并对数据的相关关系做出科学合理的解释。海量的数据激发了研究者、工业界从业人员的创造力，吸引了数据科学家和应用人员投入到大数据的浪潮之中。

9.1 大数据时代的挑战

大数据的 5V 特征导致在其大数据实施计划中遇到诸多挑战。国际数据公司（IDC）估计存储在全球 IT 系统中的信息量每两年翻一番，因此如何存储急速增长的数据是大数据面临的第一个挑战。随着数据洪流源源不断地到来，需要实时分析数据流中的价值并发现数据流中的异常信息，因此如何计算和分析急速增长的数据是大数据面临的第二个挑战。大部分数据都是非结构化的，这意味着传统的关系数据库并不能满足大数据的存储需求，文档、照片、音频、视频和其他非结构化数据难以用传统方法有效地搜索和分析，因此分析具有复杂结构的大数据是大数据面临的第三个挑战。在大数据时代，各个商业公司对个人数据的深度分析和挖掘使得个人隐私受到威胁，因此，大数据的隐私保护是大数据面临的一个重要挑战。此外，很多数据中心和大数据应用消耗了大量的电力能源，大型数据中心的能耗问题也是大数据时代面临的一个挑战。

1. 数据存储面临的挑战

大数据的爆炸性增长特征是大数据对存储技术提出的首要挑战。Inverse 估计全球现在每天产生的数据规模在 2.5 EB 左右，其中 1 KB=1 024 B，1 MB=1 024 KB，1 GB=1 024 MB，1 TB=1 024 GB，1 PB=1 024 TB，1 EB=1 024 PB，1 ZB=1 024 EB，1 YB=1 024 ZB，1 BB = 1 024 YB。在 IDC 的研究报告中指出存储在全球 IT 系统中的信息量每两年翻一番，最近两年产生的数据占整个数据的 90% 以上。此外，随着万物互联时代的到来，物联网上连接的各种智能设备产生的数据正在爆炸式增长，以目前流行的各种智能音箱为例，每个月有 800 万人使用语音控制。面对海量的数据，需要开发新型的存储技术和存储介质，并能够弹性扩展存储容量。因此，需要重点研究基于新型存储介质的存储体系架构，同时对现有分布式存储的文件系统进行改进，以提高随机访问、海量小文件存取等性能。

2. 计算处理大数据的挑战

不用的数据业务场景对计算的需要也是不同的，对于离线的历史数据可以采取批处理计算，对于实时场景下的业务需求可以使用内存计算，对于社交媒体的数据流可以采取流计算的模式，根据不同的计算模式设计适当的算法模型，快速处理分析数据。传统的单机计算或在超级计算机之上的并行计算无法满足大数据时代下的海量数据处理，因此需要新一代的快速、可扩展性、可靠性好和成本低廉的分布式处理系统。大规模分布式并行处理会成为大数据时代的主流计算架构，以满足对海量数据的快速处理。例如，2017 年 4 月就已经完成拍摄第一张黑洞照片，但是两年后才冲洗出第一张黑洞照片。为什么需要这么长的时间冲洗一张照片呢？因为照片的冲洗需要大量的计算，即便以超级计算机来处理，也需要漫长的时间。国际组织事件视界望远镜（EHT）一个晚上拍摄的数据高达 5 PB，需要一万块 500 GB 硬盘存储，如图 9.1 所示。如此庞大的数据量，甚至都无法在线传输。为此，天文学家只能把数据记录在硬盘中，然后再送到两个独立的数据中心——马克斯 · 普朗克射电天文学研究所和麻省理工学院。在那里使用浮点计算每秒 14 亿亿次的超级计算机计算 EHT 拍摄黑洞所获得的数据，花了近两年的时间才完成黑洞照片的冲洗工作。可见，为了首张黑洞照片，不仅需要海量的天文观测数据，还需要高性能的计算存储能力、高效的数据处理算法和大数据的存储和计算技术做支撑。如果要加速这一黑洞照片冲洗过程以及相类似的计算任务，就要研究新的计算处理架构。

图 9.1　冲洗一张“黑洞”照片的数据需 0.5 t 硬盘存储

3. 处理复杂数据的挑战

大部分数据都是非结构化的，文档、照片、音频、视频和其他非结构化数据难以检索和分析。数据格式多样化是大数据的主要特征之一，这就要求大数据存储管理系统能够适应对各种非结构化数据进行高效管理的需求。整体来看，未来大数据的存储管理技术将进一步把传统关系型数据库的操作便捷性特点和非关系型数据库（如键值存储、文档存储数据库、图数据库、时间序列数据库、面向对象数据库、RDF 数据库、列存储数据库、时间数据库等）灵活性的特点结合起来，研发新的融合型存储管理技术。据 DB-Engines 统计，目前的数据库有 350 余种，其中以 Oracle 为代表的关系型数据库系统有 140 个，以 Redis 为代表的键值存储数据库系统有 65 个，以 MongoDB 为代表的文档数据库系统有 47 个，以 Neo4j 为代表图数据库系统有 32 个。图 9.2 给出了 2022 年 1 月最流行的 15 种数据库，图 9.3 给出了不同类型数据库系统的统计分布。可见，大数据中的数据类型是如此复杂，需要不同类型的数据库系统存储、分析和处理。

☐ include secondary database models　　64 systems in ranking, January 2022

Rank			DBMS	Database Model	Score		
Jan 2022	Dec 2021	Jan 2021			Jan 2022	Dec 2021	Jan 2021
1.	1.	1.	Redis	Key-value, Multi-model	177.98	+4.44	+22.97
2.	2.	2.	Amazon DynamoDB	Multi-model	79.85	+2.23	+10.72
3.	3.	3.	Microsoft Azure Cosmos DB	Multi-model	40.04	+0.33	+7.07
4.	4.	4.	Memcached	Key-value	25.34	-0.94	-0.63
5.	5.	↑6.	etcd	Key-value	11.54	+0.59	+3.14
6.	6.	↓5.	Hazelcast	Key-value, Multi-model	9.52	-0.03	+0.76
7.	7.	↑9.	Riak KV	Key-value	6.09	-0.41	+0.75
8.	↑9.	↓7.	Ehcache	Key-value	6.09	-0.01	-1.19
9.	↓8.	↑12.	Ignite	Multi-model	6.03	-0.40	+0.91
10.	10.	↓8.	Aerospike	Key-value, Multi-model	5.94	+0.39	+0.00
11.	11.	11.	ArangoDB	Multi-model	4.73	-0.02	-0.56
12.	12.	↓10.	OrientDB	Multi-model	4.56	+0.16	-0.77
13.	13.	13.	Oracle NoSQL	Multi-model	4.41	+0.18	-0.08
14.	14.	↑22.	ScyllaDB	Multi-model	3.91	-0.02	+1.56
15.	15.	↑17.	RocksDB	Key-value	3.70	+0.00	+0.27

图 9.2　2022 年 1 月最流行的 15 种数据库使用排名

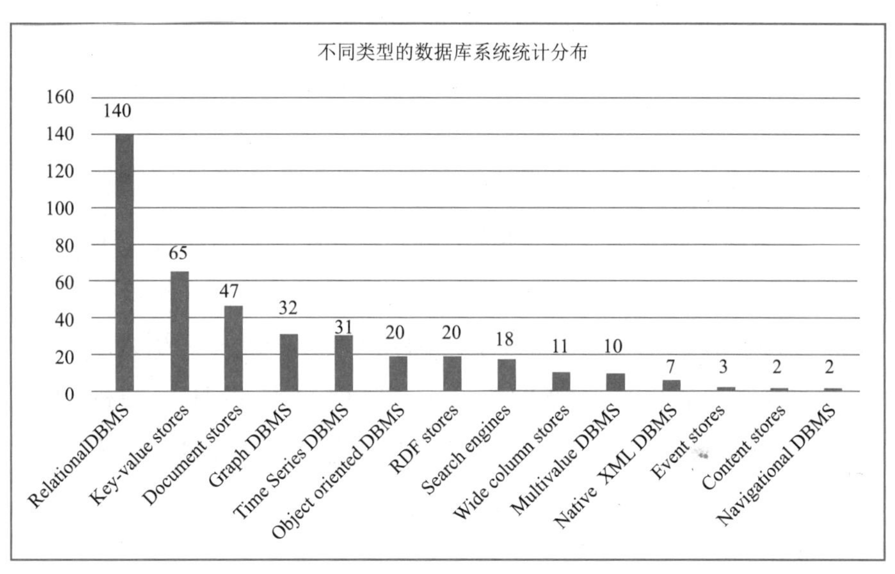

图 9.3 不同类型数据库系统的统计分布

4. 实时分析处理大数据的挑战

在股票交易、实时响应较高的工业场景中，实时分析处理海量数据是大数据面临的另一个挑战。在大数据时代,时间就是价值。随着时间的推移,数据中包含的知识价值也是衰减的。在实时数据系统中，时间要求更高。例如，在灾害分析、实时高速列车、飞机等高性能装置的数据处理中对实时反馈计算分析结果的要求非常高。由于不合理的延误造成的损失很难估计。实时大数据时代对数据处理的时间线提出了新的更高要求，主要是数据处理模式的选择和改进。目前大数据处理模式主要包括三种模式：批处理模式、流处理模式和两种模式的混合处理。虽然目前许多学者对实时数据处理模式做出了巨大贡献，但目前还没有实时处理大数据的通用框架。传统数据挖掘对象多是结构化、单一对象的小数据集，挖掘更侧重根据先验知识预先人工建立模型，然后依据既定模型进行分析。对于非结构化、多源异构的大数据集的分析，往往缺乏先验知识，很难建立显式的数学模型，这就需要发展更加智能的实时数据分析挖掘技术。当然，企业不仅希望存储它们的大数据，它们更希望使用大数据来实现业务目标。根据 NewVantage Partners 调查，与大数据项目相关的最常见目标包括通过运营成本效率降低费用、建立数据驱动的文化、创造新的创新和中断途径、加快部署新功能和服务的速度、推出新产品和服务，所有这些目标都可以帮助组织提高竞争力。但前提是它们可以迅速地从大数据中提取洞察力，然后快速采取行动。普华永道在全球数据和分析调查报告中指出：“在各个领域特别是在银行、保险和医疗保健领域，每个企业都希望能够利用大数据快速决策。”为了实现这一目标，一些组织正在寻求新一代的大数据抽取、转换、装载和分析挖掘工具，这些工具可以大大减少生成分析报告所需的时间。

5. 大数据隐私面临的挑战

隐私也是大数据领域面临的一个重要问题。随着大数据挖掘分析越来越精准、应用领域不断扩展，个人隐私保护和数据安全变得非常紧迫。用户的信息可能会遭到暴露，比如企业的营销策略、个人的消费习惯等。特别是在电子商务、电子政务和医疗健康领域，隐私保护显得尤其重要，需要增强访问控制。此外，还需要在增强访问控制和数据处理的便利性之间达到一个平衡。2018 年 5 月 25 日，欧洲联盟出台《通用数据保护条例》（*General Data Protection Regulation*，GDPR），作为隐私与数据保护领域 20 年来最引人瞩目的立法变革，GDPR 提出了大数据时代个人数据保护的新秩序。2018 年 6 月 28 日，《加利福尼亚州消费者隐私保护法案》（CCPA）经州长签署公布，并于 2020 年 1 月 1 日起正式实施。由此可见，世界各国和地区都在积极应对大数据隐私面临的挑战。

6. 大数据能耗问题

随着能源电费成本的增加、数据中心大数据处理应用的急速增长，能耗也成为大数据快速发展面临的一个挑战。Gartner 估计在接下来的几年里能源的成本在 IT 预算中将会从 10% 增长到 50%。Forrester 统计结果表明服务器 30% 的时间处理流量高峰，70% 的时间处于空闲状态，这种空闲状态消耗了大约 80% 的电力能源。IDC 估计服务器的电力成本将超过服务器本身的成本，美国能源部指出数据中心的能耗成本比建筑成本高 100 倍。因此，面对大数据的高能耗挑战，需要设计能耗更低、效率更高的绿色硬件，需要设计高效地大数据分析处理算法，这样才能解决大数据时代绿色、节能、环保的迫切需求。

9.2 大数据时代的思维变革

9.2.1 第四范式

图灵奖得主吉姆格瑞把几千年来科学研究划分为实验归纳、模型推演、仿真模拟和数据密集型科学发现的四个阶段。从人类钻木取火到文艺复兴时期，科学发现主要依靠观察和实验得出，这种科学研究方法称为第一范式；随着实验的复杂程度不断提高，实验的假设和前提条件较难满足，科学家开始使用模型推演的研究方法来探索科学规律，哥白尼、第谷、开普勒根据长期观察天体的运行轨迹归纳出天体运行的规律，牛顿根据模型推演发现牛顿运动定律，他们的科学研究方法称为第二范式，这种研究方法持续到 19 世纪末。然而量子力学和相对论出现后，理论模型变得过于复杂而无法通过模型推演分析解决，科学家根据计算机仿真模拟来发现验证科学规律，这种研究方法称为第三范式，用计算机模拟核爆炸、天气预报的研究就是基于第三范式的研究方法的。在这些模拟实验过程中产生了大量数据，于是科学家从大量的实现数据和各种传感器生成的数据中寻找发现科学规律，这也导致了基于数据密集型的科学研究方法的出现，即第四范式的出现，黑洞照片的发现就是第四范式科学研究成果的代表。黑洞是从广义相对论中推导出来的，黑洞照片证实了黑洞确实存在，而黑洞照片正是从大量的数据经过近两年的时间“冲洗”出来的，可见黑洞照片就是数据密集型科学发现的结果。第一范式、第二范式的科学家通过望远镜和显微镜观察事物，第三范式的科学家通过计算机模拟仿真来观察分析事物，第四范式的科学家通过事物产生的数据来分析和了解事物背后的规律。

2012年，帕蒂尔与达文波特两位博士在“哈佛商业评论”共同撰写的一篇文章《数据科学家是21世纪最性感的工作》首次提出了数据科学家的概念。2015年初，奥巴马给白宫增加了一个新职位——首席数据科学家，并任命帕蒂尔博士为白宫首席数据科学家。数据科学是一个跨学科的领域，涉及计算机、统计专业中的知识，它从结构或非结构化的各种形式的数据中发现知识或见解的科学，它不是一些数据分析领域的延续，而是从大数据中发现新的知识和规律。数据科学家使用数据挖掘和机器学习的方法建立分析预测模型，从结构、半结构和非结构化的数据中发现知识、规律和商业洞察力。

如果向前追溯，天文学家近代天文学的奠基人丹麦科学家第谷·布拉赫、开普勒等可以称为早期的数据科学家。第谷在长达20年的时间里每天晚上风雨无阻地观测行星运动的轨迹，把每个行星每天晚上的位置精确地记录下来。他对于行星的观测精密程度，达到了当时前所未有的程度，是天文史上第一个真正地开始收集大数据的天文学家。第谷虽然记录了大量行星的运动轨迹，精确测量了大量恒星的位置，但是他没有从海量数据中发现行星运行的规律。他的学生开普勒加入他的研究之中，两人一起分析这些数据。开普勒提出对海量数据进行抽样，把大量的噪声数据去掉，以前是以天为单位对天体位置的数据进行记录，现在年为单位取数据，数据就减少为之前的1/365，这样他把行星运动的轨道画出来了，得出了行星围绕太阳运动的结论，在此基础上他提出了行星运动三大定律。他在此数据基础上发现了火星沿着椭圆轨道运行，进而证明了日心说的正确性，从而为牛顿发现万有引力等三大运动定律奠定了基础。如果说第谷是积累大数据的科学家，则开普勒是利用大数据并从中探索自然奥秘及其规律的科学家，他们都是数据思维的受益者。可见，数据不是越多越好，而是在海量数据下如何做到科学地分析。要从海量数据中过滤掉噪声数据，从关键数据中发现事物的规律，并使用发现的规律指导实践。

9.2.2 数据的混杂性

照片、传感器数据、推文和加密数据包等各种形式的数据成了海量数据的一部分，这些数据并不是存储在传统关系数据库中的行和列中。它们存在于不同的应用场景中，其中大部分数据都是非结构化的。照片、视频、录音、电子邮件、文档、书籍和演示文稿以及推文和心电图曲线都是数据，但它们通常都是非结构化的，而且非常多样化。这些数据构成了大数据的其中一个数据维度。混杂性反映了大数据中存在的数据的一个本质特征，这种混杂性体现在不同的数据格式、数据语义和数据结构类型上。大数据的混杂性需要提供不同的技术来解决和管理大数据中的不同的类型特征。例如，对于不同或者不全的数据类型的索引技术，对于不同数据源之间找出关联关系和异常关系的数据画像技术，把不同格式的数据导入到通用的数据库中的技术，使数据保持一致的元数据管理技术等。

舍恩伯格在《大数据时代》中指出：大数据时代更关注数据的混杂性而不是数据的精确性，如果纠结于数据的精确性忽略混杂性，则大数据时代的大部分非结构化数据都是无法使用的。大数据时代使用全部数据进行分析和挖掘正在逐步成为现实，全体数据中不可避免地存在着噪声甚至是错误的数据，研究者会认为噪声数据是常态，他们需要发明新的方法来去除噪声数据和错误数据，承认数据的不完美是大数据思维的第一步，这是从传统的小数据思维到大数据思维的转变之一。在小数据时代最重要的是保证数据的正确性和数据的质量，由于收集的信息有限，所以，必须保证收集的信息的质量，这样才能得出可信的结果。为了得到更准确的结果，科学家研究了很多优化测量结果的方法。在采样的时候对精确度的要求会更高，采样时的些许偏差会在全体中放大，最终导致结果的错误。逐渐地测量方法应用到科学观察、解释方法中，它具备一种量化研究、记录并可重现结果的特征。测量方法在 19 世纪发展到了巅峰，直到 20 世纪 20 年代量子力学的发现打破了测量臻于完美的幻想。因此，在不断涌现的新情况中，允许数据的不精确成为科学研究中的亮点。由于放松了容错的标准，人们手中的数据多了起来，基于大量的数据可以做很多新的事情，这些事情在以前好像和这些数据毫无关系。比如，有科学家使用推文数据研究推特用户情绪和股票之间的关系，这种研究就建立起了基于文本的自然语言处理和股票的数值之间的联系，使得两个不同领域不同类型的数据发生了联系。在小数据的思维模式中人们很难想象谷歌搜索记录与流行感冒暴发有什么关系，然而在大数据时代，这种互联网上的搜索数据和疾病之间就建立起了联系，谷歌的研究者就是基于此成功预测了流感的暴发。

数据的混杂性还体现在数据格式的不一致、单位的不一致，数据存在于不同的数据库中，使用的单位不尽相同，比如，要统计跨国公司的销售额，这就需要在不同的货币单位之间进行换算，数据在不同的数据库中会存在同名异义的现象，因此数据的清洗预处理环节会占用大量的时间。

9.2.3 样本与总体

大数据时代，从某种意义上说人们获得了全部的数据，即数据分析、挖掘都是在总体数据上进行的。传统的数据处理时代采集、获取数据的方式受限于存储资源的有限和较高的数据获取成本，研究者总是希望从有限的数据当中挖掘中更多有价值的信息，因此诞生了各种各样的采样方法。采样是在无法处理总体数据情况下使用的一种捷径，然而在大数据时代，社交网络的普及使得人人都是数据的生产者和消费者，拥有手机的用户都可能成为一个自媒体，用户分享的位置数据、交通出行数据、微博数据、微信数据等衣食住行数据使研究者有了获得总体数据的可能。因此，在大数据时代传统的数据采样方法就显得过时了。传统的社会科学研究主要依赖于调查问卷、抽样分析，然而在调查问卷时，被调查者出于隐私原因（即使是匿名的问卷调查）并不一定表露内心真实的想法。而在大数据时代研究者直接从社交媒体中获得全体用户的全部数据，这对社会科学的研究带来机遇和挑战。六度分割理论的提出和完善就是应用大数据的一个很好的例子。六度分割是指世界上的任何两个人都能通过六个或更少的人联系起来，即通过“朋友的朋友”可以连接任何两个人。哈佛大学心理学教授斯坦利·米尔格拉姆于 1967 年做过一次连锁信实验，实验者把信件仅通过认识的人邮递给麻马萨塞州剑桥市某指定地点的股票经纪人，此实验尝试证明平均只需要六步就可以联系任何两个互不相识的美国人。即在真实的社会网络中，人与人之间的距离不超过六。

9.2.4 数据的相关关系与因果关系

相关关系是数据之间关联关系，如果一个变量增加导致另一个变量的增加。信息之间相关可以用互信息来度量，简单的理解，互信息越高，相关性也越高。从联合概率的角度看互信息，可以理解为 A 出现的时候 B 出现的概率。比如，某个城市在搜索引擎上检索感冒、发烧、咳嗽的数据量的增加，反映了此城市流感患者的增加。如果发现了数据之间的相关关系，就可以预测事物的发展趋势，如果两个事物经常一起出现，则一个事物的出现会导致另一事物的出现，这种相关性有利于探索现在和预测未来。大数据时代数据的相关关系的发现带来了很大的价值，如电商网站根据商品之间的相关关系做出了精准的推荐系统，有时候并不能找出背后的因果关系，但这对于商家来说发现了商品数据之间的相关关系就已经足够了。这种基于数据相关关系的预测性分析会指出会发生什么，而并不知道为什么会发生。美国著名的塔吉特（Target）超市根据顾客的购物记录之间的关联关系就可以给女性顾客的“怀孕趋势”打分，从而可以预测出顾客的预产期。在大数据时代不再追求因果关系，而是探索数据之间的相关关系，无论是商业应用和趋势预测，大家更关心是什么而不是为什么。比如，谷歌根据用户的搜索记录来预测流感的暴发，Netflix 利用电影用户的评分进行视频推荐、票房预测。基于数据密集型研究的第四范式与传统的实验归纳、模型推演、仿真模拟等科学研究范式不同，由于掌握了全样本数据，第四范式是从全体数据中探索事物之间的规律，它从数据之中发现规律并用数据来验证规律。数据的相关性探索使得研究者从因果关系的思维中跳出来，研究者可以把精力放在相关关系的探索上，即“是什么”和怎么利用相关关系来指导实践。利用谷歌所拥有的所有图书作为数据资源，检索 Causality（因果关系）和 Correlation（相关关系），在 1900 年之前的使用 Causality 的频率比 Correlation 稍高，而在 1900 年之后 Correlation 明显高于 Causality 的使用频率，在 2008 年 Correlation 的使用频率是 Causality 的 6.24 倍，如图 9.4 所示。

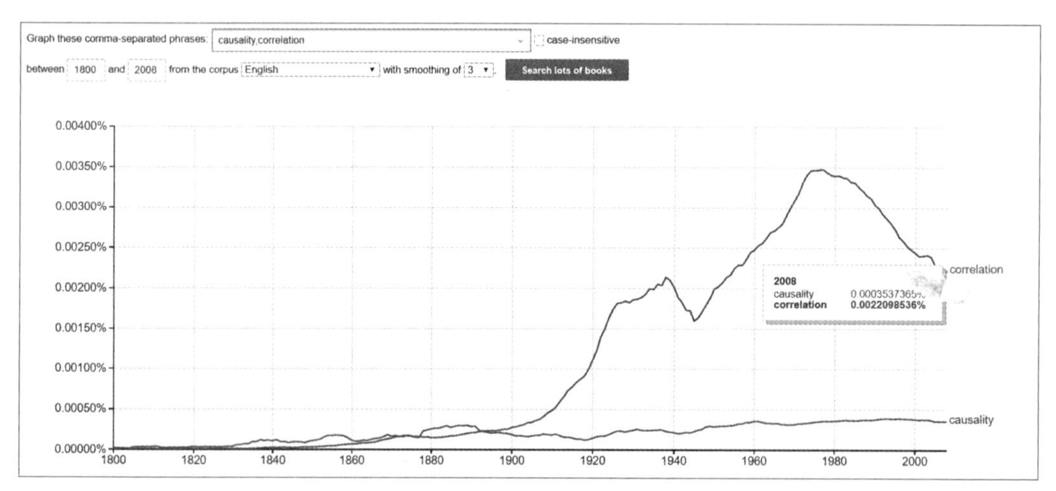

图 9.4 Causality 与 Correlation 在 1800 到 2008 年出版的数据中的使用频率比较

然而，找寻事物之间的因果关系一直人类孜孜以求的梦想，找出因果关系不仅可以解释现象，还可以利用因果关系及其规律指导实践。比如，探索癌症疾病的原因进而研发出抗癌药物；探索人脑的记忆和推理机制从而提高人的记忆力和创造力。大数据的相关关系的发现可以缩小发现因果关系的特征范围，不仅为探索因果关系提供数据支撑，还缩小了因果关系特征的特征空间。相关关系的发现为因果关系的探索提供了研究基础，如果通过大数据分析找出了事物之间的相关关系，就可以在此基础上进一步探索事物之间的因果关系，如果它们之间存在因果关系，就可以进一步探索导致现象出现的原因。这样，通过大数据分析可以提高研究的效率、节约实验成本，如果在相关关系中发现了一些重要变量，就可以把这些重要变量放入因果关系的实验中。

9.2.5 大数据与幸存者偏差

幸存者偏差（Survivorship Bias），有学者称为“生存者偏差”或“存活者偏差”，是在采样和数据分析中经常遇到的逻辑谬误。它指的是仅对筛选后的数据进行分析和挖掘得到的结果，研究者不知道筛选数据的细节或者根本不知道数据是被筛选过的，由于忽略了被筛选掉的数据，得到的分析结果会有偏差，这种偏差称为幸存者偏差。在“沉默的数据”“死人不会说话”等表述中体现了幸存者偏差的思想，没被选中的数据成了沉默的数据，数据仅仅来自幸存者，这就造成了由这些数据分析出的结果和真实情况不一致，甚至会得出相反的结论。幸存者偏差的概念来源于第二次世界大战时期的美国，当时的航空专家们在统计了所有返航的轰炸机的中弹点后，如图 9.5 所示，发现机翼中弹最多，于是决定给机翼加固装甲。此时，哥伦比亚大学的统计学家亚伯拉罕·瓦尔德站出来强烈反对此方案，因为所统计的飞机都是中弹后生还的，至于那些不幸被击落的战机中弹的区域分布情况则不得而知。统计的样本都错了，结论只会离真相越来越远。瓦尔德认为：机翼和引擎被子弹击中的概率应该是一样的，被击中返航后的飞机机翼即使千疮百孔，仍然可以返航，这说明机翼不是关键部位；引擎被击中的飞机由于破坏严重就永远飞不回来了，这导致统计样本有偏见。瓦尔德还举了一个例子，在战地医院中，大部分是腿和脚中弹受伤的士兵，胸部受伤的士兵较少，这其中的原因是胸部受伤更致命，这些士兵胸部受伤后能被送到医院救治的较少。瓦尔德最终指出，应该给那些没弹孔的地方加固装甲，因为没弹孔的地方一旦中弹飞机就飞不回来了。于是，空军决定给飞机引擎加固装甲，给那些弹孔少的区域加固装甲。经过战场上士兵对飞机残骸上的弹孔统计表明，飞机引擎上中弹较多。战争后的统计结果表明瓦尔德的方法是对的，给空军挽回了不少损失。

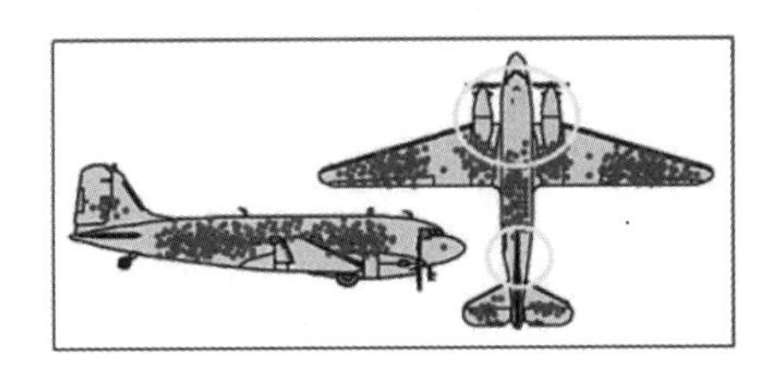

Gentlemen, you need to put more armour-plate where the holes aren't because that's where the holes were on the airplanes that didn't return - Abraham Wald 1942.

图 9.5　幸存者偏差的起源

在大数据时代同样面临着幸存者偏差问题。人们拥有了海量的数据，但是在做数据分析和处理时仅用到了一部分的数据，或者由于数据采集的问题仅仅采集了其中一部分的数据。以社交媒体大数据为例。社交媒体中的数据非常重要，借助智能工具分析和挖掘这些数据，可以帮助人们做出更好的决策。社交媒体用户的分布并不均匀，因此，从这些不均匀分布的数据中所得到的分析结果并不一定符合其他未覆盖的用户特征。北美和东亚的社交媒体渗透率约为 70%，非洲的社交媒体渗透率为 7%~40% 不等。7% 的社交媒体普及率可能代表了一种“幸存者偏见”，只有少数精英的观点被放大会得出几乎没有代表意义的见解。这 7% 可能与其他 93% 完全不同，这两类人群具有不同的行为、负担能力、品味、偏好、经验和愿望。虽然输入数据是正确的，但由此产生的见解可能导致错误且昂贵的业务决策。大数据驱动的决策是一个很好的概念，但不是万无一失的。数据可能是正确的，但由于幸存者偏差，由这些数据所得出的结论可能是错误的。庆幸的是，大数据的出现使人们获得了总体的样本，因此就不会出现幸存者偏差的谬误。

9.3 大数据激发创造力

9.3.1 大数据预测电影票房

一些研究机构和公司利用大数据预测电影的票房，比如 2013 年 Google 公布了其电影票房预测模型，该模型主要利用搜索、广告点击数据以及院线排片档期预测票房，票房预测的准确度为 94%。谷歌根据搜索大数据预测：如果一个电影在首映第一周周末的搜索量比同时上映的影片高 25 万次，则它的首周票房会比同时上映的票房高 430 万美元，结果表明此预测结果与实际情况非常吻合。研究者不仅使用了用户的搜索记录数据，还使用网络评论、打分、潜在观众的关注度、喜好程度等数据对票房进行预测。谷歌搜索记录为电影营销人员提供了一个独特的机会，可以扩大与潜在电影观众的互动。通过了解他们的搜索方式和内容，可以发现电影观众的独特见解。谷歌根据查询量和付费点击量以及结合其他与电影相关的变量（如剧院数量），可以预测电影上映首周的票房，准确度为 92%。电影发行四周后与预告片相关的搜索趋势为首周票房收入提供了强大的预测能力。谷歌的预告片搜索量加上电影的特许经营状况和季节性可以使预测开幕周票房收入的准确率达到 94%。由于 48% 的电影观众在购票当天才决定看哪部电影，因此上映首周以后的持续搜索记录对电影总票房的预测非常重要。

谷歌搜索大数据可以分析出电影观众对电影的关注程度及预测电影的票房收入，虽然一般查询量可以让谷歌了解电影观众的想法，但它在建立票房收入和付费点击之间的关系上更进了一步。此外，谷歌发现预告片搜索时间是票房成功的主要指标。通过了解这些搜索模式，电影营销人员可以更好地调整策略，以吸引潜在电影观众的兴趣。无论是普遍的好奇心还是与电影的完全接触，电影观众都在不断检索信息。通过搜索进行在线互动可以实现与电影观众实时互动的能力，使他们有机会提出问题并获得即时反馈。这为与潜在电影观众进行持续对话提供了机会，更重要的是，对于电影营销人员来说，它提供了一个通过搜索营销来指导这种对话的独特机会。归根结底，正是这种在线交流让人们对意图进行了切实的洞察，在追求量化“电影票房”的过程中，为电影营销人员提供了可操作的数据。

9.3.2 利用大数据发掘商业价值

目前大数据在各个领域内都发挥着重要的作用。比如，Orbital Insight 利用人工智能训练计算机从海量遥感影像中提取需要的目标，挖掘空间大数据的价值。该公司用商用卫星对超市的停车场进行观测，并以此分析出超市的投资价值，进而为对冲基金和投资者提供店铺客流情报。METRIC 技术将卫星影像制作成数字地图，利用它跟踪农业用水资源管理；EEFLUX 应用把信息直接推送给农民，让他们通过任何能上网的移动设备都可以实时查看用水图。此外，可以利用计算机或手机终端，对污染源和企业排污口进行实时在线监测。Descartes Labs 是一家提供农业卫星遥感数据分析服务的初创公司，它通过对卫星图像进行校准和分析，来给农业领域提供一些关键数据。

近年来，随着通信卫星、遥感等现代技术的发展，我国很多领域已经具备了用技术统计替代人力统计的条件。比如，用卫星测量的土地、建筑施工工地、车流量等方面的数据，可以作为全国耕地、粮食产量、建筑业活跃度、物流业景气程度等的重要参考。同时，部分领域已经开始运用智能机器人技术强化统计和行为记录，如武汉市将信息捕捉纳入城市智能交通体系之中，通过高清摄像头、地磁传感器、GPS 定位等功能，将捕捉到的信息应用于交通数据收集、协助交通诱导以及导航软件的使用，以提高路况、停车位发布方面的准确度与实时性。在某种程度上，上述数据具有公共产品的特性，不存在个体数据信息泄露问题。类似的宏观数据应该在今后的统计中得到更多的运用，它们在为宏观决策服务的同时，也为判断微观经济主体的形势提供了更加可靠的依据。

9.3.3 利用大数据发现高速公路超速者

2011 年《太阳哨兵报》的记者萨莉·克丝汀和约翰·梅因斯发现佛罗里达很多事故都是因为警察开快车引起的，她们整理相关报道，发现三百多起交通事故，近 20 人丧生，却只有一个警察入狱服刑。她们很快就意识到这是一个非常值得关注的社会问题，甚至这些数据有可能也是冰山一角，但是她们没有办法找到证据。但她们决定试一试。一开始她们用的是笨办法，拿着测速雷达，扛着摄像机，但超速的警车她追不上，而且也没有权力拦停，晚上还看不清……这条路走不通，只能放弃。

她们最后想到了一个绝佳的好主意，美国有个《信息自由法》，里面规定了公民有权了解公务车的使用状态，于是她就向当地交管部门申请，查询警车的数据，一下子就获得了 110 万条当地警车通过不同高速路收费站的原始记录。如何处理这些数据呢？她选取了两个固定的收费站，并测算之间的距离，再通过那条路的最高时速算出经过这里最短时间，算出每辆警车通过这里的时间，一比较，比最短时间还短肯定就是超速了！记者及其团队用 3 个月整理出了 13 个月以来警车超速的数据，发现 3 900 辆警车发生了 5 100 次超速，并且都是在上下班的时间，并不是为了执行公务。她们把这一切发布在报纸上，社会反响很强烈，直接促成了警务部门的整改。一年后通过分析新数据，警察超速的次数下降了 84%，她们把数据的变化细化到每个部门，详细地列出了他们的改进水平。这份新闻报道也因此获得了 2013 年度的普利策新闻奖。

涂子沛的《数文明》里有一个观点：传统意义上的数据是人类对事物进行测量的结果，是作为“量”而存在的数据，你多高、多重，量一量就知道了；但是今天的照片、视频、音频的作用可不只是测量，而是源于对周围环境的记录，是作为一种证据、根据而存在的。这两位女记者，当她们举着摄像机、扛着测速雷达的时候，她们是用测量的思维来追踪这件事时达不到目的。当她们使用大数据的思维去看待超速事件时，发现了比传统测量思维更有效的解决方法。

9.4 数据科学发展

9.4.1 开放数据运动

随着大数据时代的到来，各行业特别是政府意识到了数据作为资产、资源的重要性。2009 年美国就建立了开放数据网站 data.gov，此网站由美国总务管理局（GSA）发起，data.gov 已从最初的包括联邦机构、州、市和县在内的 47 个数据集发展到超过 200 000 个数据集（截至 2019 年 5 月）。data.gov 为其他开放政府数据目录树立了榜样，自 2009 年以来，全球数百个国家和地区推出了自己的开放政府数据网站。data.gov 提供了对政府数据集的轻松访问接口，涵盖了天气、人口统计、健康、教育、住房和农业等各个领域的数据。这些数据对公众开放，学生、研究人员、记者和企业都可以使用。data.gov 的访问量多年来稳步增长，每年网页浏览量达到约 2 000 万次。2013 年 5 月，美国政府发布了《开放数据政策——管理作为一项资产的信息》（*Open Data Policy: Managing Information as an Asset*）的行政部门备忘录，指出：为了确保联邦政府对它的信息资源的充分利用，行政部门和机关必须将信息作为在其生命周期内的一种资产来管理，促进开放性和互操作性以及正确地保护系统和信息。2019 年 1 月 14 日，“开放政府数据法”作为“基于证据的政策制定法基础”的一部分正式成为法律。“开放政府数据法”使 data.gov 成为法规的要求，而不仅仅是政策要求。它要求联邦机构使用标准化的、机器可读的数据格式在线发布其信息，其元数据包含在 data.gov 目录中。data.gov 正与更广泛的联邦机构合作，在 data.gov 实施新法律时将其数据集纳入其中。此外，法律要求 GSA 与管理和预算办公室以及政府信息服务办公室合作建立一个“工具、最佳实践和模式标准的在线存储库，以促进联邦政府采用开放数据实践”。这个新的存储库将是项目开放数据的更新和扩展，也将发布在 data.gov。在新的法定要求和对扩大范围的期望方面奠定了坚实的基础，其中包括来自其他联邦机构的数据，以及在新的在线存储库中共享更新的工具和资源。开放更多数据将继续确保公众可以获得最佳信息来源，并支持公开透明的政府目标。

英国也进入了开放数据运动之中。2010 年 1 月，英国的政府数据网站 data.gov.uk 开通，公民可以方便地访问政府数据及相关服务。截至 2013 年 1 月，此网站共开放 8 960 组数据，其中涉及教育、健康、交通、环保、地理环境等领域。英国皇家学会 2012 年 6 月发布的《作为开放事业的科学》（*Science as an Open Enterprise*）研究报告指出，开放科研数据是科研的核心，科研数据的公开可以让科学家重复实验结果，从而验证科学结论或者识别错误，从而更好地进行科研创新，并为后来者理解理论重用数据奠定基础。不仅科研论文的数据需要开放，科学研究过程中所用的数据同样需要开放，这些数据的开放有利于科研同行深入交流，提高科研合作的效率并促进科学的发展。英国 2012 年 6 月发布的《开放数据白皮书：释放潜力》指出，循证研究和依据数据制定政策对于有效应对确保人们的健康和社会经济福祉的挑战至关重要。仔细研究使用行政数据有助于推动改善民生政策的颁布，有效利用数据有助于减少财政赤字，因为政策制定者通过开放数据能够明确了解哪些方案有效，从而降低成本并提供更好的公共服务。

2014 年我国政府工作报告中首次提到了大数据，2015 年我国公布了《促进大数据发展行动纲要》，纲要指出，为了大数据应用和大数据产业发展，要在保障数据安全和隐私的前提下推进公共数据资源开放。同年 10 月，党的十八届五中全会正式提出“实施国家大数据战略，推进数据资源开放共享”，正式提出把大数据视为战略资源，希望通过运用大数据提升政府服务和监管能力、完善社会治理并推动经济发展。2016 年我国发布《国家信息化发展战略纲要》，纲要指出，实施国家大数据战略，统筹规划建设国家互联网大数据平台，加强大数据中心布局，建立国家治理大数据中心，完善部门信息共享机制提高政府信息化水平。同年，工业和信息化部印发《大数据产业发展规划（2016—2020 年）》，全面部署“十三五”时期大数据产业发展工作，加快建设数据强国。2017 年，党的十九大报告中强调，要加快推动大数据与实体经济的深度融合，加快推进科技创新，推动实施国家大数据战略，建设数字中国。《2019 中国地方政府数据开放报告》指出，截至 2019 年上半年，我国已有 82 个省级、副省级和地级政府上线了数据开放平台，其中，41.93% 的省级行政区、66.67% 的副省级城市和 18.55% 的地级城市已推出了数据开放平台。其中广东、山东、浙江、贵州、上海、贵阳、济南、哈尔滨等省市走在了开放数据的前列。

数据如同石油，是未来经济发展的关键生产要素，数据已经成为一种同货币或黄金一样的新型经济资产类别，数据将是未来国家间竞争的战略资源。数据的开放将推动数据价值潜能的充分发挥，加快数据驱动型经济的形成。麦肯锡 2013 年 10 月发布的《开放数据：流动信息释放创新能力》（*Open data: Unlocking innovation and performance with liquid information*）报告估计，数据一旦开放出来将产生巨大的能量，开放数据将为全球的教育、交通、能源等七个领域每年增加 3 万亿 ~5 万亿美元的价值。数据驱动型创新正在成为当前科技创新的重要特征，开放数据有利于加快创新。美国信息技术与创新基金会（ITIF）发布的《支持数据驱动型创新的技术与政策》指出，开放数据不仅是为了验证已取得的科学成果，还有利于成果的复用并催生新的研究成果，开放数据及数据驱动型创新在公共卫生、科学教育、人道主义援助、交通运输、环境气候、商品消费、可再生能源等领域有广阔应用前景。政府开放数据，不仅服务了大众，刺激了经济，还推动了大众创新。开放数据有利于高效透明政府的建设，开放政府数据是政府信息发布的一种新途径，数据开放平台是政府信息和公众之间的信息桥梁，公众、企业、科研单位都可以对开放的数据进行分析处理和挖掘，从数据资源中找到创新的机会，从而推动公共数据资源的高效利用。

9.4.2 数据科学家所需的专业技能

随着数据采集、存储、挖掘、分析等数据产业的发展，我国将需要更多的大数据人才。图 9.6 给出了 2004 年 1 月到 2022 年 1 月大数据和数据科学家的搜索趋势，可以看出，从 2004 年 1 月到 2011 年 1 月它们的搜索量比较稳定，从 2011 年 1 月以后大数据的搜索量急剧增长，数据科学家的搜索量稳步增长。目前，几乎排名靠前的互联网公司从某种意义上说都是大数据公司，比如，百度是最早从事大数据研究的公司之一，它们把全世界的网页收集起来进行检索、排序；腾讯是从事社交网络大数据研究、开发和应用的公司；阿里巴巴是从事商品大数据应用的公司；美团是依靠消费者点评和消费者社交关系大数据进行商品推荐的公司；抖音是依靠自媒体大数据进行品牌营销的公司；Palantir 是一家为政府和企业利用自身数据进行情报分析和挖掘的大数据集公司。这些公司的大数据部门需要大量的数据科学工程师对产生的大数据进行清洗、处理和挖掘。

数据科学家的关键任务包括：将商业挑战构建成数据分析问题；在大数据上设计、实现和部署统计模型和数据挖掘方法；获取有助于引领可操作建议的洞察力。要能完成以上关键任务，数据科学家需要掌握以下相关技能：

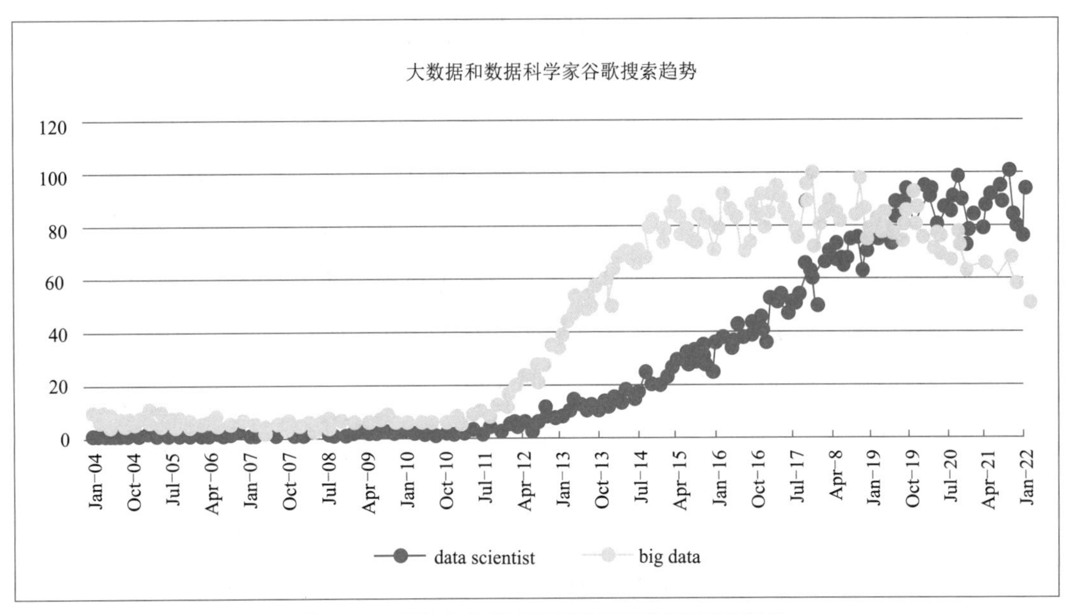

图 9.6 大数据和数据科学家谷歌搜索趋势图

（1）计算机科学

数据科学家要具备计算机科学相关的专业背景，需要掌握处理大数据所必需的 Hadoop、Mahout 等大规模并行处理技术与机器学习相关的技能。具有大规模数据集处理及 Hadoop、Hive、Pig、MapReduce 架构方面的经验，能够使用 PHP、Python 等脚本语言，能够针对临时数据挖掘流程和标准数据挖掘流程编写复杂的 SQL 查询，能够使用 SQL、Pig、脚本语言、统计软件包编写代码，能够对数太字节（TB）规模、10 亿条以上事务级别的大规模结构化及非结构化数据进行处理。

（2）数学基础

数据科学家要具有一定的数学基础，如线性代数、概率统计和最优化理论相关的知识。线性代数可以将具体事物抽象为数学对象，线性代数还可以提升大规模运算的效率。概率统计可以利用数据学习模型，概率统计就可以看成是模型和数据的组合，在机器学习有学习的阶段就是利用数据去训练模型，这个阶段是用数据去学习这个模型。在训练结束之后，就要使用这个模型进行预测，即利用这个模型来进行数据的推断。最优化可以看成是目标和约束的一个组合。最优化的目标是求解，让这个期望函数，或者让目标函数取到最值的解，通过调整模型的参数来实现最优化函数的解。

（3）数据可视化

数据可视化是指用于通过将数据或信息编码为包含在图形中的视觉对象传达数据或信息的技术，它的目标是清晰有效地向用户传达信息。它是数据分析或数据科学的一个步骤，数据可视化的主要目标是通过图形方式清晰有效地传达信息。在数据可视化中美学形式和功能需要齐头并进，通过以更直观的方式传达其关键方面，提供对相当稀疏和复杂数据集的洞察力。理想的可视化不仅应该清晰地沟通，还应该激发观众的参与和关注。数据可视化与信息图形、信息可视化、科学可视化、探索性数据分析和统计图形密切相关。信息的质量很大程度上依赖于其表达方式，将数据与设计相结合，让晦涩难懂的信息以易懂的形式进行图形化展现的信息图最近正受到越来越多的关注，这也是数据可视化的手法之一。将海量的数据以人可以迅速理解的图的形势展现，是数据科学家必须掌握的技能之一。

通常，数据科学家所需要具备的素质有以下这些：

（1）沟通能力

沟通能力是不能忽视“软技能”，例如，与其他同事和业务部门进行准确沟通的能力。在今天的企业中，没有任何部门会孤立地工作，数据科学也不例外。该领域的专业人员将与业务专业人员密切合作，并解释其活动的业务影响。这意味着数据科学家需要有能力创建一个故事，将数学数据转化为可操作的见解，使那些不精通技术的利益相关者也可以理解。数据科学家能够确保用户理解和欣赏呈现给他们的一切，包括问题、数据、成功标准和结果是至关重要的。即便从大数据中得到了有用的信息，但如果无法将其在业务上实现，那么其价值就会大打折扣。为此，面对缺乏数据分析知识的业务部门员工以及经营管理层，将数据分析的结果有效传达给他们的能力是非常重要的。

（2）解决实际问题的能力

除非数据科学家能够将这些发现应用于现实世界并理解结果如何用于改进过程，否则能够以关键语言编程或解释数据点将没有多大用处。一个优秀的数据科学家不仅要做出正确的行动，还要解释他们为什么要这样做。一个好的问题解决者可以从许多角度看待世界，他们希望在将所有工具从工具箱中拉出来之前理解他们应该做什么，他们以严谨和完整的方式工作，可以顺利解释执行结果。

（3）好奇心

好奇心即对知识和理解的永不满足的渴望是数据科学家的首要特征。数据科学家的工作是从海量数据中发掘新知的过程。大多数用户不了解或不关心数据的局限性，因此数据科学家必须对用户正在做什么以及想要实现什么感到好奇。大数据领域发展如此之快，以至于数据科学家必须保持好奇心才能使大数据激发出创造力优势。

数据科学家不仅要掌握计算机的知识、数学的知识，还要有良好的沟通能力、解决实际问题的能力、面对数据的好奇心。除了这些知识和能力之外，数据科学家还要具有大数据的思维，如获取的数据要足够大，能够从多个维度分析数据，获取的数据要有完备性以防止数据中的幸存者偏见，能够实时地分析数据从而为实时的智能决策提供支撑。数据科学家把大数据思维划分为四个层次：第一个层次是从汇聚各个维度的数据，并从大数据中找出统计规律，发现数据之间的相关性；第二个层次是对期望不做预先假定，从大数据出发得到结论，再用数据去分析原因给出合理的解释；第三个层次是从根据大数据中的规律对个体进行有针对性的指导，在此层次中大数据能精确到每个个体的细节；大数据思维的第四个层次是通过数据多个维度的相关关系出发，去找事物之间的因果关系。

9.4.3 数据科学的发展前景

关于数据科学在未来 50 年将如何发展，最终会是什么样子的争论还在继续。在全体科学工作者的共同努力下，数据科学将建立其系统的科学基础、学科结构、理论体系、技术框架和工程工具集。

“数据科学”概念的提出对一门新科学及其理论的进步做出了巨大贡献。现在普遍接受的数据科学的概念是从统计学、计算机科学和特定专业领域交叉融合而一步步演变而来的。未来 50 年的数据科学将会扩展到统计之外，将面临识别、发现、探索和定义其特殊的基础科学问题和重大挑战。它将建立一个系统的科学技术方法以及独立的学科体系和课程，而不仅仅是由现有学科组成部分混合而成的重新贴标签的“沙拉”。

基于对数据科学内在挑战和其本质特征，数据科学的发展可能寻求设计和开发能够自主模仿人类大脑工作的大数据系统，系统能够识别、理解、分析和学习数据和环境的机制，对知识进行推理产生深刻的洞察，并采取相应行动。大数据思维有利于加深人们对数据不可见性的理解，即不可见的数据特征、复杂性，尤其是智力和价值，这样才能理解数据的复杂性。大数据能帮助人们探索当前所不知道的知识，这将加强人们对自然的理解。通过扩展数据科学的概念、理论和技术系统，大数据有利于跨学科研究、创新和教育，从而解决传统单一数据维度无法解决的问题，并通过交叉学科融合提出一些目前还不为广大科学所知的新问题。

数据科学需要发明新的数据表示方法，包括设计、结构和模式和算法，使未知的复杂数据特征更加可见和明确，更容易探索和理解数据之间的关系，更利于发现事物之间的规律。设计新的存储、访问和管理机制，包括内存、磁盘以及基于云计算的机制，使采集、存储、访问、采样成为可能，并在物理世界中得出丰富的特征和属性，能够被大数据系统简化和过滤，并支持可伸缩、透明、灵活、可解释和个性化的数据操作和实时数据分析。数据科学需要创造新的数据分析和机器学习方法，包括数学、统计分析理论、算法和模型，以揭示未知数据空间中的知识和规律。大数据需要建立新的智能服务系统，包括企业和互联网协作平台和服务，以支持数据的自动化操作，从而协助探索数据空间遇到的潜在挑战。

培养符合条件的下一代数据科学家和数据专业人员是数据科学亟须解决的问题，数据科学家需要具备数据素养、思维、能力、意识、好奇心、沟通能力和认知能力，这些都是从事数据科学工作的基础。要确保跨领域、跨专业的合作、协作和联盟才能解决复杂数据科学中的难题。这就需要数据科学家不仅是交叉学科的专家，同时也是需要理解特定领域的专家。数据科学家还需要发现和创造数据的能力，如在数字经济、移动应用、社交应用等应用中发现数据科学的机会。

数据科学作为一门正在蓬勃发展的新学科，所关注的正是如何在大数据时代背景下，运用各门与数据相关的技术和理论，服务于社会，让人们可以更好地利用身边的数据，将生活变得更加美好。数据科学已经渗入了人们生活和工作的方方面面，无论是政府还是企业，未来都需要大量的数据科学相关人才。

小　　结

数据思维是大数据时代数据科学家和数据工程师必备的素质，数据科学的从业者在面对实际问题设计方案时不是从业务逻辑和实现方案出发，而是从数据出发，从数据中发掘业务之间的关系，进而找出解决问题的关键。本章首先从大数据存储、计算、实时处理复杂结构的数据、隐私、能耗几个方面分析了大数据时代面临的挑战；然后从第四范式、数据的混杂性、样本和总体之间的关系、数据的相关关系、大数据与幸存者偏差几个方面探讨了大数据时代的思维变革；接着通过实例阐述了大数据如何激发创造力；最后从数据开放运动、数据科学家所需的专业技能和数据科学的发展前景对数据科学进行了展望。总之，数据记录了事物表现出来的外在特征，通过数据可以挖掘隐含在事物之中的本质特征，未来的大数据可以解决社会问题、商业问题、科技问题。

习　　题

1. 科学研究经历了哪些研究范式？各个范式的特点是什么？

2. 在科学研究和工程实践中，大数据能统计出数据的相关关系，但是如何找出数据之间的因果关系？如何处理数据的相关关系和因果关系？

3. 如何从样本和总体的关系理解幸存者偏差？

4. 数据科学家需要哪些专业技能？

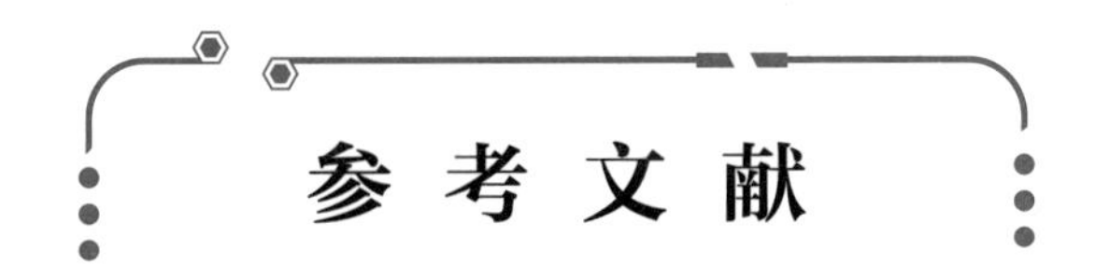

参考文献

[1] MUSTAFA H, DIPANKAR D. Handling Big Data Using a Data-Aware HDFS and Evolutionary Clustering Technique[J]. IEEE Transactions on Big Data, 2019, 5(2): 34-147.

[2] GHAZI M R, GANGODKAR D. Hadoop, MapReduce and HDFS: A Developers Perspective[J]. Procedia Computer Science, 2015 (48): 45-50.

[3] HAIFENG W, YUNPENG C. An Energy Efficiency Optimization and Control Model for Hadoop Clusters[J]. IEEE ACCESS, 2019 (7): 40534-40549.

[4] KRISTINA C, MICHAEL D. MongoDB: The Definitive Guide[M]. Sebastopol, CA: O'Reilly Media, Inc, 2010.

[5] HANEN A, FAIEZ G. MongoDB-Based Modular Ontology Building for Big Data Integration[J]. Journal on Data Semantics, 2018, 7(1): 1-27.

[6] YONG-SHIN K, P, SEKYOUNG Y. Performance Prediction of a MongoDB-Based Traceability System in Smart Factory Supply Chains[J]. SENSORS, 2016, 16(12): 1-14.

[7] VELINOV A, ZDRAVEV Z. Analysis of Apache Logs Using Hadoop and Hive[J]. TEM Journal, 2018, 7(3): 645-650.

[8] JAMES A R. Discovery of medical Big Data analytics: Improving the prediction of traumatic brain injury survival rates by data mining Patient Informatics Processing Software Hybrid Hadoop Hive[J]. Informatics in Medicine Unlocked, 2015, 1: 17-26.

[9] 孙杨，封孝生，唐九阳，等. 多维可视化技术综述［J］. 计算机科学，2008，35（11）：1-7.

[10] 孙杨，蒋远翔，赵翔，等. 网络可视化研究综述［J］. 计算机科学，2010，37（2）：12-18.

[11] 唐家渝，刘知远，孙茂松. 文本可视化研究综述［J］. 计算机辅助设计与图形学学报，2013，25（3）：273-285.

[12] 陈为，沈则潜，陶煜波，等. 大数据丛书：数据可视化［M］. 北京：电子工业出版社，2013.

[13] 张桂刚，李超，邢春晓. 大数据背后的核心技术［M］. 北京：电子工业出版社，2017.

[14] 高源，雷莹莹. 云计算环境大数据安全和隐私保护策略研究［J］. 网络空间安全，2017，8（6/7）：7-9.

[15] 冯登国. 大数据安全与隐私保护［M］. 北京：清华大学出版社，2018.

[16] DUHIGG C. The power of habit: Why we do what we do in life and business[M]. NewYork: Random House, 2012.

[17] 吕红胤，连德富，聂敏，等. 大数据引领教育未来：从成绩预测谈起［J］. 大数据，2015，1(4):118-121.

[18] KUMAR M, BHATIA R, RATTAN D. A survey of Web crawlers for information retrieval[J]. Wiley Interdisciplinary Reviews: Data Mining and Knowledge Discovery, 2017, 7(6): 1-45.

[19] FENG Z, JINGYU Z, CHANG N, et al. SmartCrawler: A Two-Stage Crawler for Efficiently Harvesting Deep-Web Interfaces[J]. IEEE Transactions on Services Computing, 2016, 9(4): 608-620.

[20] YUCHEN W, XIUJUAN W, JING H, et al. Forecasting Horticultural Products Price Using ARIMA Model and Neural Network Based on a Large-Scale Data Set Collected by Web Crawler[J]. IEEE Transactions on Computational Social Systems, 2019, 6(3): 547-553.
[21] CHOUDHARY J, TOMAR D S, SINGH P. An Efficient Hybrid User Profile Based Web Search Personalization Through Semantic Crawler[J]. Nat. Acad. Sci. Lett., 2019, 42(2): 105-108.
[22] DONGHAO Z, ZHENG Y, YULONG F, YAO Z. A survey on network data collection[J]. Journal of Network and Computer Applications, 2018, 116: 9-23.
[23] ROBIN O, MAX N, ARWEN R P. Multi and Serial Data Collection and Processing[J]. Acta Crystallographica Section D, 2019, 75(2): 111-112.
[24] BIRJALI M, BENI-HSSANE A, ERRITALI M. Analyzing Social Media through Big Data using InfoSphere BigInsights and Apache Flume[J]. Procedia Computer Science, 2017, 113: 280-285.
[25] YOUNG Y, WONJAE K. Bluff Forwarding: A Practical Protocol for Delivering Refreshed Symmetric Keys on a Multi-Path Big Data Ingestion System[J]. IEEE Access, 2018, 6: 24299-24310.
[26] MARK E D, MATTEO M, LUCA R. Data Collection and Preprocessing[J]. Multilayer Social Networks, 2016: 67-78.
[27] 孟小峰，慈祥．大数据管理：概念、技术与挑战［J］．计算机研究与发展，2013, 50(1): 146-169.
[28] POESS M, NAMBIAR R O. Energy cost, the key challenge of today's data centers: a power consumption analysis of TPC-C results.[J]. Proc. intl Conf. on Very Large Data Base, 2008, 1(2):1229-1240.
[29] DE V. Bitcoin's Growing Energy Problem [J]. Joule, 2018, 2(5): 801-805.
[30] TOLLE K M, TANSLEY D S W, HEY A J G. The Fourth Paradigm: Data-Intensive Scientific Discovery [Point of View][J]. Proceedings of the IEEE, 2011, 99(8):1334-1337.
[31] GINSBERG J, MOHEBBI M H, PATEL R S, et al. Detecting Influenza Epidemics Using Search Engine Query Data [J]. Nature, 2009, 457(7232): 1012.
[32] MILGRAM S. The Small World Problem[J]. Psychology today, 1967, 2(1): 60-67.
[33] BACKSTROM L, BOLDI P, ROSA M, et al. Four Degrees of Separation[C]//Proceedings of the 4th Annual ACM Web Science Conference. ACM, 2012: 33-42.